Analysis II

Matthias Hieber

Analysis II

 Springer Spektrum

Matthias Hieber
Fachbereich Mathematik
Technische Universität Darmstadt
Darmstadt, Deutschland

ISBN 978-3-662-57541-3 ISBN 978-3-662-57542-0 (eBook)
https://doi.org/10.1007/978-3-662-57542-0

Die Deutsche Nationalbibliothek verzeichnet diese Publikation in der Deutschen Nationalbibliografie; detaillierte bibliografische Daten sind im Internet über http://dnb.d-nb.de abrufbar.

Springer Spektrum

Verantwortlich im Verlag: Iris Ruhmann

Springer Spektrum ist ein Imprint der eingetragenen Gesellschaft Springer-Verlag GmbH, DE und ist ein Teil von Springer Nature.
Die Anschrift der Gesellschaft ist: Heidelberger Platz 3, 14197 Berlin, Germany

Vorwort

Der vorliegende Band beinhaltet den zweiten Teil dieses Analysis-Kurses und widmet sich vornehmlich der mehrdimensionalen Analysis.

Wir verfolgen wiederum das Ziel, zentrale Konzepte, wie Differenzierbarkeit, lokale Extrema, Umkehrsatz, Kurven, Wegintegrale und Fourier-Reihen frühzeitig, jedoch zunächst in einem überschaubaren Rahmen einzuführen, um diese dann anschließend aus verschiedenen Blickwinkeln heraus mit steigender Komplexität behandeln zu können. Bedingt durch die mehrdimensionale Situation besitzen die auftretenden Phänomene naturgemäß jetzt eine reichhaltigere Struktur als diejenige, die in der Analysis einer Variablen auftritt.

Wir beginnen mit einer Diskussion der metrischen und normierten Räume sowie einer Untersuchung des Kompaktheitsbegriffes in diesen Räumen. Die mehrdimensionale Differentiation steht im Mittelpunkt von Kapitel VII, wobei wir an dieser Stelle wesentlich auf Elemente der Linearen Algebra zurückgreifen. Es folgt der Umkehrsatz sowie der Satz über implizite Funktionen, welcher uns dann in natürlicher Weise auf Untermannigfaltigkeiten des $\mathbb{R}^n$ führt. Kapitel IX greift das Thema der Kurven, Wege und deren Integrale auf, bevor im letzten Kapitel einen Einblick in die Theorie der Fourier-Reihen gegeben wird.

Wie schon in Band I beschrieben, zielen wir in dieser Einführung in die Analysis nicht auf eine frühzeitige Spezialisierung auf eine bestimmte mathematische Richtung ab. Unsere Untersuchungen und Fragestellungen behandeln insbesondere Charakterisierungen kompakter Mengen in metrischen Räumen, wegzusammenhängende Mengen, den Laplace Operator, Eigenwerttheorie symmetrischer Matrizen, Untermannigfaltigkeiten, Tangential- und Normalenräume, Variationsrechnung und das Hamiltonsche Prinzip, Lösungstheorie gewöhnlicher Differentialgleichungen, Gradientenfelder, Vektoranalysis, den Weierstraßschem Approximationsatz, das Riemannsche Lokalisationsprinzip, Konvergenz im quadratrischen Mittel sowie die isoperimetrische Ungleichung und decken somit ein breites Spektrum ab. Sie verdeutlichen die innermathematische Verzahnung der Analysis mit anderen Teilgebieten der Mathematik.

Wiederum ist dieser Band so aufgebaut, dass viele der Beweise auch in einem allgemeineren Rahmen, also zum Beispiel für Banach-Raum-wertige Funktionen, ihre Gültigkeit behalten. Am Ende jedes Kapitels findet sich wie in Band I ein Abschnitt mit ausgelagerten Anmerkungen und Ergänzungen. Diese dienen als Zusatz- und Hintergrundinformation und runden den behandelten Stoff ab.

Jeder Abschnitt endet mit zahlreichen Aufgaben. Manche dieser Aufgaben sind direkt mit dem Text verbunden. Die Bearbeitung dieser Aufgaben wird das Verständnis der behandelten Themen sicherlich vertiefen, und eine Beschäftigung mit ihnen wird daher dringend angeraten.

Die Nummerierung ist wiederum so angelegt, dass bei Verweisen innerhalb eines Kapitels auf die jeweilige Kapitelnummer verzichtet wird. Verweise auf die Aufgaben erfolgen auf die gleiche Art; bei Verweisen auf Sätze und Aufgaben außerhalb des jeweiligen Kapitels wird die Kapitelnummer vorangestellt.

Bei der Auswahl des Stoffes wurde berücksichtigt, dass eine befriedigende Behandlung der mehrdimensionalen Integration im zweiten Semester aus Zeitgründen oft nicht möglich ist. An vielen Universitäten wird diese daher in Vorlesungen im dritten Semester angeboten; dies gilt auch für die Theorie der gewöhnlichen Differentialgleichungen und die Funktionentheorie.

Bedanken möchte ich mich bei allen, die bei der Erstellung dieses Textes mitgeholfen haben. Mein Dank geht insbesondere an alle Studierenden meiner einführenden Vorlesungen in die Analysis. Ihre Kommentare und die sich anschließenden Diskussionen waren immer inspirierend.

Ebenfalls bedanken möchte ich mich bei meinen Kollegen K. Grosse-Brauckmann und R. Nagel für viele Anregungen und Diskussionen.

Mein ganz besonderer Dank geht an K. Disser, M. Gries, A. Hussein, M. Saal und P. Tolksdorf, die viele Teile dieses Textes kritisch Korrekturgelesen und deren Kommentare zu wertvollen Verbesserungen geführt haben.

Bedanken möchte ich mich ebenfalls bei H. Knötzele, R. Möll, M. Rothermel und L. Schlapp, die bei der Erstellung mancher Graphiken mitgeholfen haben.

Mein Dank geht erneut nicht zuletzt an Frau I. Ruhmann sowie an Frau A. Herrmann und Frau R. Zimmerschied vom Springer-Verlag für die gute Zusammenarbeit und die Unterstützung in allen Phasen des Projektes.

Darmstadt, im August 2018   Matthias Hieber

Inhaltsverzeichnis

Inhaltsverzeichnis Analysis I

Analysis in metrischen Räumen

Welche Motive veranlassen Mathematiker, Räume von unendlicher Dimension einzuführen, eine Folge reeller Zahlen als einen Punkt in einem Folgenraum und eine Funktion als einen Punkt in einem Funktionenraum anzusehen?

Zwei Problemkreise bildeten die treibende Kraft für die Entwicklung dieser Konzepte: Zum einen handelte es sich um Integralgleichungen der Form

$$u(t) + \int_0^1 k(t,s)u(s)\,ds = f(s), \quad s \in [0,1]$$

für gegebene Funktionen k und rechte Seiten f sowie dem Ziel, eine Lösung u zu finden. Zum anderen waren es Variationsprobleme: Finde für eine gegebene Funktion f und eine gegebene Menge X von Funktionen eine Funktion $v \in X$, für welche die Funktion F, gegeben durch

$$F(u) = \int_0^1 f\big(s, u(s), u'(s)\big)\,ds,$$

ihr Minimum annimmt. Beide Fragestellungen haben ihre Wurzeln in der Mathematischen Physik.

David Hilbert (1862–1943) erkannte, dass sich obige Integralgleichungen als lineare Gleichungssysteme im – heute sogenannten – Hilbertschen Folgenraum ℓ^2 behandeln lassen. Ersetzt man nämlich in der obigen Integralgleichung das Integral durch Riemannsche Summen, so werden wir auf Gleichungssysteme der Form

$$y_i + \sum_{j=1}^{\infty} k_{ij}\, y_j = f_i, \quad i = 1, \ldots, n$$

für $n \in \mathbb{N}$ geführt. Die Betrachtung unendlicher Bilinearformen $\sum_{i,j=1}^{\infty} k_{ij} x_i y_j$ führte Hilbert auf Folgen $(x_i)_{i \in \mathbb{N}}$ mit konvergenter Quadratsumme $\sum_{i=1}^{\infty} x_i^2$ sowie zum Aus-

© Springer-Verlag GmbH Deutschland, ein Teil von Springer Nature 2019
M. Hieber, *Analysis II*, https://doi.org/10.1007/978-3-662-57542-0_1

druck $(x|y) = \sum_{i=1}^{\infty} x_i y_i$, welchen wir heute das Innenprodukt im Folgenraum ℓ^2 nennen.

Ein anderer Ansatz zur Lösung obiger Integralgleichungen besteht darin, sie iterativ zu lösen, also als Limes einer als

$$u_{j+1}(t) = f(s) - \int_0^1 k(t,s) u_j(s)\, ds, \quad j \in \mathbb{N}$$

definierten Folge. Bei den hierzu anstehenden Konvergenzbetrachtungen ist es dann ganz natürlich und hilfreich, eine Funktion als Element eines Raumes zu verstehen. Diese Vorstellung ist auch bei Variationsproblemen natürlich: Hier setzt man bei der Suche nach einem Minimum in F Argumente u ein, mit dem Unterschied, dass, im Gegensatz zu Kapitel IV (Band I), die Argumente u nun selbst Funktionen sind.

Maurice Fréchet (1878–1937) führte den abstrakten Begriff des metrischen Raum ein, welcher noch heute von großer Bedeutung ist, da er es erlaubt, Konvergenz- und Stetigkeitsbetrachtungen auf einheitliche und anschauliche Art und Weise zu behandeln. Diese Konvergenztheorie führt dann auf den Begriff des vollständigen metrischen Raumes, der auf Maurice Fréchet und Felix Hausdorff (1868–1942) zurückgeht.

Eine besonders wichtige Klasse vollständiger metrischer Räume sind Banach-Räume. Dieser auf Stefan Banach (1892–1945) zurückgehende Begriff ist in der heutigen Analysis von enormer Wichtigkeit und fußt auf dem Begriff des normierten Vektorraumes. Unter den Banach-Räumen spielen diejenigen Räume, deren Norm durch ein Skalarprodukt definiert werden kann, eine wichtige Sonderrolle. Diese werden heute Hilbert-Räume genannt und wurden axiomatisch erstmals von John von Neumann (1903–1957) im Jahre 1929 eingeführt. Sie spielen in vielen Gebieten der Mathematik und der Physik eine wichtige Rolle.

In Abschnitt 1 beschäftigen wir uns mit den Definitionen und grundlegenden Eigenschaften einer Metrik und einer Norm sowie ersten topologischen Grundbegriffen, wie etwa Umgebungen und offenen Mengen in metrischen Räumen. Abschnitt 2 dehnt diese Betrachtungen in natürlicher Weise auf die Konvergenz von Folgen sowie auf Cauchy-Folgen in metrischen Räumen aus. Hier werden auch die Begriffe eines vollständigen metrischen oder normierten Raumes eingeführt. In Abschnitt 3 behandeln wir kompakte Mengen in metrischen Räumen mittels der Überdeckungseigenschaft; ferner zeigen wir, dass in metrischen Räumen die Begriffe „Überdeckungskompakt" und „Folgenkompakt" übereinstimmen. Somit lassen sich die grundlegenden Eigenschaften stetiger Funktionen, definiert auf kompakten Teilmengen des $\mathbb{R}^n$, ohne große Mühe auf metrische Räume übertragen. In Abschnitt 4 werden schließlich stetige Funktionen auf zusammenhängenden Mengen untersucht. Der Zusammenhang einer Menge wird insbesondere in Kapitel IX in Verbindung mit Wegintegralen von Wichtigkeit sein.

1 Metrische und normierte Räume

Viele grundlegende Begriffe der Analysis einer Variablen, wie etwa Konvergenz, Stetigkeit, Differenzierbarkeit und auch die Offenheit einer Menge, beruhen auf der Möglichkeit, Abstände zwischen Punkten messen zu können. Im Folgenden abstrahieren wir den Begriff des Abstands zweier Punkte in $\mathbb{R}^n$ und führen axiomatisch einen Abstandsbegriff auf einer beliebigen Menge ein. Wichtige Beispiele metrischer Räume sind durch normierte Räume gegeben; d.h., $\mathbb{K}$-Vektorräume, welche mit einer Norm versehen sind. In diesem Kapitel gilt wiederum $\mathbb{K} = \mathbb{R}$ oder $\mathbb{K} = \mathbb{C}$.

Unser Ziel ist es, zunächst die Abstandsbegriffe „Metrik" und „Norm" axiomatisch einzuführen und dann die uns schon bekannten topologischen Grundbegriffe des $\mathbb{R}^n$ auf einen metrischen Raum auszudehnen. Hierbei wollen wir bei der Definition der Begriffe „Umgebung", „offene Menge", „Konvergenz" und „Häufungspunkt" die uns bereits aus dem $\mathbb{R}^n$ bekannten Begriffsbildungen nachahmen.

Metrische Räume

Wir beginnen mit der Definition des Begriffs einer Metrik.

1.1 Definition. (Metrischer Raum). Es sei $M \neq \emptyset$ eine Menge. Eine Funktion

$$d : M \times M \to \mathbb{R}$$

heißt *Metrik* auf M, wenn für alle $x, y, z \in M$ die folgenden Bedingungen gelten:

(M1) $d(x, y) = 0 \Leftrightarrow x = y$ (*Definitheit*),

(M2) $d(x, y) = d(y, x)$ (*Symmetrie*),

(M3) $d(x, z) \leq d(x, y) + d(y, z)$ (*Dreiecksungleichung*).

Das Paar (M, d) heißt *metrischer Raum*, und für $x, y \in M$ heißt die reelle Zahl $d(x, y)$ der *Abstand* der Punkte x und y.

1.2 Bemerkung. Es gilt $d(x, y) \geq 0$ für alle $x, y \in M$, denn es ist

$$0 = d(x, x) \leq d(x, y) + d(y, x) = 2d(x, y).$$

Im Folgenden illustrieren wir die Definition des metrischen Raumes anhand von Beispielen.

1.3 Beispiele. a) Für $x, y \in \mathbb{R}^n$ ist durch

$$d(x, y) := |x - y|$$

die *euklidische Metrik* auf $M = \mathbb{R}^n$ definiert.

b) Ist M eine beliebige Menge, so definiert die Vorschrift

$$d(x, y) := \begin{cases} 0, & x = y, \\ 1, & x \neq y \end{cases}$$

eine Metrik auf M, die sogenannte *diskrete Metrik*.

c) Ist $X \subset M$ und (M, d) ein metrischer Raum, so definiert

$$d_X : X \times X \to \mathbb{R}, \quad d_X(x, y) := d(x, y), \ x, y \in X$$

eine Metrik auf X, die sogenannte *induzierte Metrik*.

d) Für $x_0 \in \mathbb{R}^2$ definieren wir $d(x, y)$ für $x, y \in \mathbb{R}^2$ wie folgt: Es sei $d(x, y) := |x-y|$, falls x und y auf einer Geraden durch x_0 liegen; andernfalls sei

$$d(x, y) := |x - x_0| + |y - x_0|.$$

Man nennt d auch die *Metrik des französischen Eisenbahnsystems*. Für den Beweis, dass d eine Metrik auf $\mathbb{R}^2$ definiert, verweisen wir auf die Übungsaufgaben.

e) Für $M := \{z \in \mathbb{C} : |z| \leq 1\}$ und $z, w \in M$ sei

$$d(z, w) := \begin{cases} |z - w|, & z, w \neq 0, \ z/|z| = w/|w|, \\ |z| + |w|, & \text{sonst.} \end{cases}$$

Wir verifizieren in den Übungsaufgaben, dass (M, d) ein metrischer Raum ist.

f) Sind (M_1, d_1) und (M_2, d_2) metrische Räume, so wird auf $M := M_1 \times M_2$ durch

$$d(x, y) := \max\{d_1(x_1, y_1), d_2(x_2, y_2)\}$$

für $x = (x_1, x_2) \in M$ und $y = (y_1, y_2) \in M$ eine Metrik auf M definiert, die *Produktmetrik*.

Normierte Räume

Eine sehr wichtige Unterklasse der Klasse der metrischen Räume sind die *normierten Räume*. Um diese genauer zu studieren, beginnen wir zunächst mit dem Begriff der Norm auf einem beliebigen Vektorraum.

1.4 Definition.   Es sei V ein Vektorraum über $\mathbb{K}$. Eine Abbildung

$$\| \cdot \| : V \to \mathbb{R}$$

heißt *Norm* auf V, falls für alle $x, y \in V$ und alle $\lambda \in \mathbb{K}$ die folgenden Bedingungen gelten:

(N1) $\|x\| = 0 \Leftrightarrow x = 0$ (*Definitheit*),

(N2) $\|\lambda x\| = |\lambda| \|x\|$ (*Homogenität*),

(N3) $\|x + y\| \leq \|x\| + \|y\|$ (*Dreiecksungleichung*).

Weiter heißt das Paar $(V, \| \cdot \|)$ *normierter Vektorraum*.

1.5 Bemerkungen. a) Ist $(V, \| \cdot \|)$ ein normierter Vektorraum, so definiert

$$d(x, y) := \|x - y\|, \quad x, y \in V$$

eine Metrik auf V. Versehen mit dieser kanonischen Metrik, wird also jeder normierte Vektorraum zu einem metrischen Raum.

b) Die folgenden Eigenschaften der Norm ergeben sich unmittelbar aus der Definition:

i) $\|x\| \geq 0$ für alle $x \in V$.

ii) $\|x - y\| \geq \big| \|x\| - \|y\| \big|$ für alle $x, y \in V$.

c) Die Umkehrung von Aussage a) gilt nicht. Ist $V \neq \{0\}$ ein Vektorraum, versehen mit der diskreten Metrik d, so existiert keine Norm $\| \cdot \|$ auf V mit $\|x - y\| = d(x, y)$ für alle $x, y \in V$.

1.6 Beispiele. a) Es sei $1 \leq p \leq \infty$ und $n \geq 1$. Definieren wir für $x \in \mathbb{K}^n$ die *p-Norm* durch

$$\|x\|_p := \|(x_1, \ldots, x_n)\|_p := \begin{cases} \left(\sum_{i=1}^n |x_i|^p \right)^{\frac{1}{p}}, & 1 \leq p < \infty, \\ \max_{1 \leq i \leq n} |x_i|, & p = \infty, \end{cases}$$

so ist $(\mathbb{K}^n, \| \cdot \|_p)$ ein normierter Vektorraum. Wir verifizieren die Gültigkeit der Normaxiome in den Übungsaufgaben, notieren hier dennoch, dass der Nachweis der Dreiecksungleichung auf der Minkowskischen Ungleichung (Korollar IV.2.19) beruht. Die Norm $\| \cdot \|_2$ wird als *euklidische Norm* und $\| \cdot \|_\infty$ als *Maximumsnorm* bezeichnet.

b) Die geometrische Gestalt der Einheitskugel in einem normierten Raum hängt natürlich von der gewählten Norm ab. In der folgenden Abbildung skizzieren wir die Einheitskugel $B_1(0)$ in $\mathbb{R}^2$ bezüglich der p-Normen für $p = 1$, $p = 2$ und $p = \infty$, also $B_1(0) = \{x \in \mathbb{R}^2 : \|x\|_p < 1\}$:

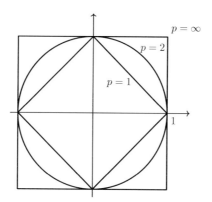

c) Auf dem Vektorraum V der stetigen Funktionen auf einem kompakten Intervall $[a, b]$ mit $a < b$, also $V = C([a, b]; \mathbb{K}) = \{f : [a, b] \to \mathbb{K} : f \text{ stetig}\}$, definiert die Vorschrift

$$\|f\|_p := \begin{cases} \left(\int_a^b |f(x)|^p \, dx\right)^{\frac{1}{p}}, & 1 \leq p < \infty, \\ \sup_{x \in [a,b]} |f(x)|, & p = \infty \end{cases}$$

eine Norm auf V. Für $1 \leq p < \infty$ nennen wir diese Norm die L^p-*Norm* und für $p = \infty$ die *Supremumsnorm* einer stetigen Funktion auf dem Intervall $[a, b]$. Die L^p-Norm spielt eine wichtige Rolle in der Harmonischen Analysis. Der Nachweis der Dreiecksungleichung beruht wiederum auf der Minkowskischen Ungleichung, jetzt für Integrale (Korollar V.2.23). Wir verifizieren dies im Detail wiederum in den Übungsaufgaben.

d) Ist $K \subset \mathbb{R}^n$ kompakt und $f : K \to \mathbb{R}$ stetig, so definiert

$$\|f\|_{C(K)} := \sup_{x \in K} |f(x)|$$

eine Norm auf dem Raum der stetigen Funktionen $C(K, \mathbb{R})$, die *Supremumsnorm*. Für den Beweis hierfür verifizieren wir zunächst, dass $\|f\|_{C(K)} = 0$ genau dann gilt, wenn $f \equiv 0$ ist. Weiter gilt

$$\|\lambda f\|_{C(K)} = \sup_{x \in K} |\lambda f(x)| = |\lambda| \, \|f\|_{C(K)}, \quad \lambda \in \mathbb{R}, f \in C(K),$$

und wegen

$$|(f + g)(x)| = |f(x) + g(x)| \leq |f(x)| + |g(x)| \leq \|f\|_{C(K)} + \|g\|_{C(K)}, \quad x \in K$$

folgt auch $\|f + g\|_{C(K)} \leq \|f\|_{C(K)} + \|g\|_{C(K)}$ für alle $f, g \in C(K)$.

e) Bezeichnet $c := \{(x_n)_{n \in \mathbb{N}} \subset \mathbb{C} : (x_n)_{n \in \mathbb{N}} \text{ konvergent}\}$ den Vektorraum aller konvergenten Folgen und $x := (x_n)_{n \in \mathbb{N}}$ eine konvergente Folge, so definiert

$$\|x\|_\infty := \|(x_n)_{n \in \mathbb{N}}\|_\infty := \sup_{n \in \mathbb{N}} |x_n|$$

eine Norm auf c.

Innenprodukträume

Ist V ein Vektorraum über $\mathbb{K}$, so heißt eine Abbildung

$$(\cdot|\cdot) : V \times V \to \mathbb{K}, \quad (x, y) \mapsto (x|y) \tag{1.1}$$

Skalarprodukt oder auch *inneres Produkt*, wenn die folgenden Eigenschaften erfüllt sind:

(SP1) $(x|y) = \overline{(y|x)}, \quad x, y \in V.$

(SP2) $(\lambda x + \mu y|z) = \lambda(x|z) + \mu(y|z), \quad x, y, z \in V, \lambda, \mu \in \mathbb{K}.$

(SP3) $(x|x) \geq 0$ für alle $x \in V$ und $(x|x) = 0 \Leftrightarrow x = 0.$

Weiter heißt V, versehen mit einem Skalarprodukt $(\cdot|\cdot)$, *Innenproduktraum* und wird mit $\big(V, (\cdot|\cdot)\big)$ bezeichnet. Ist speziell $\mathbb{K} = \mathbb{R}$, so bedeutet (SP1)

$$(x|y) = (y|x), \quad x, y \in V,$$

und die Abbildung (1.1) ist *symmetrisch*; im Fall $\mathbb{K} = \mathbb{C}$ heißt diese Abbildung *hermitesch*. Die Bedingungen (SP1) und (SP2) implizieren

$$(x|\lambda y + \mu z) = \overline{\lambda}\,(x|y) + \overline{\mu}\,(x|z), \quad x, y, z \in V, \lambda, \mu \in \mathbb{K}.$$

Da wegen (SP1) die Abbildung $(\cdot|y) : V \to \mathbb{K}$ für jedes feste $y \in V$ linear ist, definiert die Abbildung (1.1) eine *Sesquilinearform*. Ist $\mathbb{K} = \mathbb{R}$, so ist die Abbildung $(x|\cdot) : V \to \mathbb{R}$ für jedes feste $x \in V$ linear, und (1.1) definiert eine *Bilinearform* auf V.

In jedem Innenproduktraum gilt dann die Cauchy-Schwarzsche Ungleichung.

1.7 Satz. (Cauchy-Schwarzsche Ungleichung). *Ist $\big(V, (\cdot|\cdot)\big)$ ein Innenproduktraum, so gilt*

$$|(x|y)|^2 \leq (x|x)\,(y|y) \quad \textit{für alle } x, y \in V,$$

und das Gleichheitszeichen gilt in dieser Ungleichung genau dann, wenn x und y linear abhängig sind.

Für den Beweis verweisen wir auf die Übungsaufgaben.

Setzen wir $\|x\| := \sqrt{(x|x)}$ für $x \in V$, so besagt der folgende Satz, dass die Abbildung $\|\cdot\| : V \to \mathbb{R}$ eine Norm auf V definiert.

1.8 Satz. *Ist $\big(V, (\cdot|\cdot)\big)$ ein Innenproduktraum und*

$$\|x\| := \sqrt{(x|x)} \quad \textit{für jedes } x \in V,$$

so definiert $\|\cdot\|$ eine Norm auf V, die vom Skalarprodukt induzierte Norm.

Beweis. Die Definitheit von $\|\cdot\|$, also (N1), folgt sofort aus (SP3). Die Homogenität von $\|\cdot\|$ ergibt sich ferner aus

$$\|\lambda x\| = \sqrt{(\lambda x|\lambda x)} = \sqrt{|\lambda|^2(x|x)} = |\lambda|\,\|x\|, \quad \lambda \in \mathbb{K}, \ x \in V.$$

Die Cauchy-Schwarzsche Ungleichung impliziert

$$|(x|y)| \leq \sqrt{(x|x)(y|y)} = \|x\| \, \|y\|, \quad x, y \in V.$$

Daher folgt

$$\|x + y\|^2 = (x + y|x + y) = (x|x) + 2\,\mathrm{Re}\,(x|y) + (y|y)$$
$$\leq \|x\|^2 + 2\,\|x\|\,\|y\| + \|y\|^2 = \big(\|x\| + \|y\|\big)^2,$$

und wir haben somit die Dreiecksungleichung $\|x + y\| \leq \|x\| + \|y\|$ für alle $x, y \in V$ bewiesen. $\square$

Wir bemerken an dieser Stelle, dass nicht jede Norm auf einem Vektorraum durch ein Skalarprodukt gegeben ist. Dies ist nur dann der Fall, wenn die *Parallelogrammgleichung*

$$\|x + y\|^2 + \|x - y\|^2 = 2\,\|x\|^2 + 2\,\|y\|^2, \quad x, y \in V$$

erfüllt ist.

Topologische Grundbegriffe

Im Folgenden übertragen wir die uns schon aus dem $\mathbb{R}^n$ bekannten topologischen Grundbegriffe, also insbesondere die Begriffe einer Umgebung und die einer offenen bzw. abgeschlossenen Menge, auf metrische Räume (M, d).

1.9 Definition. Es sei (M, d) ein metrischer Raum. Dann heißt

a) für $x \in M$ und $\varepsilon > 0$ die Menge $B_\varepsilon(x) := \{y \in M : d(x, y) < \varepsilon\}$ ε-*Kugel* um x.

b) $U \subset M$ *Umgebung* von $x \in M$, wenn ein $\varepsilon > 0$ existiert mit $B_\varepsilon(x) \subset U$.

c) $O \subset M$ *offen*, wenn für jedes $x \in O$ ein $\varepsilon_x > 0$ existiert mit $B_{\varepsilon_x}(x) \subset O$.

d) $A \subset M$ *abgeschlossen*, falls $M \setminus A$ offen ist.

e) $X \subset M$ *beschränkt*, falls ein $x \in M$ und ein $r > 0$ existieren mit $X \subset B_r(x)$.

f) $x \in M$ *Randpunkt* der Menge $X \subset M$, wenn jede Umgebung von x sowohl einen Punkt aus X als auch einen Punkt aus $M \setminus X$ enthält. Setzt man
  i) $\partial X := \{x \in M : x \text{ ist Randpunkt von } X\}$, so heißt ∂X der *Rand* von X und
  ii) $\overset{\circ}{X} := X \setminus \partial X$, so heißt $\overset{\circ}{X}$ das *Innere* von X. Ein Element $x \in \overset{\circ}{X}$ heißt *innerer Punkt* von X.

g) $x \in M$ *Häufungspunkt* der Menge $X \subset M$, wenn jede Umgebung von x unendlich viele Punkte aus X enthält. Setzt man

$$\overline{X} := \{x \in M : x \in X \text{ oder } x \text{ ist Häufungspunkt von } X\},$$

so heißt $\overline{X}$ der *Abschluss* von X.

Diese Begriffsbildungen sind konsistent mit den bereits in Kapitel III.2 im Rahmen des $\mathbb{R}^n$ eingeführten Begriffen. Unsere Definitionen waren dort schon so angelegt, dass sich viele der dortigen Beweise über topologische Eigenschaften von Mengen und Eigenschaften stetiger Funktionen auf diesen Mengen auf metrische Räume übertragen lassen, indem wir nur den euklidischen Abstandsbegriff durch eine Metrik d ersetzen.

1.10 Beispiele. a) Ist (M, d) ein metrischer Raum und $r > 0$, so bezeichnen wir

$$B_r(a) = \{x \in M : d(a, x) < r\} \quad \text{und} \quad \overline{B_r}(a) := \{x \in M : d(a, x) \leq r\}$$

als die *offene bzw. abgeschlossene Kugel um* $a \in M$ *mit Radius* r. Die offene Kugel $B_r(a)$ ist auch im topologischen Sinne, d. h., im Sinne von Definition 1.9c), offen, denn für $x \in B_r(a)$ ist $\varepsilon = r - d(x, a) > 0$, und wegen

$$d(y, a) \leq d(y, x) + d(x, a) < \varepsilon + d(x, a) = r$$

für jedes $y \in B_\varepsilon(x)$ ist $B_\varepsilon(x)$ in $B_r(a)$ enthalten.

b) Weiterhin ist die abgeschlossene Kugel in einem metrischen Raum abgeschlossen, und M sowie die leere Menge $\emptyset$ sind offen und abgeschlossen.

c) In einem normierten Raum $(X, \|\cdot\|)$ bezeichnen wir mit

$$B_r(a) := \{x \in X : \|x - a\| < r\} \quad \text{und} \quad \overline{B_r}(a) := \{x \in X : \|x - a\| \leq r\}$$

die *offene und abgeschlossene Kugel um* $a \in X$ *mit Radius* r und nennen

$$B_1(0) := \{x \in X : \|x\| < 1\} \quad \text{bzw.} \quad \overline{B_1}(0) := \{x \in X : \|x\| \leq 1\}$$

die *offene bzw. abgeschlossene Einheitskugel* in X. Die offene Einheitskugel $B_1(0)$ ist dann wiederum offen im topologischen Sinne.

d) Ist $Y \subset M$, so heißt $\operatorname{diam}(Y) := \sup\{d(x, y) : x, y \in Y\}$ der *Durchmesser* von Y. Es gilt dann $\operatorname{diam}\big(B_1(0)\big) = 2$.

Die Hausdorffsche Trennungseigenschaft in Satz 1.11 besagt, dass in metrischen Räumen je zwei verschiedene Punkte disjunkte Umgebungen besitzen.

1.11 Satz. (Hausdorffsche Trennungseigenschaft). *Ist* (M, d) *ein metrischer Raum und sind* $x, y \in M$ *mit* $x \neq y$, *so existieren Umgebungen* U_x *und* U_y *von* x *bzw.* y *mit* $U_x \cap U_y = \emptyset$.

Beweis. Wir setzen $\varepsilon := \frac{1}{2} d(x, y)$. Falls ein $z \in B_\varepsilon(x) \cap B_\varepsilon(y)$ existieren würde, so wäre

$$2\varepsilon = d(x, y) \leq d(x, z) + d(z, y) < \varepsilon + \varepsilon = 2\varepsilon,$$

und wir erhalten einen Widerspruch. $\qquad\square$

Unser Beweis der Hausdorffschen Trennungseigenschaft machte wesentlich von der Existenz einer Metrik Gebrauch. Es gibt jedoch gewisse topologische (nichtmetrische) Räume, in denen die Hausdorffsche Trennungseigenschaft nicht gilt (vgl. Abschnitt 5).

1.12 Korollar. *Einpunktige Teilmengen metrischer Räume sind abgeschlossen.*

Für den Beweis dieser Aussage verweisen wir auf die Übungsaufgaben.

Als Nächstes betrachten wir Vereinigungen und Durchschnitte von offenen und abgeschlossenen Mengen in einem metrischen Raum. Die folgenden Aussagen verallgemeinern die hierfür schon in Satz III.2.7 und III.2.8 für Teilmengen des $\mathbb{R}^n$ bewiesenen Aussagen auf die allgemeinere Situation von metrischen Räumen.

1.13 Lemma. *In einem metrischen Raum (M, d) gelten die folgenden Aussagen:*

a) *Beliebige Vereinigungen und endliche Durchschnitte offener Mengen sind offen.*

b) *Beliebige Durchschnitte und endliche Vereinigungen abgeschlossener Mengen sind abgeschlossen.*

Die Beweise dieser Aussagen verlaufen analog zum Beweis von Satz III.2.7 und III.2.8. Wir ersetzen nur $|x - y|$ durch $d(x, y)$ und überlassen die Details dem Leser als Übungsaufgabe.

Im Folgenden verallgemeinern wir bekannte Eigenschaften offener bzw. abgeschlossener Teilmengen des $\mathbb{R}^n$ auf die Situation von metrischen Räumen.

1.14 Lemma. (Inneres, Rand, Abschluss). *Ist (M, d) ein metrischer Raum und $X \subset M$, so gelten die folgenden Aussagen:*

a) *Das Innere $\overset{\circ}{X}$ von X ist gegeben durch*

$$\overset{\circ}{X} = \bigcup_{O \subseteq X,\, O \text{ offen}} O.$$

Insbesondere ist $\overset{\circ}{X}$ offen und $\overset{\circ}{X}$ ist die größte offene Menge, welche in X enthalten ist.

b) *Der Abschluss $\overline{X}$ von X ist gegeben durch*

$$\overline{X} = \overset{\circ}{X} \cup \partial X = \bigcap_{X \subseteq A,\, A \text{ abg.}} A.$$

Insbesondere ist $\overline{X}$ abgeschlossen und die kleinste abgeschlossene Menge, welche X enthält.

c) *Für den Rand ∂X von X gilt*

$$\partial X = \overline{X} \cap \overline{M \setminus X}.$$

Insbesondere ist ∂X abgeschlossen.

Für den Beweis dieser Aussagen verweisen wir auf die Übungsaufgaben.

Ist (M, d) ein metrischer Raum und $X \subset M$ eine Teilmenge von M, so ist es oft nützlich, topologische Überlegungen nicht in M, sondern in X durchzuführen. Wir übertragen deshalb nun die Begriffe der Offenheit und Abgeschlossenheit einer Menge von M auf X.

1.15 Definition. Es sei (M, d) ein metrischer Raum, und es gelte $X \subset Y \subset M$. Dann heißt X *offen (abgeschlossen) in* Y, wenn eine in M offene Menge O (abgeschlossene Menge A) existiert mit $X = O \cap Y$ ($X = A \cap Y$). Ist $X \subset Y$ offen (abgeschlossen) in Y, so heißt X *auch relativ offen (relativ abgeschlossen) in* Y.

In der Situation der obigen Definition können wir die relative Offenheit einer Menge auch durch die induzierte Metrik beschreiben.

1.16 Lemma. *Es sei (M, d) ein metrischer Raum, und es gelte $X \subset Y \subset M$. Dann ist X genau dann offen (abgeschlossen) in Y, wenn X offen (abgeschlossen) in (Y, d_Y) ist.*

Für den Beweis von Lemma 1.16 verweisen wir auf die Übungsaufgaben.

Äquivalenz der Normen auf endlich-dimensionalen Vektorräumen

Wir untersuchen nun die Äquivalenz zweier Normen auf einem Vektorraum. Dieser Begriff ist von großem Interesse für die Analysis in normierten Räumen, da zwei verschiedene Normen auf einem Vektorraum, die in gewisser Weise vergleichbar sind, dieselben offenen Mengen definieren und somit auch auf den gleichen Stetigkeitsbegriff führen, wie wir in Abschnitt 2 sehen werden.

1.17 Definition. Zwei Normen $\|\cdot\|_1$ und $\|\cdot\|_2$ auf einem Vektorraum V heißen *äquivalent*, wenn Konstanten $c, C > 0$ derart existieren, dass

$$c\|x\|_1 \leq \|x\|_2 \leq C\|x\|_1 \quad \text{für alle } x \in V \tag{1.2}$$

gilt.

In diesem Fall schreiben wir auch $\|\cdot\|_1 \sim \|\cdot\|_2$ und bemerken, dass $\sim$ eine Äquivalenzrelation auf der Menge aller Normen eines Vektorraumes definiert.

Offensichtlich sind die in Beispiel 1.6c) betrachteten Normen $\|f\|_1$ und $\|f\|_\infty$ auf $C[0, 1]$ nicht äquivalent, denn betrachten wir die Funktionenfolgen $(f_n)_{n \in \mathbb{N}}$, gegeben durch

$$f_n : [0, 1] \to \mathbb{R}, \; f_n(x) := \begin{cases} 2nx, & 0 \le x \le 1/2n, \\ 2 - 2nx, & 1/2n < x < 1/n, \\ 0, & 1/n \le x \le 1, \end{cases}$$

so gilt $\|f_n\|_\infty = 1$ für alle $n \in \mathbb{N}$, aber $\|f_n\|_1 = \frac{1}{2n}$ für alle $n \in \mathbb{N}$.

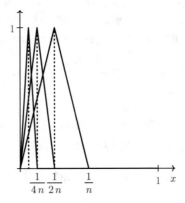

Andererseits sind die euklidische Norm und die Maximumsnorm auf $\mathbb{R}^n$ sowie die euklidische Norm und die $\|\cdot\|_1$-Norm auf $\mathbb{R}^n$ äquivalent, was unmittelbar aus den Abschätzungen

$$\|x\|_\infty \le \|x\|_2 \le \sqrt{n}\, \|x\|_\infty, \qquad \frac{1}{\sqrt{n}}\, \|x\|_1 \le \|x\|_2 \le \|x\|_1, \quad x \in \mathbb{R}^n$$

folgt. Wir beweisen jetzt die wesentlich allgemeinere Aussage, dass auf einem endlichdimensionalen Vektorraum alle Normen äquivalent sind.

1.18 Theorem. *Auf einem endlich-dimensionalen $\mathbb{K}$-Vektorraum sind alle Normen äquivalent.*

Beweis. Der Beweis verläuft in zwei Schritten.

Schritt 1: Wir beweisen die Aussage zunächst für $\mathbb{R}^n$ und stellen fest, dass es, um die Behauptung zu beweisen, nach unserer Bemerkung im Anschluss an Definition 1.17 genügt zu zeigen, dass jede Norm $\|\cdot\|$ auf $\mathbb{R}^n$ äquivalent zur euklidischen Norm $\|\cdot\|_2$ ist.

Sei also $\| \cdot \|$ eine Norm auf $\mathbb{R}^n$ und e_j der j-te Einheitsvektor in $\mathbb{R}^n$. Dann ist $x = (x_1, \ldots, x_n) = \sum_{j=1}^{n} x_j e_j$, und die Cauchy-Schwarzsche Ungleichung impliziert

$$\|x\| = \Big\| \sum_{j=1}^{n} x_j e_j \Big\| \leq \sum_{j=1}^{n} |x_j| \, \|e_j\| \leq C \|x\|_2, \tag{1.3}$$

wobei $C := \big(\sum_{j=1}^{n} \|e_j\|^2 \big)^{\frac{1}{2}}$.

Um die Abschätzung nach unten in Ungleichung (1.2) zu zeigen, setzen wir

$$c := \inf \big\{ \|x\| : x \in S \big\},$$

wobei $S := \{ x \in \mathbb{R}^n : \|x\|_2 = 1 \}$ die euklidische Einheitssphäre bezeichnet. Wir zeigen nun, dass $c > 0$ gilt. Nehmen wir an, dass $c = 0$ ist, so gibt es in S eine Folge $(x_k)_{k \in \mathbb{N}}$ mit $\lim_{k \to \infty} \|x_k\| = 0$. Nach dem Satz von Bolzano-Weierstraß in $\mathbb{R}^n$ (Theorem III.2.15) besitzt $(x_k)_{k \in \mathbb{N}}$ eine bezüglich der euklidischen Norm konvergente Teilfolge, ebenfalls bezeichnet mit $(x_k)_{k \in \mathbb{N}}$, mit Grenzwert $a \in S$, da $1 = \lim_{k \to \infty} (x_{1k}^2 + \ldots + x_{nk}^2) = a_1^2 + \ldots + a_n^2$. Andererseits folgt aus (1.3), dass für jedes $k \in \mathbb{N}$

$$\|a\| \leq \|a - x_k\| + \|x_k\| \leq C \|a - x_k\|_2 + \|x_k\|$$

gilt. Für $k \to \infty$ folgt $\|a\| = 0$, also $a = 0$, im Widerspruch dazu, dass $a \in S$ gilt. Somit ist $c > 0$. Für $x \neq 0$ ist $x/\|x\|_2 \in S$, und daher gilt $c \leq \big\| \frac{x}{\|x\|_2} \big\|$. Wir erhalten also

$$c \|x\|_2 \leq \|x\|,$$

und da diese Ungleichung offensichtlich auch für $x = 0$ gilt, folgt die Behauptung für den Fall $\mathbb{R}^n$.

Schritt 2: Es seien nun V ein beliebiger $\mathbb{K}$-Vektorraum und $\| \cdot \|$ bzw. $\| \cdot \|^{\sim}$ zwei Normen auf V. Ist $\phi : \mathbb{R}^n \to V$ ein Isomorphismus von $\mathbb{R}^n$ auf V, so setzen wir

$$\|x\|_\phi := \|\phi(x)\| \quad \text{und} \quad \|x\|_\phi^{\sim} := \|\phi(x)\|^{\sim},$$

und die Behauptung folgt aus Schritt 1. $\square$

1.19 Bemerkung. Theorem 1.18 hat wichtige Konsequenzen. Es besagt insbesondere, dass der Begriff der Umgebung bzw. der Begriff der offenen Menge in $\mathbb{R}^n$ unabhängig von der gewählten Norm ist. Dies gilt natürlich auch für den Begriff des Häufungspunktes in $\mathbb{R}^n$.

Aufgaben

1. Für $x_0 \in \mathbb{R}^2$ sei d die in Beispiel 1.3d) eingeführte *Metrik des französischen Eisenbahnsystems* in $\mathbb{R}^2$.

    a) Man zeige, dass dadurch eine Metrik auf $\mathbb{R}^2$ definiert wird.

    b) Man skizziere für $x_0 = (0,0)$ jeweils die Kugeln mit Radius 1 um die Punkte $(3,0)$, $(0,0)$ und $(0, \frac{1}{2})$.

    c) Man zeige, dass es keine Norm auf $\mathbb{R}^2$ gibt, welche die Metrik d induziert.

2. Man zeige, dass das in Beispiel 1.3e) definierte Paar (M, d) einen metrischen Raum bildet, und interpretiere d geometrisch.

3. Man untersuche, ob die folgenden Abbildungen $d : M \times M \to [0, \infty)$ Metriken sind:

    a) $M \neq \emptyset$ beliebig und

    $$d(x, y) := \begin{cases} 1, & \text{falls } x \neq y, \\ 0, & \text{falls } x = y. \end{cases}$$

    b) $M = \mathbb{R}^n$, $0 < p < 1$ und $d(x, y) := \left(\sum_{i=1}^n |x_i - y_i|^p \right)^{\frac{1}{p}}$.

    c) $M = \mathbb{R}$ und $d(x, y) := |\arctan x - \arctan y|$.

    d) $M = \mathbb{R}$ und $d(x, y) := \arctan |x - y|$.

    e) Es sei $M = \{(a_n)_{n \in \mathbb{N}}\}$ die Menge aller Folgen komplexer Zahlen und

    $$d\big((a_n)_{n \in \mathbb{N}}, (b_n)_{n \in \mathbb{N}}\big) := \sum_{n=1}^{\infty} 2^{-n} \frac{|a_n - b_n|}{1 + |a_n - b_n|}.$$

4. Es sei $f : \mathbb{R} \to \mathbb{R}$ eine stetige und beschränkte Funktion und $d : \mathbb{R} \times \mathbb{R} \to \mathbb{R}$ sei gegeben durch

    $$d(x, y) := \sup\{|f(t - x) - f(t - y)| : t \in \mathbb{R}\}.$$

    Man zeige, dass d genau dann eine Metrik auf $\mathbb{R}$ definiert, wenn f nicht periodisch ist.

5. Man betrachte die in Beispiel 1.6a) eingeführte p-Norm auf $\mathbb{R}^n$, d. h.,

    $$\| \cdot \|_p : \mathbb{R}^n \to \mathbb{R}, \quad \|x\|_p := \left(\sum_{i=1}^n |x_i|^p \right)^{1/p}, \text{ falls } 1 \leq p < \infty \text{ und } \|x\|_\infty := \max_{1 \leq i \leq n} |x_i|.$$

    Man beweise, dass für $1 \leq p \leq \infty$ die Abbildung $\| \cdot \|_p : \mathbb{R}^n \to \mathbb{R}$ eine Norm auf $\mathbb{R}^n$ definiert und damit der Name p-Norm gerechtfertigt ist.

6. Man gebe einen detaillierten Beweis für die Tatsache, dass die in Beispiel 1.6c) auf $V := C([a, b], \mathbb{K})$ definierte Abbildung $\| \cdot \| : V \to \mathbb{R}$, gegeben durch

    $$\|f\|_p = \begin{cases} \left(\int_a^b |f(x)|^p \, dx \right)^{\frac{1}{p}}, & 1 \leq p < \infty, \\ \sup_{x \in [a,b]} |f(x)|, & p = \infty, \end{cases}$$

    eine Norm auf V definiert.

7. Für $f \in C^1[a, b]$ sei

$$\|f\| := \max_{x \in [a,b]} |f'(x)| + \max_{x \in [a,b]} |f(x)| \quad \text{und} \quad \|\|f\|\| := \max_{x \in [a,b]} |f'(x)|.$$

a) Man zeige, dass durch $\|\cdot\|$ eine Norm auf $C^1[a, b]$ definiert ist, aber $\|\|\cdot\|\|$ keine Norm auf diesem Raum ist.

b) Offenbar ist die Menge $N := \{f \in C^1[a, b] : \|\|f\|\| = 0\}$ ein Untervektorraum von $C^1[a, b]$. Man zeige, dass N genau aus allen konstanten Funktionen besteht, und man bestimme die Dimension von N.

c) Man zeige, dass durch $f \sim g :\Leftrightarrow f - g \in N$ eine Äquivalenzrelation auf $C^1[a, b]$ definiert wird, und bestimme die Äquivalenzklasse $[f]$ eines beliebigen Elements $f \in C^1[a, b]$.

d) Man zeige, dass die Menge

$$C^1[a, b]/N := \{[f] : f \in C^1[a, b]\}$$

der Äquivalenzklassen mittels

$$[f] + [g] := [f + g], \quad \lambda[f] := [\lambda f], \qquad (f, g \in C^1[a, b], \lambda \in \mathbb{K})$$

einen Vektorraum definiert, den *Quotientenraum* von $C^1[a, b]$ bzgl. N.

e) Ist

$$\|\|\cdot\|\|_N : C^1[a, b]/N \to [0, \infty), \quad \|\|[f]\|\|_N := \inf_{g \in [f]} \|\|g\|\|,$$

so beweise man, dass $(C^1[a, b]/N, \|\|\cdot\|\|_N)$ ein normierter Raum ist.

8. Man beweise die in Satz 1.7 angegebene Cauchy-Schwarzsche Ungleichung.

9. Man beweise, dass für $x \in \mathbb{R}^n$ die Ungleichung

$$\|x\|_\infty \le \|x\|_2 \le \sqrt{n}\|x\|_\infty$$

gilt.

10. Man beweise, dass für $x \in \mathbb{R}^n$ und $1 \le p < \infty$ die Ungleichung

$$\|x\|_p \le \|x\|_1 \le n^{\frac{p-1}{p}}\|x\|_p$$

gilt.

11. Man beweise die Aussage von Korollar 1.12.

12. Man vervollständige den Beweis von Lemma 1.13.

13. Man beweise die Aussagen von Lemma 1.14.

14. Man zeige, dass eine Teilmenge Y eines metrischen Raumes genau dann offen ist, wenn $Y \cap \partial Y = \emptyset$ gilt, und genau dann abgeschlossen ist, wenn $\partial Y \subset Y$ gilt.

15. Es sei M eine Menge und d die diskrete Metrik auf M. Man zeige: Im metrischen Raum (M, d) ist jede Teilmenge $Y \subset M$ zugleich offen und abgeschlossen.

16. Man beweise Lemma 1.16.

2 Konvergenz, Vollständigkeit und Stetigkeit

In diesem Abschnitt übertragen wir den uns vertrauten Konvergenzbegriff für Folgen in $\mathbb{K}^n$ auf beliebige metrische Räume (M, d). Wiederum wird der Begriff der Cauchy-Folge eine wichtige Rolle spielen.

Die Vollständigkeit von $\mathbb{R}$ war für viele unserer bisherigen Resultate von zentraler Bedeutung, und wir haben bewiesen, dass eine Folge in $\mathbb{R}$ genau dann konvergiert, wenn sie eine Cauchy-Folge ist. Diese Tatsache haben wir als Vollständigkeit von $\mathbb{R}$ bezeichnet. In allgemeinen metrischen oder normierten Räumen sind wir gezwungen, den Begriff der Vollständigkeit neu zu definieren. In Anlehnung an unsere Formulierung der Vollständigkeit von $\mathbb{R}$ mittels Cauchy-Folgen, definieren wir die Vollständigkeit eines metrischen Raumes wiederum mittels Cauchy-Folgen, beginnen jedoch mit dem Konvergenzbegriff in metrischen Räumen.

Konvergenz in metrischen Räumen
Wir definieren die Konvergenz einer Folge in einem metrischen Raum wie folgt.

2.1 Definition. Es sei (M, d) ein metrischer Raum.

a) Eine Folge $(x_j)_{j \in \mathbb{N}} \subset M$ heißt *konvergent* gegen $x \in M$, wenn für jede Umgebung U von x ein $N_0 \in \mathbb{N}$ existiert mit
$$x_j \in U \quad \text{für alle } j \geq N_0.$$
In diesem Fall schreiben wir $x = \lim_{j \to \infty} x_j$ und nennen x den *Limes* der Folge $(x_j)_{j \in \mathbb{N}}$.

b) Eine Folge $(x_j)_{j \in \mathbb{N}} \subset M$ heißt *beschränkt*, wenn die Menge $\{x_j : j \in \mathbb{N}\} \subset M$ beschränkt ist.

c) Ein Element $x \in M$ heißt *Häufungspunkt* der Folge $(x_j)_{j \in \mathbb{N}} \subset M$, wenn jede Umgebung von x unendlich viele Folgenglieder von $(x_j)_{j \in \mathbb{N}}$ enthält.

Wir bemerken an dieser Stelle, dass ein Häufungspunkt der Menge $\{x_k : k \in \mathbb{N}\}$ auch ein Häufungspunkt der Folge $(x_k)_{k \in \mathbb{N}}$ ist. Die Umkehrung gilt jedoch im Allgemeinen, wie schon in der Situation von $\mathbb{R}$, nicht.

Cauchy-Folgen in metrischen Räumen werden in Analogie zu Cauchy-Folgen in $\mathbb{R}$ wie folgt definiert.

2.2 Definition. Eine Folge $(x_j)_{j \in \mathbb{N}} \subset M$ in einem metrischen Raum (M, d) heißt *Cauchy-Folge*, wenn für jedes $\varepsilon > 0$ ein $N_0 \in \mathbb{N}$ existiert mit der Eigenschaft
$$d(x_n, x_m) < \varepsilon \quad \text{für alle } n, m \geq N_0.$$

Die Beweise der Aussagen in Satz 2.3 können, in Analogie zu den jeweiligen Beweisen aus Kapitel II, problemlos auf metrische Räume übertragen werden.

2.3 Satz. *Für einen metrischen Raum (M, d) gelten die folgenden Aussagen:*

a) *Der Limes einer konvergenten Folge ist eindeutig bestimmt.*

b) *Jede konvergente Folge ist eine Cauchy-Folge.*

c) *Jede Cauchy-Folge ist beschränkt.*

d) *Ein Punkt $x \in M$ ist genau dann Häufungspunkt einer Folge in M, wenn diese eine gegen x konvergente Teilfolge besitzt.*

e) *Besitzt eine Cauchy-Folge eine konvergente Teilfolge, so ist sie selbst konvergent.*

Wie schon in der Situation von $\mathbb{R}^n$ können wir abgeschlossene Mengen nun auch in einem metrischen Raum mittels konvergenter Folgen charakterisieren.

2.4 Satz. *Ist (M, d) ein metrischer Raum und $A \subset M$, so sind die folgenden Aussagen äquivalent:*

a) *$A \subset M$ ist abgeschlossen.*

b) *A enthält alle ihre Häufungspunkte.*

c) *Jede Folge in A, die in M konvergiert, hat ihren Grenzwert in A.*

Für den Beweis von Satz 2.3 und 2.4 verweisen wir auf die Übungsaufgaben. Exemplarisch beweisen wir im Detail an dieser Stelle nur Aussage e) in Satz 2.3. Es sei also $(a_j)_{j \in \mathbb{N}}$ eine Cauchy-Folge und $(a_{j_k})_{k \in \mathbb{N}}$ eine konvergente Teilfolge in M mit Grenzwert a. Für $\varepsilon > 0$ existiert dann ein $N_0 \in \mathbb{N}$ mit $d(a_j, a_l) < \varepsilon/2$ für alle $j, l \geq N_0$. Ferner existiert ein $N_1 \in \mathbb{N}$ mit $d(a_{j_k}, a) < \varepsilon/2$ für alle $k \geq N_1$. Für $N_2 := \max\{N_0, N_1\}$ gilt daher für alle $j \geq N_2$

$$d(a_j, a) \leq d(a_j, a_{j_k}) + d(a_{j_k}, a) < \frac{\varepsilon}{2} + \frac{\varepsilon}{2} = \varepsilon,$$

und somit konvergiert $(a_j)_{j \in \mathbb{N}}$ gegen a.

Vollständigkeit und Banach-Räume

Wir führen nun vollständige metrische Räume sowie Banach-Räume ein.

2.5 Definition. Ein metrischer Raum (M, d) heißt *vollständig*, wenn jede Cauchyfolge in M konvergiert.

Eine besonders wichtige Klasse vollständiger metrischer Räume stellen die Banach-Räume dar.

2.6 Definition. Ein vollständiger normierter $\mathbb{K}$-Vektorraum heißt *Banach-Raum*.

Die Definition eines vollständigen normierten Vektorraumes geht auf Stefan Banach (1892–1945) zurück, von welchem grundlegende Beiträge zur Analysis stammen. Er beobachtete, dass sich viele in diesem Zusammenhang wichtige Resultate in Räumen abspielen, die neben der metrischen Eigenschaft eine Vektorraumstruktur besitzen und in denen der Abstand zweier Elemente x und y sich aus der Norm der Differenz $\|x - y\|$ von x und y ableitet. Der in Theorem 2.9 formulierte Banachsche Fixpunktsatz ist auch heute noch einer der bedeutendsten Fixpunktsätze.

2.7 Beispiele. a) Der Raum $(\mathbb{K}^n, \|\cdot\|_2)$, versehen mit der $\|\cdot\|_2$-Norm, ist ein Banach-Raum. Wir haben bereits gezeigt, dass $\mathbb{K}^n$ ein normierter Vektorraum ist. Um die Vollständigkeit von $\mathbb{K}^n$ zu zeigen, sei (a_j) eine Cauchy-Folge in $\mathbb{K}^n$. Nach Satz 2.3c) ist diese beschränkt, und der Satz von Bolzano-Weierstraß (Satz III.2.15) sichert die Existenz einer konvergenten Teilfolge. Wegen Satz 2.3e) ist $(a_j)_{j \in \mathbb{N}}$ konvergent.

b) Der Funktionenraum $C[a, b]$, versehen mit der Supremumsnorm $\|\cdot\|_\infty$, ist ein Banach-Raum für beliebige $a, b \in \mathbb{R}$ mit $-\infty < a < b < \infty$, da jede auf dem kompakten Intervall $[a, b]$ gleichmäßig konvergente Folge stetiger Funktionen nach Theorem IV.4.6 eine stetige Grenzfunktion besitzt.

c) Versehen wir den Raum $C^1[a, b]$ der stetig differenzierbaren Funktionen ebenfalls mit der Supremumsnorm, so entsteht ein normierter Raum, der jedoch *kein* Banach-Raum ist (vgl. Aufgabe 3).

d) Versehen wir hingegen den Raum $C^1[a, b]$ mit der Norm

$$\|f\| := \|f\|_\infty + \|f'\|_\infty \,,$$

so ist $(C^1[a, b], \|\cdot\|)$ vollständig, also ein Banach-Raum. Der Beweis hiervon beruht auf Theorem IV.4.7 (vgl. Aufgabe 3).

e) Für $\Omega \subset \mathbb{R}^n$ offen und beschränkt sei

$$C(\overline{\Omega}; \mathbb{R}) = \{f : \Omega \to \mathbb{R} : f \text{ ist stetig auf } \overline{\Omega} \text{ fortsetzbar}\}$$

der schon in Abschnitt III.4 betrachtete Vektorraum der stetigen Funktionen auf $\overline{\Omega}$, versehen mit der Supremumsnorm

$$\|f\|_{C(\overline{\Omega})} = \sup_{x \in \Omega} |f(x)|.$$

Wiederum impliziert Theorem IV.4.6, dass $C(\overline{\Omega})$, versehen mit der Supremumsnorm, ein Banach-Raum ist.

f) Es seien $K \subset \mathbb{R}^n$ eine kompakte Menge und $w : K \to \mathbb{R}$ eine stetige Funktion mit $0 < \alpha \leq w(x) \leq \beta < \infty$. Versehen wir den Raum $C(K; \mathbb{R})$ mit der gewichteten Supremumsnorm

$$\|f\|_w := \sup\{w(x)|f(x)| : x \in K\},$$

so verifizieren wir in den Übungsaufgaben, dass die $\|\cdot\|_w$-Norm auf $C(K; \mathbb{R})$ äquivalent zur Supremumsnorm $\|\cdot\|_\infty$ ist und somit $C(K; \mathbb{R})$ versehen mit der $\|\cdot\|_w$-Norm ein Banach-Raum ist.

2.8 Bemerkungen. a) Ein bezüglich der vom Innenprodukt induzierten Norm vollständiger Innenproduktraum heißt *Hilbert-Raum*.

b) Insbesondere ist $\mathbb{K}^n$ ein Hilbert-Raum.

c) Der *Hilbertsche Folgenraum* $\ell^2(\mathbb{N})$ besteht aus allen quadratsummierbaren Folgen komplexer Zahlen, d. h., aus allen Folgen $a = (a_j)_{j \in \mathbb{N}} \subset \mathbb{C}$ mit

$$\|a\|_2 := \Big(\sum_{j=1}^{\infty} |a_j|^2 \Big)^{1/2} < \infty.$$

Die Vorschrift

$$(a|b) := \sum_{j=1}^{\infty} a_j \overline{b_j}, \quad a, b \in \ell^2(\mathbb{N})$$

definiert auf $\ell^2(\mathbb{N})$ ein Skalarprodukt, und $\|a\|_2$, definiert wie oben, stimmt mit der vom Skalarprodukt induzierten Norm überein.

d) Versehen mit dieser Norm ist $l^2(\mathbb{N})$ sogar ein vollständiger normierter Vektorraum, also ein Hilbert-Raum. Für den Beweis dieser Aussage verweisen wir auf die Übungsaufgaben.

Fixpunktsätze haben vielfältige Anwendungen in der Mathematik. Der Banachsche Fixpunktsatz in Theorem 2.9 beruht wesentlich auf der Vollständigkeit des zugrunde liegenden metrischen Raumes und besagt, dass eine strikte Kontraktion auf einem vollständigen metrischen Raum genau einen Fixpunkt besitzt.

2.9 Theorem. (Banachscher Fixpunktsatz). *Es seien* (M, d) *ein vollständiger metrischer Raum und* $F : M \to M$ *eine strikte Kontraktion, d. h., es existiere eine Konstante* $q < 1$ *mit*

$$d\big(F(x), F(y)\big) \leq q \, d(x, y), \quad \text{für alle } x, y \in M.$$

Dann besitzt F *genau einen Fixpunkt* $r \in M$, *d. h., es existiert genau ein* $r \in M$ *mit* $F(r) = r$.

Ferner konvergiert die rekursiv definierte Folge

$$x_{n+1} := F(x_n), \quad n \in \mathbb{N}_0$$

für ein beliebig gewähltes $x_0 \in M$ *gegen* r.

Der Beweis verläuft analog zu demjenigen von Theorem II.2.17, indem wir $|x - y|$ durch $d(x, y)$ ersetzen.

Stetigkeit in metrischen Räumen

Wir übertragen nun den Begriff der Stetigkeit einer Funktion, welche bisher auf einer Teilmenge des $\mathbb{R}^n$ definiert war, auf Funktionen, welche auf metrischen Räumen definiert sind.

2.10 Definition. (Stetigkeit in metrischen Räumen). Sind (M, d_M) und (N, d_N) metrische Räume, so heißt eine Abbildung $f : M \to N$ *stetig in* $x_0 \in M$, wenn für jede Folge $(x_n)_{n \in \mathbb{N}} \subset M$ mit $\lim_{n \to \infty} x_n = x_0$ gilt:

$$\lim_{n \to \infty} f(x_n) = f(x_0).$$

Ist $f : M \to N$ in jedem $x_0 \in M$ stetig, so heißt f *stetig auf* M.

Das folgende Theorem charakterisiert stetige Funktionen mittels der (ε-δ)-Stetigkeit sowie mittels des Umgebungsbegriffs.

2.11 Theorem. (Charakterisierung stetiger Funktionen). *Für eine Funktion* $f : M \to N$ *zwischen zwei metrischen Räumen* (M, d_M) *und* (N, d_N) *und* $x_0 \in M$ *sind die folgenden Aussagen äquivalent:*

a) *f ist stetig in $x_0 \in M$.*

b) *(ε-δ)-Stetigkeit: Für jedes $\varepsilon > 0$ existiert ein $\delta > 0$ mit der Eigenschaft:*

$$d_M(x, x_0) < \delta \implies d_N\big(f(x), f(x_0)\big) < \varepsilon.$$

c) *Stetigkeit mittels Umgebungen: Für jede Umgebung V von $f(x_0) \in N$ existiert eine Umgebung U von x_0 mit $f(U) \subset V$.*

Beweis. Die Äquivalenz der Aussagen a) und b) folgt wie im Beweis von Satz III.1.2, indem wir $|x - y|$ durch $d_M(x, y)$ und $|f(x) - f(y)|$ durch $d_N\big(f(x), f(y)\big)$ ersetzen. Ferner folgt die Äquivalenz der Aussagen b) und c) unmittelbar aus der Definition des Begriffs der Umgebung.   □

Die Definition der Stetigkeit einer Funktion mittels Folgen erlaubt es uns, die bereits bekannten Resultate über Summen, Produkte, Quotienten sowie Komposition stetiger Funktionen $f : D \subset \mathbb{K} \to \mathbb{K}$ aus Abschnitt III.1 unter unmittelbarer Verwendung der dort formulierten Beweise auf die Situation metrischer Räume zu übertragen.

2.12 Satz. *Es seien* (M, d_M), (N_1, d_{N_1}) *und* (N_2, d_{N_2}) *metrische Räume.*

a) *Sind $f, g : M \to \mathbb{K}$ Funktionen und sind f und g in $x_0 \in M$ stetig, so sind auch $\alpha f + \beta g : M \to \mathbb{K}$ für alle $\alpha, \beta \in \mathbb{K}$ und $f \cdot g : M \to \mathbb{K}$ in x_0 stetig.*

b) *Ist $g : M \to \mathbb{K}$ stetig in $x_0 \in M$ und gilt $g(x_0) \neq 0$, so existiert ein $\delta > 0$ mit $g(x) \neq 0$ für alle $x \in B_\delta(x_0)$. Ist weiter $f : M \to \mathbb{K}$ ebenfalls in x_0 stetig, so ist auch $\frac{f}{g} : U_\delta(x_0) \to \mathbb{K}$ in x_0 stetig.*

c) *Sind $f : N_1 \to N_2$ und $g : M \to N_1$ Funktionen und ist g in $x_0 \in M$ und f in $g(x_0)$ stetig, so ist $f \circ g : M \to N_2$ in x_0 stetig.*

d) *Eine Funktion $f = (f_1, f_2) : M \to N_1 \times N_2$ ist genau dann in $x_0 \in M$ stetig, wenn $f_1 : M \to N_1$ und $f_2 : M \to N_2$ in x_0 stetig sind.*

e) *Eine Funktion $f = (f_1, \ldots, f_n) : M \to \mathbb{K}^n$ ist genau dann in $x_0 \in M$ stetig, wenn jede ihrer Komponentenfunktionen $f_j : M \to \mathbb{K}$ in $x_0 \in M$ für $j = 1, \ldots, n$ stetig ist.*

2.13 Bemerkung. Ist $\Omega \subset \mathbb{R}^n$ eine offene Menge, so impliziert Satz 2.12 insbesondere, dass die Menge der stetigen Funktionen $f : \Omega \to \mathbb{R}^m$ einen Vektorraum bilden, welchen wir mit

$$C(\Omega; \mathbb{R}^m) := \{ f : \Omega \to \mathbb{R}^m : f \text{ stetig} \}$$

bezeichnen.

Wir charakterisieren nun die Stetigkeit einer Funktion zwischen metrischen Räumen auf topologische Art und Weise.

2.14 Theorem. *Sind (M, d_M) und (N, d_N) metrische Räume und $f : M \to N$ eine Funktion, so sind die folgenden Aussagen äquivalent:*

a) *f ist stetig.*

b) *$f^{-1}(A)$ ist abgeschlossen in M für alle in N abgeschlossenen Mengen $A \subset N$.*

c) *$f^{-1}(O)$ ist offen in M für alle in N offenen Mengen $O \subset N$.*

Der Beweis verläuft analog zu demjenigen von Theorem III.2.23, indem wir wiederum $|x - y|$ durch $d_M(x, y)$ und $|f(x) - f(y)|$ durch $d_N(x, y)$ ersetzen.

Wie den Begriff der Stetigkeit können wir nun auch den Grenzwertbegriff einer Funktion auf Funktionen ausdehnen, welche auf metrischer Räumen definiert sind.

2.15 Definition. Es seien (M, d_M) und (N, d_N) metrische Räume, $X \subset M$ und $f : X \to N$ eine Funktion. Dann besitzt $f : X \to N$ im Häufungspunkt x_0 von X den *Grenzwert* $y_0 \in N$, wenn die Funktion

$$F : X \cup \{x_0\} \to N, \quad F(x) := \begin{cases} f(x), & x \in X \setminus \{x_0\}, \\ y_0, & x = x_0 \end{cases}$$

in x_0 stetig ist. In diesem Fall schreiben wir

$$\lim_{x \to x_0} f(x) = y_0.$$

Lineare Abbildungen in normierten Räumen und Operatornorm

Gegenstand dieses Abschnitts ist die Untersuchung der Stetigkeit von linearen Abbildungen zwischen normierten Vektorräumen. Es seien V und W zwei $\mathbb{K}$-Vektorräume. Eine Abbildung $T : V \to W$ heißt *lineare Abbildung* oder *linearer Operator*, wenn

$$T(\alpha x + \beta y) = \alpha T(x) + \beta T(y) \quad \text{für alle } \alpha, \beta \in \mathbb{K} \text{ und alle } x, y \in V$$

gilt. Existiert für eine lineare Abbildung $T : V \to W$ zwischen zwei normierten Vektorräumen $(V, \| \cdot \|_V)$ und $(W, \| \cdot \|_W)$ eine Konstante $M \geq 0$ mit

$$\|T(x)\|_W \leq M \quad \text{für alle } x \in V \text{ mit } \|x\|_V \leq 1,$$

so heißt T *beschränkt*. Üblicherweise schreiben wir Tx anstelle von $T(x)$.

2.16 Satz. *Für eine lineare Abbildung $T : V \to W$ zwischen zwei normierten Vektorräumen $(V, \| \cdot \|_V)$ und $(W, \| \cdot \|_W)$ sind folgende Aussagen äquivalent:*

a) *T ist stetig.*

b) *T ist stetig in einem $x_0 \in V$.*

c) *Es existiert eine Konstante $L > 0$ mit $\|Tx - Ty\|_W \leq L\|x - y\|_V$ für alle $x, y \in V$.*

d) *T ist beschränkt.*

Beweis. Wir zeigen die folgenden Implikationen: a)$\Rightarrow$ b) $\Rightarrow$ d) $\Rightarrow$ c) $\Rightarrow$ b) $\Rightarrow$ a).

Aussage a) $\Rightarrow$ b) ist offensichtlich.

b) $\Rightarrow$ d): Nach Voraussetzung existiert zu $\varepsilon = 1$ ein $\delta > 0$ mit

$$\|T(x - x_0)\|_W = \|Tx - Tx_0\|_W \leq 1 \text{ für alle } x \in \overline{B_\delta}(x_0) := \{y \in V : \|x_0 - y\| \leq \delta\}.$$

Setzen wir $h := (x - x_0) \in \overline{B_\delta}(0)$, so ist diese Aussage äquivalent zu $\|Th\|_W \leq 1$ für alle $h \in \overline{B_\delta}(0)$, was wiederum äquivalent zu $\|T(\delta h)\|_W \leq 1$ für alle $h \in \overline{B_1}(0)$ und zu $\|T(h)\|_W \leq 1/\delta$ für alle $h \in \overline{B_1}(0)$ umformuliert werden kann. Dies bedeutet, dass T beschränkt ist.

d) $\Rightarrow$ c): Da $\|Tx\|_W \leq M$ für alle $x \in \overline{B_1}(0)$ gilt, folgt

$$\left\|T\left(\frac{x}{\|x\|_V}\right)\right\|_W \leq M \quad \text{für alle } x \in V \text{ mit } x \neq 0.$$

Also gilt $\|Tx\|_W \leq M \|x\|_V$ für alle $x \in V$ und somit

$$\|Tx - Ty\|_W \leq M \|x - y\|_V \text{ für alle } x, y \in V.$$

Aussage c) $\Rightarrow$ b) ist klar; Aussage b) $\Rightarrow$ a) überlassen wir dem Leser als Übungsaufgabe. $\qquad\square$

Im obigen Beweis der Implikation d) $\Rightarrow$ c) haben wir insbesondere bewiesen, dass

$$\|Tx\|_W \le M \quad \text{für alle } x \in \overline{B_1}(0) \Leftrightarrow \|Tx\|_W \le M \|x\|_V \quad \text{für alle } x \in V \qquad (2.1)$$

gilt. Dies motiviert die folgende Definition.

2.17 Definition. Das Infimum über alle Konstanten M in (2.1), d. h.,

$$\|T\| := \inf\{M \ge 0 : \|Tx\|_W \le M \|x\|_V \text{ für alle } x \in V\},$$

heißt *Operatornorm von T*.

Es ist nicht schwierig zu zeigen, dass

$$\|T\| = \sup\{\|Tx\|_W : \|x\|_V \le 1\} \quad \text{und}$$
$$\|Tx\|_W \le \|T\| \|x\|_V, \quad x \in V$$

gilt. Setzen wir ferner

$$\mathcal{L}(V, W) := \{T : V \to W : T \text{ ist linear und beschränkt}\},$$

so ist $(\mathcal{L}(V, W), \|\cdot\|)$ ein normierter Vektorraum.

2.18 Beispiele. a) Jede lineare Abbildung $T : V \to W$ eines endlich-dimensionalen, normierten Raumes $(V, \|\cdot\|_V)$ in einen normierten Raum $(W, \|\cdot\|_W)$ ist stetig. Um dies einzusehen, sei $e_1, \ldots, e_n$ eine Basis in V und $M := \max\{\|Te_1\|_W, \ldots, \|Te_n\|_W\}$. Für $x = \sum_{j=1}^n x_j e_j$ und $a = \sum_{j=1}^n a_j e_j$ gilt dann

$$\|Tx - Ta\|_W \le M \sum_{j=1}^n |x_j - a_j|.$$

Da die Abbildung $y \mapsto \sum_{j=1}^n |y_j|$ eine Norm auf V definiert und diese nach Theorem 1.18 zu $\|\cdot\|_V$ äquivalent ist, existiert eine Konstante $C > 0$ mit $\sum_{j=1}^n |y_j| \le C\|y\|_V$. Somit gilt

$$\|Tx - Ta\|_W \le CM\|x - a\|_V,$$

und die Stetigkeit von T folgt aus Satz 2.16.

b) (Zeilensummennorm). Versehen wir $\mathbb{K}^n$ mit der Maximumsnorm und betrachten stetige lineare Abbildungen T auf $\mathbb{K}^n$ in sich, so ist die zugehörige Operatornorm gegeben durch

$$\|T\| = \max_{1 \le i \le n} \sum_{j=1}^n |a_{ij}|,$$

wobei wir T durch die Matrix $(a_{ij}) \in \mathbb{R}^{n \times n}$ dargestellt haben.

c) Betrachten wir den Banach-Raum $(C[0, 1], \|\cdot\|_\infty)$ und die lineare Abbildung T : $C[0, 1] \to \mathbb{K}$, definiert durch

$$Tf := \int_0^1 f(x)\, dx,$$

so gilt $T \in \mathcal{L}(C[0, 1], \mathbb{K})$ sowie $\|Tf\|_\infty \le \|f\|_\infty$ für alle $f \in C[0, 1]$.

d) Es seien $C^1[0, 1] \subset C[0, 1]$ der Untervektorraum aller stetig differenzierbaren Funktionen, versehen mit der Supremumsnorm und $T : C^1[0, 1] \to C[0, 1]$, die Abbildung definiert durch

$$Tf := f'.$$

Dann ist T *nicht* stetig, denn für $f_n \in C^1[0, 1]$, gegeben durch $f_n(x) = x^n$, gilt $\|f_n\|_\infty = 1$ und $\|Tf_n\|_\infty = n$ für alle $n \in \mathbb{N}$. Somit existiert keine Konstante M mit

$$\|Tf_n\|_\infty \le M \|f_n\|_\infty \quad \text{für alle } n \in \mathbb{N}.$$

Aufgaben

1.   Man beweise Satz 2.3 und vervollständige den Beweis von Satz 2.4.

2.   Es sei X eine nichtleere Menge und $M = \{(a_n)_{n\in\mathbb{N}} : a_n \in X$ für alle $n \in \mathbb{N}\}$. Für Folgen $a, b \in M$ sei $k(a, b) := \min\{n \in \mathbb{N} : a_n \neq b_n\}$ und

$$d(a, b) := \begin{cases} 1/k(a, b), & a \neq b, \\ 0, & a = b. \end{cases}$$

   die sogenannte *Bairesche Metrik*. Man zeige, dass (M, d) ein vollständiger metrischer Raum ist.

3.   Für $a, b \in \mathbb{R}$ mit $a < b$ betrachte man den Raum $C^1[a, b]$ und beweise die folgenden Aussagen:

   a) $C^1[a, b]$, versehen mit der Supremumsnorm $\|\cdot\|_\infty$, ist *kein* Banach-Raum.

   b)   Versieht man $C^1[a, b]$ dagegen mit der Norm $\|f\|_{C^1} := \|f\|_\infty + \|f'\|_\infty$, so ist $(C^1[a, b], \|\cdot\|_{C^1})$ ein Banach-Raum.

   c)   Für $k \in \mathbb{N}$ sei $C^k[a, b]$ der Raum aller k-mal stetig differenzierbaren Funktionen auf $[a, b]$. Man zeige: Versehen mit der Norm

$$\|f\|_{C^k} := \|f\|_\infty + \|f'\|_\infty + \ldots + \|f^{(k)}\|_\infty,$$

   ist $C^k[a, b]$ ein Banach-Raum.

4.   a)   Für $I = [0, 1]$ und $\alpha \in (0, 1)$ ist der Vektorraum $C^\alpha(I; \mathbb{K})$ der *Hölder-stetigen Funktionen* definiert durch

$$C^\alpha(I; \mathbb{K}) := \left\{ f \in C(I; \mathbb{K}) : [f]_\alpha := \sup_{t,s \in I, s < t} \frac{|f(t) - f(s)|}{(t - s)^\alpha} < \infty \right\}.$$

Man zeige: Versehen mit der Norm

$$\|f\|_\alpha = \|f\|_\infty + [f]_\alpha,$$

ist $C^\alpha(I;\mathbb{K})$ ein Banach-Raum.

b) Für $I = [0,1]$ ist der Vektorraum $\mathrm{Lip}\,(I;\mathbb{K})$ der *Lipschitz-stetigen Funktionen* definiert durch

$$\mathrm{Lip}\,(I;\mathbb{K}) := \left\{ f \in C(I;\mathbb{K}) : [f]_{\mathrm{Lip}} = \sup_{t,s\in I, s<t} \frac{|f(t)-f(s)|}{t-s} < \infty \right\}.$$

Man zeige: Versehen mit der Norm

$$\|f\|_{\mathrm{Lip}} = \|f\|_\infty + [f]_{\mathrm{Lip}},$$

ist $\mathrm{Lip}\,(I;\mathbb{K})$ ein Banach-Raum.

5. Man zeige, dass auf dem Vektorraum $C[0,1]$ durch

$$\|f\| := \sup\{|xf(x)| : x \in [0,1]\}$$

eine Norm definiert wird, aber dass $(C[0,1], \|\cdot\|)$ kein Banach-Raum ist. Hinweis: Man betrachte die Funktionen f_n gegeben durch $f_n(x) = \min\left(n, 1/\sqrt{x}\right)$.

6. Man vervollständige den Beweis von Beispiel 2.7f).

7. Man zeige, dass für $w, z \in \mathbb{C}^n$ durch

$$(w|z) := \sum_{j=1}^n w_j \overline{z_j}$$

ein Innenprodukt auf $\mathbb{C}^n$ definiert ist und dass $\mathbb{C}^n$ bezüglich der Norm $\|z\| = \sqrt{(z|z)}$ ein komplexer Hilbert-Raum ist.

8. Man beweise Bemerkung 2.8d).

9. Man zeige, dass jede abgeschlossene Teilmenge eines vollständigen metrischen Raumes wiederum ein vollständiger metrischer Raum (versehen mit der induzierten Metrik) ist.

10. Es sei (M,d) ein vollständiger metrischer Raum und $(x_n)_{n\in\mathbb{N}} \subset M$ eine Folge. Man zeige: Gilt $\sum_{n=1}^\infty d(x_n, x_{n+1}) < \infty$, so ist $(x_n)_{n\in\mathbb{N}}$ konvergent.

11. Es sei (M,d) ein metrischer Raum, $x \in M$ und $\varepsilon > 0$. Man betrachte die Mengen

$$B_\varepsilon(x) = \{y \in M : d(x,y) < \varepsilon\} \quad \text{und} \quad K_\varepsilon(x) = \{y \in M : d(x,y) \le \varepsilon\}$$

und gebe ein Beispiel eines metrischen Raumes (M,d) an, für welchen $\overline{B_\varepsilon(x)} \ne K_\varepsilon(x)$ gilt. Hinweis: Man betrachte $M = (\mathbb{R} \setminus [1/2, 3/2]) \cup \{1\}$ mit der von $\mathbb{R}$ induzierten Metrik.

12. Man betrachte die Teilmengen $\mathbb{N}$ und $\mathbb{Q}$ von $\mathbb{R}$ versehen mit der euklidischen Metrik und zeige: Ist $f : \mathbb{N} \to \mathbb{Q}$ eine Bijektion, so ist f stetig, die Umkehrfunktion f^{-1} ist jedoch an keiner Stelle $q \in \mathbb{Q}$ stetig.

13. Es seien (M, d_M) und (N, d_N) metrische Räume und $f : M \to N$ eine Funktion. Man zeige, dass die folgenden Aussagen äquivalent sind:

   a) f ist stetig.

   b) Für jede abgeschlossene Teilmenge $A \subset N$ ist $f^{-1}(A)$ abgeschlossen in M.

   c) Für jede Teilmenge $B \subset N$ gilt $f^{-1}(B^\circ) \subset \left(f^{-1}(B)\right)^\circ$.

   d) Für jede Teilmenge $B \subset N$ gilt $\overline{(f^{-1}(B))} \subset f^{-1}(\overline{B})$.

   e) Für jede Teilmenge $C \subset M$ gilt $f(\overline{C}) \subset \overline{(f(C))}$.

14. Es sei (M, d) ein metrischer Raum.

   a) Ist $A \subset M$ gegeben, so bestimme man alle Punkte $a \in M$, für welche χ_A stetig ist.

   b) Man bestimme alle Teilmengen $A \subset M$, für welche χ_A stetig ist.

15. Man beweise Satz 2.12.

16. Man zeige:

   a) Sind (M, d_M), (N, d_N) metrische Räume und sind $f, g : M \to N$ stetige Funktionen, so ist die Menge $X := \{x \in M : f(x) = g(x)\}$ abgeschlossen in M.

   b) Nennt man eine Menge $D \subset M$ dicht in M, wenn $\overline{D} = M$ gilt, so gilt insbesondere $f(x) = g(x)$ für alle $x \in M$, wenn X dicht in M ist.

17. Man vervollständige den Beweis von Satz 2.16.

18. Eine lineare Abbildung $A : \mathbb{R}^n \to \mathbb{R}^m$ sei bezüglich der kanonischen Basen in $\mathbb{R}^n$ und $\mathbb{R}^m$ durch eine $m \times n$-Matrix $(a_{ij})_{1 \leq i \leq m, 1 \leq j \leq n}$ gegeben. Man zeige:

   a) Es gilt $\max_{ij} |a_{ij}| \leq \|A\| \leq \sqrt{nm}\, \max_{ij} |a_{ij}|$.

   b) Sind $x, x_0 \in \mathbb{R}^n$, so gilt
   $$\lim_{x \to x_0} \|A(x - x_0)\| = 0.$$

19. Für eine lineare Abbildung $A = (A_1, \ldots, A_m) : \mathbb{R}^n \to \mathbb{R}^m$ zeige man: Es gilt $A \in \mathcal{L}(\mathbb{R}^n, \mathbb{R}^m)$ genau dann, wenn $A_j \in \mathcal{L}(\mathbb{R}^n, \mathbb{R})$ für jedes $j = 1, \ldots, m$ gilt.

20. Man betrachte den normierten Vektorraum $(C[0, 1], \|\cdot\|_1)$, versehen mit der $\|\cdot\|_1$-Norm, gegeben durch
   $$\|f\|_1 := \int_0^1 |f(x)|\, dx,$$

   sowie die Abbildung $T : C[0, 1] \to \mathbb{R}$, definiert durch $T(f) := f(1)$. Man zeige, dass T nicht stetig ist.

3 Kompaktheit

Unsere Definition der Kompaktheit einer Teilmenge $K \subset \mathbb{R}^n$, nämlich die der Überdeckungskompaktheit, lässt sich nun problemlos auf metrische Räume übertragen. Hierbei verstehen wir, analog zur Situation in Abschnitt III.3, unter einer *offenen Überdeckung* einer Teilmenge $K \subset M$ eines metrischen Raumes (M, d) eine Familie $(O_i)_{i \in I}$ offener Mengen in M derart, dass jedes $x \in K$ in mindestens einem der O_i liegt, d. h., dass $K \subset \bigcup_{i \in I} O_i$ gilt. Hierbei bezeichnet I eine beliebige Indexmenge.

3.1 Definition. Eine Teilmenge $K \subset M$ eines metrischen Raumes M heißt *kompakt*, wenn jede offene Überdeckung $(O_i)_{i \in I}$ von K eine endliche Teilüberdeckung besitzt, d. h., wenn $N \in \mathbb{N}$ und $i_1, \dots, i_N$ existieren mit

$$K \subset \left(O_{i_1} \cup \dots \cup O_{i_N} \right).$$

3.2 Beispiele. a) Jede endliche Teilmenge eines metrischen Raumes ist kompakt.

b) Ist $(x_n)_{n \in \mathbb{N}}$ eine konvergente Folge in M mit $x = \lim_{n \to \infty} x_n$, so ist

$$K := \{x_n : n \in \mathbb{N}\} \cup \{x\}$$

eine kompakte Menge in M. Wir beweisen dies analog zu unserem Argument aus Abschnitt III.3. Ist $(O_i)_{i \in I}$ eine offene Überdeckung von K, so gilt $x \in O_j$ für ein $j \in I$. Da dieses O_j eine Umgebung von x ist, existiert ein $N_0 \in \mathbb{N}$ mit $x_n \in O_j$ für alle $n > N_0$. Wählen wir nun $i_0, \dots, i_{N_0}$ so, dass $x_n \in O_{i_n}$ für alle $n = 0, 1, \dots, N_0$ gilt, so folgt

$$K \subset \bigcup_{n=0}^{N_0} O_{i_n} \cup O_j.$$

c) Eine abgeschlossene Teilmenge einer kompakten Menge ist wiederum kompakt, d. h., ist $K \subset M$ kompakt und $A \subset K$ abgeschlossen, so ist A kompakt. Der Beweis verläuft analog zu demjenigen von Lemma III.3.4.

Kompakte Mengen eines metrischen Raumes haben wichtige Eigenschaften.

3.3 Satz. *Eine kompakte Teilmenge eines metrischen Raums ist abgeschlossen und beschränkt.*

Der Beweis verläuft wiederum analog zu demjenigen von Satz III.3.3.

Charakterisierung kompakter Mengen mittels Folgen

Ausgehend von der obigen Definition einer kompakten Menge ist es nun unser Ziel, kompakte Mengen in metrischen Räumen durch leichter handhabbare Kriterien zu charakterisieren. Unser Ansatz verläuft über die sogenannte Folgenkompaktheit einer Menge; dieser Begriff ist in metrischen Räumen äquivalent zur Kompaktheit einer Menge.

Wir erinnern uns zunächst an die bereits untersuchte Situation des $\mathbb{R}^n$, in welcher wir kompakte Teilmengen des $\mathbb{R}^n$ nach dem Satz von Heine-Borel als diejenigen Mengen charakterisiert haben, welche abgeschlossen und beschränkt sind. Wir haben bereits in Satz 3.3 gesehen, dass kompakte Teilmengen eines metrischen Raumes abgeschlossen und beschränkt sind. Die Umkehrung dieser Aussage ist jedoch in allgemeinen metrischen Räumen nicht mehr gültig. Ein Beispiel hierfür ist die abgeschlossene Einheitskugel im Raum der stetigen Funktionen auf dem Intervall $[0, \pi]$, versehen mit der Supremumsnorm (vgl. Beispiel 3.5c)).

Wir zeigen im folgenden Theorem, dass in metrischen Räumen eine Menge genau dann kompakt ist, wenn sie folgenkompakt ist.

3.4 Theorem. *Für eine nichtleere Teilmenge K eines metrischen Raumes M sind die folgenden Aussagen äquivalent:*

a) *K ist kompakt (Überdeckungskompaktheit).*

b) *Jede Folge $(x_n)_{n \in \mathbb{N}} \subset K$ besitzt eine konvergente Teilfolge $(x_{n_k})_{k \in \mathbb{N}}$ mit $\lim_{k \to \infty} x_{n_k} \in K$ (Folgenkompaktheit).*

c) *Jede Folge $(x_n)_{n \in \mathbb{N}} \subset K$ besitzt einen Häufungspunkt in K.*

Beweis. a) $\Rightarrow$ b): Der Beweis verläuft exakt wie derjenige von Theorem III.3.7.

b) $\Leftrightarrow$ c): Diese Aussage wurde bereits in Satz 2.3d) bewiesen.

b) $\Rightarrow$ a): Es sei $(O_i)_{i \in I}$ eine offene Überdeckung von K. Wir unterteilen den Beweis in drei Schritte:

Schritt 1: Es existiert ein $\delta > 0$, so dass für jedes $x \in K$ ein $i \in I$ existiert mit $B_\delta(x) \subset O_i$.

Nehmen wir an, die Behauptung ist falsch, so existiert für jedes $n \in \mathbb{N}$ ein $x_n \in K$ mit $B_{1/n}(x_n) \not\subset O_i$ für alle $i \in I$. Nach Voraussetzung besitzt die Folge $(x_n)_{n \in \mathbb{N}}$ eine konvergente Teilfolge mit $x := \lim_{k \to \infty} x_{n_k} \in K$, also gilt $x \in O_j$ für ein $j \in I$. Da O_j nach Voraussetzung offen ist, gilt $B_\varepsilon(x) \subset O_j$ für geeignetes $\varepsilon > 0$. Wählen wir nun $l \in \mathbb{N}$ mit $n_l > 2/\varepsilon$ und

$$d(x_{n_l}, x) < \varepsilon/2,$$

so ist $B_{1/n_l}(x_{n_l}) \subset B_\varepsilon(x) \subset O_j$ im Widerspruch zur obigen Eigenschaft, dass $B_{1/n}(x_n) \not\subset O_i$ für alle $i \in I$ gilt.

Schritt 2: Für jedes $\delta > 0$ existieren $x_0, \ldots, x_n \in K$ mit $K \subset \bigcup_{l=0}^n B_\delta(x_l)$.

Wir nehmen wiederum an, dass die Behauptung falsch ist. Dann existiert $\delta > 0$ mit $K \not\subset \bigcup_{l=0}^n B_\delta(x_l)$ für beliebiges $n \in \mathbb{N}$ und beliebige Punkte $x_0, x_1, \ldots, x_n \in K$. Wählen wir nun $x_0 \in K$, so ist $K \not\subset B_\delta(x_0)$. Es existiert daher ein $x_1 \in K \setminus B_\delta(x_0)$, und es gilt

$$K \not\subset B_\delta(x_0) \cup B_\delta(x_1).$$

Wir erhalten auf diese Weise rekursiv eine Folge $(x_n)_{n \in \mathbb{N}} \subset K$ mit

$$x_{n+1} \in K \setminus \Big(\bigcup_{l=0}^{n} B_\delta(x_l) \Big).$$

Diese Folge erfüllt nach Konstruktion

$$d(x_n, x_m) \geq \delta \quad \text{für alle } n, m \in \mathbb{N} \text{ mit } n \neq m.$$

Daher kann keine Teilfolge von $(x_n)_{n \in \mathbb{N}}$ eine Cauchy-Folge und auch keine Teilfolge der Folge $(x_n)_{n \in \mathbb{N}}$ konvergent sein. Somit erhalten wir einen Widerspruch.

Schritt 3: Wählen wir $\delta > 0$ wie in Schritt 1 und Punkte $x_0, \ldots, x_n \in K$ wie in Schritt 2, so gilt

$$K \subset \bigcup_{k=0}^{n} B_\delta(x_k) \subset \bigcup_{l=0}^{n} O_{i_l}$$

für geeignete $i_0, \ldots, i_n \in I$. $\qquad\qquad \Box$

3.5 Beispiele. a) Es sei M eine unendliche Menge, versehen mit der diskreten Metrik. Dann ist M abgeschlossen und beschränkt, aber nicht kompakt.

b) Wie in Beispiel 1.6c) betrachten wir den Raum c der konvergenten Folgen, versehen mit der Supremumsnorm. Dann ist die abgeschlossene Einheitskugel in c, d.h.,

$$\overline{B_1(0)} := \{(x_n)_{n \in \mathbb{N}} \subset c : |x_n| \leq 1 \text{ für alle } n \in \mathbb{N}\},$$

abgeschlossen und beschränkt, aber *nicht* kompakt. Zum Beweis der letzten Aussage betrachten wir den n-ten Einheitsvektor e_n in c, also $e_n := (0, 0, \ldots, 1, 0, \ldots)$ mit 1 an der n-ten Stelle. Dann gilt $\|e_n - e_m\|_\infty = 1$ für alle $n \neq m$. Dies bedeutet, dass die Folge $(e_n)_{n \in \mathbb{N}} \subset \overline{B_1(0)}$ keine konvergente Teilfolge besitzt und somit $\overline{B_1(0)}$ nicht kompakt sein kann.

c) Die abgeschlossene Einheitskugel

$$\overline{B_1(0)} := \{f \in C[0, \pi] : \|f\|_\infty \leq 1\}$$

des Banach-Raumes $(C[0, \pi], \|\cdot\|_\infty)$ ist nicht folgenkompakt und daher auch nicht kompakt. Ansonsten hätte die Folge der Funktionen $(f_j)_{j \in \mathbb{N}} \subset \overline{B_1(0)}$, definiert durch

$$f_j : [0, \pi] \to \mathbb{C}, \quad f_j(x) := e^{2jix},$$

eine konvergente Teilfolge, was aber wegen $\|f_k - f_l\|_\infty = 2$ für alle $l \neq k$ unmöglich ist.

d) Allgemeiner kann man zeigen, dass die abgeschlossene Einheitskugel

$$\overline{B_1(0)} := \{x \in V : \|x\| \leq 1\}$$

eines normierten Vektorraumes V genau dann kompakt ist, wenn dim $V < \infty$ gilt.

3.6 Korollar. *Ein kompakter, metrischer Raum* (M, d) *ist vollständig.*

Beweis. Ist M kompakt und $(x_n)_{n \in \mathbb{N}} \subset M$ eine Cauchy-Folge, so besitzt diese nach obigem Theorem 3.4 eine konvergente Teilfolge $(x_{n_j})_{j \in \mathbb{N}}$ mit $x := \lim_{j \to \infty} x_{n_j} \in M$. Die Behauptung folgt dann aus Satz 2.3e). $\qquad\qquad\qquad\qquad\qquad\qquad\qquad\qquad\qquad\qquad\square$

Eigenschaften stetiger Funktionen auf kompakten Mengen

Die in Theorem 3.4 erzielte Charakterisierung kompakter Mengen in metrischen Räumen mittels der Folgenkompaktheit erlaubt es uns nun, den Beweis der bereits in Kapitel III untersuchten Eigenschaften stetiger Funktionen auf kompakten Teilmengen des $\mathbb{R}^n$ auf die Situation der metrischen Räume zu übertragen. Wichtige Aussagen der Analysis beruhen auf diesen Eigenschaften.

3.7 Theorem. (Stetige Bilder kompakter Mengen sind kompakt). *Es seien* M *und* N *metrische Räume und* $f : M \to N$ *eine stetige Funktion. Ist* M *kompakt, so ist auch* $f(M) \subset N$ *kompakt.*

Der Beweis verläuft analog zum Beweis von Theorem III.3.8.

3.8 Korollar. (Stetige Funktionen nehmen auf einem Kompaktum ihr Minimum und Maximum an). *Ist* $f : M \to \mathbb{R}$ *stetig und* M *kompakt, so nimmt die Funktion* f *in* M *ihr Minimum bzw. Maximum an.*

Der Beweis verläuft analog zum Beweis von Theorem III.3.10.

3.9 Beispiel. Ist (M, d) ein metrischer Raum, $A \subset M$ und $x \in M$, so definieren wir den *Abstand des Punktes x von der Menge A* als

$$\operatorname{dist}(x, A) := \inf\{d(x, a) : a \in A\}.$$

Ist $K \subset M$ eine weitere Teilmenge von M, so setzen wir

$$\operatorname{dist}(K, A) := \inf\{d(x, a) : x \in K, a \in A\}$$

und nennen dist (K, A) den *Abstand der Menge A zur Menge K*. Wegen

$$|\operatorname{dist}(x, A) - \operatorname{dist}(x', A)| < \varepsilon \quad \text{für alle } x, x' \in M \text{ mit } d(x, x') < \varepsilon$$

ist $x \mapsto \operatorname{dist}(x, A)$ eine stetige Funktion auf M.

Korollar 3.8 impliziert dann die Aussage, dass für den Abstand einer abgeschlossenen Menge A zu einer kompakten Menge K stets dist$(K, A) > 0$ gilt, sofern $A \cap K = \emptyset$ ist. Da K kompakt und die Abbildung $x \mapsto$ dist(x, A) stetig ist, existiert nach Korollar 3.8 ein $y \in K$ mit dist$(y, A) =$ dist(K, A). Da A abgeschlossen ist, existiert ein $\varepsilon > 0$ mit $U_\varepsilon(y) \subset M \setminus A$ und somit gilt dist$(y, A) \geq \varepsilon$.

3.10 Korollar. *Ist $f : M \to N$ stetig und bijektiv und M kompakt, so ist $f^{-1} : N \to M$ ebenfalls stetig.*

Beweis. Nach Theorem 2.14 genügt es zu zeigen, dass $f(A)$ abgeschlossen ist für alle in M abgeschlossenen Teilmengen $A \subset M$. Nach Beispiel 3.2c) ist A als abgeschlossene Teilmenge einer kompakten Menge wiederum kompakt. Theorem 3.7 impliziert dann, dass $f(A)$ ebenfalls kompakt und wegen Korollar 3.3 insbesondere auch abgeschlossen ist. $\qquad\square$

Gleichmäßige Stetigkeit

Zum Abschluss dieses Abschnitts betrachten wir gleichmäßig stetige Funktionen auf metrischen Räumen. In Analogie zur Situation von Funktionen $f : \mathbb{R}^n \to \mathbb{R}$ nennen wir eine Funktion $f : M \to N$ zwischen zwei metrischen Räumen (M, d_M) und (N, d_N) *gleichmäßig stetig*, wenn zu jedem $\varepsilon > 0$ ein $\delta > 0$ existiert mit

$$d_N\big(f(x), f(y)\big) < \varepsilon \quad \text{für alle } x, y \in M \text{ mit } d_M(x, y) < \delta.$$

Es gilt dann das folgende Resultat.

3.11 Satz. (Stetige Funktionen auf kompakten Mengen sind gleichmäßig stetig). *Es sei $f : M \to N$ eine stetige Funktion zwischen zwei metrischen Räumen M und N. Ist M kompakt, so ist f gleichmäßig stetig.*

Der Beweis verläuft wiederum analog zu demjenigen von Satz III.3.14.

Aufgaben

1. Es sei (M, d) ein metrischer Raum mit der Eigenschaft, dass dist$(A, B) > 0$ für beliebige abgeschlossene Mengen $A, B \subset M$ mit $A \cap B = \emptyset$ gilt. Man zeige, dass (M, d) vollständig ist.

   Hinweis: Angenommen, $(x_n)_{n \in \mathbb{N}} \subset M$ ist eine Cauchy-Folge, welche nicht konvergiert und $x_n \neq x_m$ für alle $n \neq m$ erfüllt. Man betrachte dann die Mengen $\{x_{2n-1} : n \in \mathbb{N}\}$ und $\{x_{2n} : n \in \mathbb{N}\}$.

2. Es seien (M, d) ein metrischer Raum, $A \subset M$ und $x \in M \setminus A$ mit dist$(x, A) = 0$. Man zeige, dass x ein Randpunkt von A ist.

3. Es seien A und B nichtleere Teilmengen eines metrischen Raumes (M, d). Man zeige:

   a) Ist A kompakt, so existiert ein $a \in A$ mit dist $(a, B) =$ dist (A, B).

   b) Sind A und B kompakt, dann existieren $a \in A$ und $b \in B$ mit $d(a, b) =$ dist (A, B).

   c) Sind A kompakt und B abgeschlossen, so gilt dist $(A, B) = 0$ genau dann, wenn $A \cap B \neq \emptyset$ ist.

4. Es sei (M, d) ein kompakter metrischer Raum und $f : M \to M$ eine Abbildung mit der Eigenschaft
   $$d\big(f(x), f(y)\big) < d(x, y), \quad x, y \in M, x \neq y.$$

   Man zeige: f besitzt genau einen Fixpunkt. Hinweis: Man betrachte $\inf\{d\big(x, f(x)\big) : x \in M\}$.

5. (Einzelgängermethode).

   In einer unendlichen und kompakten Teilmenge $K \subset M$ eines metrischen Raumes (M, d) finde man eine Folge $(a_1, a_2, \ldots) \subset M$ mit folgender Eigenschaft: a_1 sei beliebig, a_2 habe größtmöglichen Abstand von a_1, a_3 habe größtmöglichen Abstand von a_1 und a_2 usw. Allgemein, wenn $a_1, \ldots, a_n$ schon gefunden sind und $A_n = \{a_1, \ldots, a_n\}$, so sei a_{n+1} durch dist $(a_{n+1}, A) = \max\{$dist $(x, A_n) : x \in K\}$ gegeben.

   Man zeige: Diese Konstruktion ist möglich, und es gilt $\lim_{n \to \infty}$ dist $(a_{n+1}, A_n) = 0$.

   Anmerkung: Interpretiert man die Elemente von K als Stehplätze an einer Bar und $a_1, a_2, a_3, \ldots$ als die nacheinander belegten Plätze, so beschreibt das obige Verfahren die „Einzelgängermethode", wie Gäste, die gerne ungestört sein wollen, ihre Plätze aussuchen.

6. (Kompaktheit als Spiel).

   Dieses Spiel beinhaltet zwei Spieler, genannt Peter und Paul, und einen metrischen Raum (M, d) als Spielfläche. Startpunkt ist die Vorgabe einer Teilmenge $A \subset M$. Die Spielregeln sind einfach zu verstehen: Peter wählt eine Folge $(a_n)_{n \in \mathbb{N}} \subset A$ und Paul muss versuchen, ein $a \in A$ und eine gegen a konvergente Teilfolge $(a_{n_k})_{k \in \mathbb{N}}$ von $(a_n)_{n \in \mathbb{N}}$ zu finden. Gelingt Paul dies, so hat Peter verloren, andernfalls hat Peter gewonnen.

   Man zeige die folgenden Aussagen bzw. beantworte die folgenden Fragen:

   a) Ist $M = \mathbb{R}$ und $A = [-1, 1]$ und hat Paul die Aussagen dieses Abschnitts verstanden, so wird Peter stets verlieren.

   b) Ist $M = \mathbb{R}$ und $A = \mathbb{N}$ und hat Peter die Aussagen dieses Abschnitts verstanden, so wird Paul verlieren.

   c) Welche Strategie muss Paul wählen, um zu gewinnen, falls $A \subset M$ eine endliche Teilmenge ist?

   d) Warum wird Paul verlieren, wenn $M = \mathbb{R}$ und $A = \mathbb{Q}$ vorgegeben sind und Peter die Aussagen dieses Abschnitts verstanden hat?

7. Es Sei (M, d) ein kompakter, metrischer Raum und $f : M \to \mathbb{R}$ eine Funktion. Man zeige: Die Funktion f ist genau dann stetig, wenn ihr Graph $\{(x, f(x)) : x \in M\}$ eine kompakte Teilmenge von $M \times \mathbb{R}$ ist.

8. Es seien (M, d_M) und (N, d_N) metrische Räume. Man zeige: Eine Funktion $f : M \to N$ ist genau dann gleichmäßig stetig, wenn $d_N\big(f(A), f(B)\big) = 0$ für alle $A, B \subset M$ mit $d_M(A, B) = 0$ gilt.

4 Zusammenhang

Dieser Abschnitt widmet sich der Untersuchung des Zusammenhangs, einem weiteren topologischen Grundbegriff. Betrachten wir zum Beispiel die Mengen $X = [0, 1] \cup (2, 3)$ und $Y = [0, 1] \cup (1, 2)$ als Teilmengen von $\mathbb{R}$, so ist anschaulich klar, dass X aus zwei disjunkten „Teilen" $[0, 1]$ und $(2, 3)$ besteht, während Y ebenfalls aus zwei disjunkten „Teilen" besteht, Y jedoch nicht wirklich „in zwei Teile zerfällt".

Ausgehend von dieser anschaulichen Beobachtung, wollen wir nun eine präzise Definition einer zusammenhängeden Menge im Kontext metrischer Räume (M, d) geben. Es stellt sich heraus, dass die offenen Mengen von M hierbei eine wesentliche Rolle spielen.

Zusammenhängende Mengen
Betrachten wir den metrischen Raum (X, d) mit der von $\mathbb{R}$ induzierten euklidischen Metrik, so ist die Menge $[0, 1]$ gleichzeitig offen und abgeschlossen in X. Betrachten wir exemplarisch $x_0 = 1$, so stimmt die Kugel $B_{\frac{1}{2}}(1)$ in X mit der Menge $\{x \in X : |x - 1| < 1/2\} = (1/2, 1] \subset [0, 1]$ überein. Die Menge X ist ein Beispiel einer Menge, welche wir als nicht zusammenhängend definieren wollen.

4.1 Definition. Ein metrischer Raum (M, d) heißt *zusammenhängend*, wenn keine Zerlegung $M = O_1 \cup O_2$ existiert, in der O_1 und O_2 disjunkt, offen und nichtleer sind. Eine Teilmenge $X \subset M$ heißt *zusammenhängend*, falls (X, d_X) als metrischer Raum zusammenhängend ist.

Zusammenhängende Mengen können wie in Satz 4.2 charakterisiert werden.

4.2 Satz. *In einem metrische Raum (M, d) sind die folgenden Aussagen äquivalent:*

a) *M ist zusammenhängend.*

b) *M ist die einzige nichtleere, offene und abgeschlossene Teilmenge von M.*

c) *Gilt $M = O_1 \cup O_2$ für offene Mengen O_1, O_2 mit $O_1 \cap O_2 = \emptyset$, so gilt $O_1 = \emptyset$ oder $O_2 = \emptyset$.*

Die Gültigkeit der Äquivalenz dieser Aussagen verifizieren wir in den Übungsaufgaben.

4.3 Beispiele. a) Die leere Menge und jede einpunktige Menge sind zusammenhängend.

b) $\mathbb{R}^n$ ist zusammenhängend.

c) Die Menge der rationalen Zahlen $\mathbb{Q}$ ist nicht zusammenhängend in $\mathbb{R}$, denn setzen wir

$$O_1 := \{x \in \mathbb{Q} : x < \sqrt{2}\} \quad \text{und} \quad O_2 := \{x \in \mathbb{Q} : x > \sqrt{2}\},$$

so sind O_1 und O_2 offene, nichtleere Teilmengen von $\mathbb{R}$, und es gilt $O_1 \cap O_2 = \emptyset$ und $\mathbb{Q} = O_1 \cup O_2$.

d) Die Menge $M = \{x \in \mathbb{R}^2 : x_1^2 - x_2^2 = 1\}$ ist nicht zusammenhängend.

Im folgenden Satz charakterisieren wir die zusammenhängenden Teilmengen von $\mathbb{R}$.

4.4 Satz. *Eine Teilmenge von $\mathbb{R}$ ist genau dann zusammenhängend, wenn sie ein Intervall ist.*

Beweis. Es sei $X \subset \mathbb{R}$ eine zusammenhängende Menge. Wegen Beispiel 4.3a) können wir ohne Beschränkung der Allgemeinheit annehmen, dass X mindestens zwei Elemente enthält.

Wir nehmen nun an, dass X kein Intervall ist. Dann existieren $x_1, x_2 \in X$ und $y \in \mathbb{R} \setminus X$ mit $x_1 < y < x_2$. Setzen wir $O_1 := X \cap (-\infty, y)$ und $O_2 := X \cap (y, \infty)$, so sind O_1 und O_2 nichtleer und nach Lemma 1.16 offen in X. Klarerweise gilt $X = O_1 \cup O_2$ und $O_1 \cap O_2 = \emptyset$, und somit ist X nicht zusammenhängend, im Widerspruch zur Annahme.

Ist umgekehrt X ein Intervall, so nehmen wir an, dass offene, nichtleere Teilmengen O_1 und O_2 von X existieren mit $O_1 \cap O_2 = \emptyset$ und $O_1 \cup O_2 = X$. Wir wählen $x_1 \in O_1$ und $x_2 \in O_2$ und nehmen ohne Beschränkung der Allgemeinheit an, dass $x_1 < x_2$ gilt. Da X ein Intervall ist, gilt $[x_1, x_2] \subset X$. Wegen der Vollständigkeit von $\mathbb{R}$ ist

$$s := \sup\{[x_1, x_2] \cap O_1\} \in [x_1, x_2] \subset X$$

wohldefiniert. Da O_2 offen in X ist, ist $O_1 = X \setminus O_2$ abgeschlossen in X, und es folgt $s \in O_1$. Daher gilt $s < x_2$ und $(s, x_2) \subset O_2$. Da andererseits O_1 offen in X ist, existiert ein $\varepsilon > 0$ mit $[s, s + \varepsilon) \subset O_1$, und wir erhalten einen Widerspruch. $\square$

Wir verallgemeinern nun Satz III.1.14, welcher besagt, dass stetige Bilder von Intervallen wiederum Intervalle sind, auf die Situation von zusammenhängenden metrischen Räumen.

4.5 Satz. (Stetige Bilder zusammenhängender Mengen sind zusammenhängend). *Es sei f eine stetige Abbildung zwischen zwei metrischen Räumen M und N. Ist M zusammenhängend, so ist auch $f(M)$ zusammenhängend.*

Beweis. Wir nehmen an, dass die Behauptung falsch ist. Dann gibt es disjunkte, nichtleere, in $f(M)$ offene Mengen O_1 und O_2 mit $f(M) = O_1 \cup O_2$. Es existieren dann in N offene Mengen V_1 und V_2 mit $O_1 = V_1 \cap f(M)$ und $O_2 = V_2 \cap f(M)$. Nach Theorem 2.14 sind dann $U_1 := f^{-1}(V_1)$ und $U_2 := f^{-1}(V_2)$ nichtleer und offen in M, und wegen $M = U_1 \cup U_2$ und $U_1 \cap U_2 = \emptyset$ erhalten wir einen Widerspruch. $\square$

Der Zwischenwertsatz in metrischen Räumen lautet wie folgt.

4.6 Korollar. (Allgemeiner Zwischenwertsatz). *Es seien M ein zusammenhängender metrischer Raum, $f : M \to \mathbb{R}$ eine stetige Funktion und $x, y \in M$. Dann ist $f(M)$ ein Intervall, und f nimmt jeden Wert zwischen $f(x)$ und $f(y)$ an.*

Der Beweis ist einfach: Gilt $f(x) \neq f(y)$, so ist $f(M)$ nach Satz 4.5 zusammenhängend und nach Satz 4.4 ein Intervall.

4.7 Beispiele. a) Wir betrachten die Gruppe

$$O(n, \mathbb{R}) \text{ der orthogonalen } (n \times n)\text{-Matrizen,}$$

wobei $A \in O(n, \mathbb{R})$ genau dann gilt, wenn $A^{-1} = A^T$ ist. Dann ist $O(n, \mathbb{R}) \subset \mathbb{R}^{n^2}$ *nicht* zusammenhängend. In der Tat ist die Determinante $\det : O(n, \mathbb{R}) \to \mathbb{R}$ ein Polynom in n^2 Variablen, also insbesondere eine stetige Funktion. Ferner gilt $\det \operatorname{diag}(1, 1, \ldots, 1) = 1$ und $\det \operatorname{diag}(-1, 1, \ldots, 1) = -1$. Wäre $O(n, \mathbb{R})$ zusammenhängend, so gäbe es nach Satz 4.6 eine Matrix $A \in O(n, \mathbb{R})$ mit $\det A = 0$ im Widerspruch dazu, dass A invertierbar ist.

b) Es sei

$$G = GL(n, \mathbb{R}) \text{ die Gruppe der reellen } (n \times n)\text{-Matrizen } A \text{ mit } \det A \neq 0.$$

Fassen wir G als Teilraum von $\mathbb{R}^{n^2}$ auf, so ist die Gruppe G *nicht* zusammenhängend. Nehmen wir an, diese Behauptung ist falsch, so wäre das Bild der stetigen Abbbildung $\det : G \to \mathbb{R}$ zusammenhängend; tatsächlich gilt aber im $(\det) = \mathbb{R} \backslash \{0\}$, und wir erhalten einen Widerspruch.

c) Bedeutend schwieriger zu beweisen ist die Tatsache, dass die Untergruppe

$$GL^+(n, \mathbb{R}) \text{ der reellen } (n \times n)\text{-Matrizen } A \text{ mit } \det A > 0$$

zusammenhängend ist.

Wegzusammenhängende Mengen
Im Aufbau der Analysis spielt ein weiterer Zusammenhangsbegriff eine wichtige Rolle.

4.8 Definition. Ein metrischer Raum M heißt *wegzusammenhängend*, wenn zu je zwei Punkten $x, y \in M$ eine stetige Abbildung $\gamma : [a, b] \to M$ für $a, b \in \mathbb{R}$ mit $a < b$ existiert mit

$$\gamma(a) = x \quad \text{und} \quad \gamma(b) = y.$$

4.9 Beispiele. a) Natürliche Beispiele von wegzusammenhängenden Mengen in $\mathbb{R}^n$ für $n \geq 2$ sind die Einheitssphäre $S^{n-1} = \{x \in \mathbb{R}^n : |x|_2 = 1\}$ sowie $\mathbb{R}^n \backslash \{0\}$. Für den Beweis dieser Aussagen verweisen wir auf die Übungsaufgaben.

b) Ist X ein normierter Vektorraum, so heißt eine Teilmenge $K \subset X$ *konvex*, wenn mit je zwei Punkten $x, y \in K$ auch die Verbindungsstrecke

$$[\![x, y]\!] := \{x + t(y - x) : t \in [0, 1]\}$$

in K liegt. In einem normierten Vektorraum X ist jede konvexe Teilmenge $K \subset X$ weg-zusammenhängend. In der Tat ist in diesem Fall $\gamma : [0, 1] \to K, \gamma(t) := x + t(y - x)$ die gesuchte stetige Abbildung.

Wir untersuchen nun die Verbindung zwischen zusammenhängenden und wegzusammen-hängenden Mengen.

4.10 Satz. *Ein wegzusammenhängender metrischer Raum ist zusammenhängend.*

Für den Beweis von Satz 4.10 verweisen wir auf die Übungsaufgaben. Für *offene* Mengen eines normierten Vektorraumes gilt auch die Umkehrung von Satz 4.10.

4.11 Satz. *Ist Ω eine zusammenhängende, offene Teilmenge Ω eines normierten Vektor-raumes, so können je zwei Punkte $a, b \in \Omega$ durch einen Streckenzug $[\![a, b]\!]$ verbunden werden, d. h., es existieren $N \in \mathbb{N}$ und Punkte $a_0 := a, a_1, \ldots, a_N := b$ derart, dass die Verbindungsstrecke $[\![a_{i-1}, a_i]\!]$ für jedes $i \in \{1, \ldots, N\}$ in Ω liegt.*

Der folgende Beweis ist ein Beispiel für das in Aufgabe 2 beschriebene allgemeine Be-weisprinzip.

Beweis. Wir betrachten für $a \in \Omega$ die Menge

$$U := \{x \in \Omega : \text{es gibt einen Streckenzug in } \Omega \text{ von } a \text{ nach } x\}.$$

Für $x_0 \in U$ sei $B(x_0)$ eine Kugel derart, dass $B(x_0) \subset \Omega$. Ist $x \in B(x_0)$, so verbinden wir den Steckenzug $[\![a, x_0]\!]$ mit $[\![x_0, x]\!]$ und erhalten so einen Streckenzug $[\![a, x]\!] \subset \Omega$. Die Menge U ist daher offen.

    In einem zweiten Schritt zeigen wir, dass $\Omega \setminus U$ ebenfalls offen ist. Für $y \in \Omega \setminus U$ und eine beliebige Kugel $B(y) \subset \Omega$ gilt dann $B(y) \subset \Omega \setminus U$, denn ansonsten wäre $B(y) \subset U$ im Widerspruch zur Wahl von y. Also ist U auch abgeschlossen.

    Also ist $\Omega = U \cup (\Omega \setminus U)$ eine Zerlegung von Ω in disjunkte und offene Mengen. Da $a \in U$ ist $U \neq \emptyset$ und da Ω zusammenhängend ist, folgt $U = \Omega$. $\square$

4.12 Korollar. *Eine offene Teilmenge eines normierten Vektorraumes ist genau dann zu-sammenhängend, wenn sie wegzusammenhängend ist.*

Nach Korollar 4.12 sind insbesondere für offene Teilmengen des $\mathbb{R}^n$ die Begriffe zusam-menhängend und wegzusammenhängend gleichbedeutend. Für beliebige Teilmengen des $\mathbb{R}^n$ ist dies nicht mehr der Fall. Wir betrachten hierzu das Beispiel der Menge $X \subset \mathbb{R}^2$, gegeben durch

$$X := \{(0, 0)\} \cup \{(x, \sin(1/x) : x > 0\},$$

und verifizieren in den Übungsaufgaben, dass X zusammenhängend, aber nicht wegzu-sammenhängend ist.

Da offene und zusammenhängende Mengen in der Analysis eine wichtige Rolle spie-len, führen wir für diese eine eigene Bezeichnung ein.

4.13 Definition. Eine nichtleere, offene und zusammenhängende Teilmenge eines metri-schen Raumes heißt *Gebiet*.

Insbesondere sind jedes nichtleere offene Intervall $I \subset \mathbb{R}$ sowie die offene Einheitsku-gel Gebiete. Ferner ist jede nichtleere, offene und konvexe Teilmenge eines normierten Vektorraumes nach Beispiel 4.9b) und Satz 4.10 ein Gebiet.

Homöomorphe Abbildungen
Der Zusammenhang von metrischen Räumen stellt eine wichtige topologische Invariante dar. Sind M und N homöomorphe metrische Räume, so ist M genau dann zusammen-hängend, wenn dies auch für N zutrifft. Hierbei heißen die metrischen Räume M und N *homöomorph*, falls eine bijektive, stetige Abbildung von M auf N existiert, deren Um-kehrabbildung ebenfalls stetig ist.

Georg Cantor bewies schon im Jahre 1878, dass $\mathbb{R}$ bijektiv auf $\mathbb{R}^2$ abgebildet werden kann; ferner zeigte Guiseppe Peano im Jahre 1890, dass es eine stetige Surjektion des Intervalls $[0, 1]$ auf das Quadrat $[0, 1] \times [0, 1]$ gibt. Da diese Abbildung nicht bijektiv und Cantors Konstruktion nicht stetig ist, stellt sich die Frage nach einer homöomorphen Abbildung von $\mathbb{R}^n$ auf $\mathbb{R}^m$ für $n \neq m$. Luitzen Brouwer bewies im Jahre 1911, dass es eine solche Abbildung *nicht* geben kann. Wir beweisen hier nur den Spezialfall $m = 1$ des Satzes von Brouwer.

4.14 Satz. *Es sei $n \geq 2$. Dann ist $\mathbb{R}^n$ nicht homöomorph zu $\mathbb{R}$.*

Beweis. Nach Beispiel 4.9 und Satz 4.10 ist $\mathbb{R}^n \backslash \{0\}$ für $n \geq 2$ zusammenhängend. Ande-rerseits ist die Menge $\mathbb{R} \backslash \{y\}$ für beliebiges $y \in \mathbb{R}$ nach Satz 4.4 nicht zusammenhängend, da sie kein Intervall ist.

Gäbe es einen Homöomorphismus $f : \mathbb{R}^n \to \mathbb{R}$, so gäbe es einen solchen auch zwi-schen $\mathbb{R}^n \backslash \{0\}$ und $\mathbb{R} \backslash \{f(0)\}$, im Widerspruch dazu, dass nach Satz 4.5 stetige Bilder zusammenhänger Mengen wiederum zusammenhängend sind. $\square$

Für den allgemeinen Satz von Brouwer verweisen wir auf Abschnitt 5.8.

Aufgaben

1. Man beweise Satz 4.2.

2. Satz 4.2 besagt, dass ein metrischer Raum (M, d) genau dann zusammenhängend ist, wenn M die einzige nichtleere, offene und abgeschlossene Teilmenge von M ist. Diese Äquivalenz beschreibt ein wichtiges Beweisprinzip. Ist E eine Eigenschaft und will man zeigen, dass $E(x)$ für alle $x \in M$ gilt, so setzt man

$$O := \{x \in M : E(x) \text{ ist wahr}\}.$$

   Man zeige: Sind M zusammenhängend und O nichtleer, offen und abgeschlossen, so folgt aus der obigen Äquivalenz, dass $E(x)$ für alle $x \in M$ gilt.

3. (Analytische Fortsetzung). Es seien $I \subset \mathbb{R}$ ein offenes Intervall und $f : I \to \mathbb{R}$ eine wie in Abschnitt IV.4 definierte reell analytische Funktion. Man zeige:

   a) Existiert ein $x_0 \in I$ mit $f^{(k)}(x_0) = 0$ für jedes $k \in \mathbb{N}_0$, so gilt $f(x) = 0$ für alle $x \in I$. Hinweis: Man betrachte die Menge $M := \{x \in I : f^{(k)}(x) = 0 \text{ für alle } k \in \mathbb{N}_0\}$ und zeige mittels des Satzes von Taylor, dass M offen und abgeschlossen in I ist.

   b) Existiert eine offene Menge $U \subset I$ mit $f(x) = g(x)$ für alle $x \in U$, so gilt $f(x) = g(x)$ für alle $x \in I$.

4. Man zeige, dass die Menge $\{(x, y) \in \mathbb{R}^2 : x \in \mathbb{R} \setminus \mathbb{Q} \text{ oder } y \in \mathbb{R} \setminus \mathbb{Q}\}$ zusammenhängend ist.

5. Man zeige, dass für $n \geq 2$ die Mengen $S^{n-1} := \{x \in \mathbb{R}^n : |x| = 1\}$ und $\mathbb{R}^n \setminus \{0\}$ wegzusammenhängend sind.

6. Man beweise Satz 4.10.

7. Die Umkehrung von Satz 4.10 ist im Allgemeinen nicht richtig. Man betrachte hierzu

$$X := \{(0, 0)\} \cup \{(x, \sin(1/x) : x > 0\}$$

   und zeige, dass X zusammenhängend, aber nicht wegzusammenhängend ist.

8. Man zeige, dass eine Teilmenge von $\mathbb{R}$ genau dann konvex ist, wenn sie ein Intervall ist.

9. Es sei (M, d) ein zusammenhängender metrischer Raum. Man zeige: Ist d nicht beschränkt, so ist jede Sphäre in M nichtleer, d. h., für jedes $x \in M$ und jedes $r > 0$ gilt $\{y \in M : d(x, y) = r\} \neq \emptyset$.

10. Man zeige: Ist $G \subset \mathbb{R}^n$ ein Gebiet und $f : G \to \mathbb{R}$ stetig und besitzt die Bildmenge $f(G)$ keine inneren Punkte, so ist f konstant.

11. Es sei (M, d) ein metrischer Raum und $f : M \to M$ eine stetige Funktion. Man zeige: Ist M kompakt und existiert ein $n \in \mathbb{N}$ mit $f^{[n]} = \mathrm{id}_M$, wobei $f^{[n]} := f \circ f \circ \ldots \circ f$, so ist f ein Homöomorphismus.

5 Anmerkungen und Ergänzungen

1 Historisches

Der Begriff einer Metrik auf abstrakten Mengen geht auf die Doktorarbeit von Maurice Fréchet (1878–1973) aus dem Jahre 1906 zurück. Er definierte dort axiomatisch im Wesentlichen den Begriff des metrischen Raumes, jedoch mit einer schwächeren Bedingung als der Dreiecksungleichung und mit dem Ziel, Konvergenz nicht nur auf $\mathbb{R}^n$, sondern auf abstrakten Mengen zu untersuchen.

Felix Hausdorff (1868–1942) initiierte mit seinem 1914 erschienenen Lehrbuch *Grundzüge der Mengenlehre* die mengentheoretische Topologie. Hier erschien zum ersten Mal der Begriff des metrischen Raumes sowie die heute nach ihm benannte Hausdorff-Eigenschaft zweier Punkte in einem metrischen Raum. Hausdorff war langjähriger Professor in Bonn. Das an der dortigen Universität angesiedelte Hausdorff Center for Mathematics ist nach ihm benannt.

Stefan Banach (1892–1945) war einer der Begründer der heutigen Funktionalanalysis. Sein im Jahr 1931 erschienenes Buch *Théorie des Opérateurs Linéaires* hatte großen Einfluss auf die gesamte Analysis. Neben dem hier bewiesenen Banachschen Fixpunktsatz tragen viele weitere Resultate seinen Namen. Weiter ist das heutige Banach Center in Warschau als Teil des Mathematischen Instituts der Polnischen Akademie der Wissenschaften nach ihm benannt.

David Hilbert (1862–1943) war einer der führenden Mathematiker der ersten Hälfte des letzten Jahrhunderts und Mitbegründer der berühmten Göttinger Schule. Im Jahre 1900 formulierte er auf dem internationalen Mathematikerkongress in Paris 23 Probleme, deren Untersuchung die Entwicklung der Mathematik im 20. Jahrhundert wesentlich beeinflusste.

2 Topologische Räume

Die von uns betrachteten topologischen Grundbegriffe können in einem noch abstrakteren Rahmen als dem des metrischen Raumes betrachtet werden. Dazu verzichten wir auf den Begriff der Metrik und nehmen stattdessen offene Mengen als Grundstruktur unseres Raumes.

Definition. Ist X eine Menge, so heißt ein System τ von Teilmengen von X *Topologie* auf X, wenn die drei folgenden Bedingungen gelten:

a) $\emptyset, X \in \tau$

b) Sind $U, V \in \tau$, so gilt $U \cap V \in \tau$

c) Ist I eine beliebige Indexmenge und gilt $U_i \in \tau$ für alle $i \in I$, so gilt auch $\bigcup_{i \in I} U_i \in \tau$.

Ein *topologischer Raum* ist dann ein Paar (X, τ), bestehend aus einer Menge X und einer Topologie auf X. Eine Teilmenge $U \subset X$ heißt *offen*, wenn $U \in \tau$ gilt, und $A \subset X$ heißt *abgeschlossen*, wenn $X \setminus A$ offen ist. Nach Lemma 1.13 bildet das System der offenen Mengen eines metrischen Raumes eine Topologie. Ein metrischer Raum ist daher in natürlicher Weise auch ein topologischer Raum.

Ist (X, τ) ein topologischer Raum und $x \in X$, so heißt $V \subset X$ *Umgebung* von x, wenn eine offene Menge $U \subset X$ existiert mit $x \in U \subset V$. Diese Definition ist mit unserer Definition einer Umgebung in einem metrischen Raum konsistent, da die Kugeln $B_\varepsilon(x)$ in einem metrischen Raum offen sind.

Ferner heißt ein topologischer Raum (X, τ) *Hausdorff-Raum*, wenn zu je zwei Punkten $x, y \in X$ mit $x \neq y$ Umgebungen U von x und V von y existieren mit $U \cap V = \emptyset$. Nach Satz 1.11 ist jeder metrische Raum ein Hausdorff-Raum.

3 Hausdorff-Abstand

Es sei C die Menge aller nichtleeren abgeschlossenen Teilmengen eines metrischen Raumes (M, d), und d sei beschränkt. Für $A, B \in C$ und $d^*(A, B) := \sup\{\text{dist}\,(x, B) : x \in A\}$ ist der *Hausdorff-Abstand* von A und B definiert als

$$d_H(A, B) := \max\{d^*(A, B), d^*(B, A)\}.$$

Dann ist (C, d_H) ein metrischer Raum, und es gilt

$$d_H(A \cup B, C \cup D) \leq \max\{d_H(A, C), d_H(B, D)\}, \quad A, B, C, D \in C.$$

4 F_σ und G_δ-Mengen

Es sei (M, d) ein metrischer Raum. Eine Menge $A \subset M$ heißt F_σ-Menge, wenn eine Folge $(F_n)_{n \in \mathbb{N}}$ von abgeschlossenen Teilmengen von M existiert mit $A = \cup_{n=1}^\infty F_n$. Analog bezeichnet man eine Menge $A \subset M$ als G_δ-Menge, wenn eine Folge $(G_n)_{n \in \mathbb{N}}$ von offenen Teilmengen von M existiert mit $A = \cap_{n=1}^\infty G_n$.

Man kann zeigen, dass jede abgeschlossene Menge $F \subset M$ eine G_δ-Menge und jede offene Menge $G \subset M$ eine F_σ-Menge ist.

5 Lebesguesches Lemma

Kompakte Teilmengen eines metrischen Raumes besitzen die folgende interessante Eigenschaft.

Satz. *Ist $K \subset X$ eine kompakte Teilmenge eines metrischen Raumes X und $(O_i)_{i \in I}$ eine offene Überdeckung von K, so existiert ein $\lambda > 0$ mit folgender Eigenschaft: Zu jeder Teilmenge $A \subset K$ mit $\text{diam}\,(A) \leq \lambda$ existiert ein $i \in I$ mit $A \subset O_i$.*

Die obige Zahl λ heißt *Lebesgue-Zahl* der Überdeckung (O_i) von K.

6 Dichte und nirgends dichte Mengen

Eine Teilmenge $D \subset M$ eines metrischen Raumes (M, d) heißt *dicht in M*, wenn $\overline{D} = M$ gilt. Eine Teilmenge $A \subset M$ heißt *nirgends dicht*, wenn $(\overline{A})^\circ = \emptyset$ gilt, d. h., wenn der Abschluss von A keine nichtleeren, offenen Kugeln enthält.

Ferner heißt ein metrischer Raum (M, d) *separabel*, wenn er eine abzählbare, dichte Teilmenge enthält, also wenn eine abzählbare Teilmenge $D \subset M$ existiert mit $\overline{D} = M$.

Betrachten wir $\mathbb{Q}$ als Teilmenge des metrischen Raumes $\mathbb{R}$, so ist $\mathbb{Q}$ dicht in $\mathbb{R}$, und da $\mathbb{Q}$ abzählbar, ist $\mathbb{R}$ separabel. Die in Abschnitt III.3 betrachtete Cantor-Menge $C \subset [0, 1]$ ist ein Beispiel einer nirgends dichten, überabzählbaren Menge.

7 Zusammenhangskomponenten

Sind (M, d) ein metrischer Raum und $x \in M$, so heißt die Menge

$$K(x) := \bigcup \{X \subset M : X \text{ ist zusammenhängend}, x \in X\}$$

Zusammenhangskomponente von x in M. Es gilt dann:

a) Jedes $x \in M$ liegt genau in einer Zusammenhangskomponente von M.

b) Jede Zusammenhangskomponente ist abgeschlossen.

8 Homöomorphismen in $\mathbb{R}^n$

Ausgehend von den zu Beginn des Abschnitts über Homömorphismen beschriebenen Ergebnissen von Cantor und Peano, stellte sich die Frage nach einer homöomorphen Abbildung von $\mathbb{R}^n$ auf $\mathbb{R}^m$ für $n \neq m$. Brouwer bewies im Jahre 1911, dass es eine solche Abbildung *nicht* geben kann.

Satz. (Brouwer). *Ist $f : A \to B$ ein Homöomorphismus der Mengen $A \subset \mathbb{R}^n$, $B \subset \mathbb{R}^m$ mit $\overset{\circ}{A} \neq \emptyset \neq \overset{\circ}{B}$, so gilt $n = m$.*

9 Banach-Algebren

Ein Vektorraum X über $\mathbb{K}$ heißt *Algebra*, wenn in X eine Multiplikation definiert ist, welche den folgenden Bedingungen für $x, y, z \in X$ und $\lambda \in \mathbb{K}$ genügt:

a) $x(yz) = (xy)z$ (Assoziativität),

b) $x(y + z) = xy + xz$ (Distributivität),

c) $\lambda(xy) = (\lambda x)y = x(\lambda y)$.

Gilt ferner $xy = yx$ für alle $x, y \in X$, so heißt X *kommutative Algebra*. Ist insbesondere X ein normierter Raum oder ein Banach-Raum und gilt

$$\|xy\| \leq \|x\| \, \|y\|, \quad x, y \in X,$$

so heißt X normierte Algebra bzw. *Banach-Algebra*.

Die Räume beschränkter Funktionen $B(M)$ auf einer Menge $M \neq \emptyset$ sowie die Räume stetiger Funktionen $C(I)$ auf einem kompakten Intervall $I \subset \mathbb{R}$ sind Beispiele kommutativer Banach-Algebren, hingegen ist der Raum aller $n \times n$-Matrizen A, versehen mit der Matrixmultiplikation und der Norm $\|A\| = \left(\sum_{i,j=1}^n a_{ij}^2 \right)^{1/2}$, eine Banach-Algebra, welche jedoch für $n \geq 2$ nicht kommutativ ist.

Differentialrechnung mehrerer Variabler

In diesem Kapitel erweitern wir die Differentialrechnung von Funktionen einer Variablen auf solche mit mehreren Veränderlichen. Wiederum lassen wir uns beim Begriff der Differenzierbarkeit einer Funktion von der zentralen Idee der linearen Approximierbarkeit leiten. Im Vergleich zu unseren bisherigen Untersuchungen ist allerdings die Situation im Falle von Funktionen mehrerer Variablen deutlich komplizierter, da in der mehrdimensionalen Situation die linearen Abbildungen eine wesentlich reichhaltigere Struktur besitzen als diejenigen, die in der Analysis von Funktionen einer Variablen auftreten.

Wir beginnen in Abschnitt 1 mit dem Begriff der Differenzierbarkeit von Funktionen $f : \Omega \to \mathbb{R}^m$, wobei $\Omega \subset \mathbb{R}^n$ eine offene Menge bezeichnet. Wiederum definieren wir die Differenzierbarkeit von f in einem Punkt $x_0 \in \Omega$ als Approximierbarkeit durch eine lineare Abbildung $A \in \mathcal{L}(\mathbb{R}^n, \mathbb{R}^m)$. Die eindeutig bestimmte Abbildung A heißt Ableitung oder Differential von f in x_0. Wir betrachten ferner Richtungsableitungen, die uns dann zu den Begriffen der partiellen Ableitung, der Jacobi-Matrix und des Gradienten führen.

Abschnitt 2 widmet sich den Ableitungsregeln. Ausgehend von der Kettenregel leiten wir Ableitungsregeln für Summen und Produkte differenzierbarer Funktionen her. Es folgen verschiedene Versionen des Mittelwertsatzes, deren Beweise alle auf der Rückführung auf den Fall einer Variablen beruhen.

Das Konzept der Ableitung höherer Ordnung wird in Abschnitt 3 eingeführt. Von besonderem Interesse ist hier der Begriff der Hesse-Matrix. Ferner führen wir den Begriff des Multiindex ein, welcher es dann in Abschnitt 4 erlaubt, den Satz von Taylor für Funktionen in n Variablen auf elegante und effiziente Art und Weise zu formulieren. Die Darstellung des Restglieds in Integralform erweist sich in vielen Situationen als besonders nützlich.

In Abschnitt 5 beschreiben wir hinreichende Kriterien für lokale Extrema von Funktionen mehrerer Variablen. Definitheitseigenschaften der Hesse-Matrix spielen bei der Herleitung hinreichender Kriterien lokaler Extrema eine entscheidende Rolle; verbunden mit der Eigenwerttheorie aus der Linearen Algebra führen sie auf eine befriedigende Lösung unserer Frage nach der Bestimmung von Extremwerten von Funktionen mehrerer Variablen.

Die Motivation für das zentrale Thema von Abschnitt 6, die Differentiation parameter-abhängiger Integrale, ist vielfältig. In der Tat benötigen wir zum Beispiel zur rigorosen Behandlung von Variationsproblemen gewisse Differenzierbarkeitseigenschaften parame-terabhängiger Integrale. Die Tatsache, dass ein kritischer Punkt notwendig für die Existenz einer Extremalstelle ist, führt uns auf die Euler-Lagrangeschen Differentialgleichungen, welche eine wichtige Rolle in Mathematik und Physik spielen.

1   Differenzierbare Abbildungen

In diesem Abschnitt betrachten wir $\mathbb{R}^n$ und $\mathbb{R}^m$ für $n, m \in \mathbb{N}$ als normierte Vektorräu-me, und $f : \Omega \to \mathbb{R}^m$ sei eine auf einer offenen Menge $\Omega \subset \mathbb{R}^n$ definierte Abbildung. Der Vektorraum $\mathcal{L}(\mathbb{R}^n, \mathbb{R}^m)$, der Raum aller linearen Abbildungen von $\mathbb{R}^n$ nach $\mathbb{R}^m$, wel-chen wir mit der bereits in Abschnitt VI.2 definierten Operatornorm versehen haben, wird im Folgenden eine wichtige Rolle spielen. Unsere Überlegungen in Abschnitt VI.2 im-plizieren, dass aufgrund der Endlichdimensionalität der Räume $\mathbb{R}^n$ und $\mathbb{R}^m$ jede lineare Abbildung $\mathbb{R}^n \to \mathbb{R}^m$ stetig und dass $\mathcal{L}(\mathbb{R}^n, \mathbb{R}^m)$, versehen mit der Operatornorm, ein Banach-Raum ist.

Differenzierbare Abbildungen
Wir definieren nun die Differenzierbarkeit einer Funktion in einem Punkt als Approxi-mierbarkeit durch eine lineare Abbildung mit einem Approximationsfehler, der schneller gegen Null konvergiert als $|h|$.

1.1 Definition. Es seien $\Omega \subset \mathbb{R}^n$ eine offene Menge und $f : \Omega \to \mathbb{R}^m$ eine Funktion. Dann heißt f in $x_0 \in \Omega$ *differenzierbar*, wenn Abbildungen $A \in \mathcal{L}(\mathbb{R}^n, \mathbb{R}^m)$ und $r : U \to \mathbb{R}^m$, $U \subset \mathbb{R}^n$ Umgebung von 0, derart existieren, dass

$$f(x_0 + h) = f(x_0) + Ah + r(h), \quad x_0 + h \in \Omega,$$

mit

$$\lim_{h \to 0} \frac{r(h)}{\|h\|} = 0$$

gilt.

1.2 Bemerkungen. a) Da nach Theorem VI.1.18 auf $\mathbb{R}^n$ alle Normen äquivalent sind, ist es gleichgültig, welche Norm $\| \cdot \|$ wir in Definition 1.1 verwenden. Meist wählen wir hier die euklidische Norm $\| \cdot \|_2$, welche mit dem Absolutbetrag $| \cdot |$ übereinstimmt.

b) Gilt $n = m = 1$, so ist Definition 1.1 konsistent mit derjenigen aus Abschnitt IV.1.

c) Ist $f : \Omega \subset \mathbb{R}^n \to \mathbb{R}^m$ in $x_0 \in \Omega$ differenzierbar, so ist die lineare Abbildung A in Definition 1.1 *eindeutig* bestimmt. Für den Beweis hiervon verweisen wir auf die Übungsaufgaben.

d) In der Situation von Definition 1.1 ist $f : \Omega \to \mathbb{R}^m$ genau dann in $x_0 \in \Omega$ differenzierbar, wenn eine lineare Abbildung $A_{x_0} \in \mathcal{L}(\mathbb{R}^n, \mathbb{R}^m)$ existiert mit

$$\lim_{x \to x_0} \frac{f(x) - f(x_0) - A_{x_0}(x - x_0)}{\|x - x_0\|} = 0.$$

Ableitung

Die eindeutig bestimmte Abbildung A aus Definition 1.1 heißt *Ableitung* oder *Differential von f in x_0.* Wir schreiben

$$A_{x_0} = f'(x_0) \quad \text{oder} \quad A_{x_0} = Df(x_0).$$

Sind $\Omega \subset \mathbb{R}^n$ offen und $f : \Omega \to \mathbb{R}^m$ in jedem $x_0 \in \Omega$ differenzierbar, so heißt f *differenzierbar*, und die Abbildung

$$Df : \Omega \to \mathcal{L}(\mathbb{R}^n, \mathbb{R}^m), \quad x \mapsto Df(x)$$

wird *Ableitung* von f genannt.

Eine in einer Umgebung $U \subset \Omega$ von $x_0 \in \Omega$ differenzierbare Funktion $f : \Omega \to \mathbb{R}^m$ heißt in $x_0 \in \Omega$ *stetig differenzierbar*, wenn ihre Ableitung $Df : U \to \mathcal{L}(\mathbb{R}^n, \mathbb{R}^m)$ in x_0 stetig ist. Ist $f : \Omega \to \mathbb{R}^m$ in jedem $x_0 \in \Omega$ stetig differenzierbar, so heißt f *stetig differenzierbar in Ω.*

1.3 Beispiele. a) Die affine Abbildung $f : \mathbb{R}^n \to \mathbb{R}^m$, $x \mapsto Ax + b$, für $A \in \mathcal{L}(\mathbb{R}^n, \mathbb{R}^m)$ und $b \in \mathbb{R}^m$ ist für jedes $x_0 \in \mathbb{R}^n$ differenzierbar. Wegen

$$f(x_0 + h) = A(x_0 + h) + b = f(x_0) + Ah$$

gilt $Df(x_0) = A$ für jedes $x_0 \in \mathbb{R}^n$. Daher ist die Ableitung $Df : \mathbb{R}^n \to \mathcal{L}(\mathbb{R}^n, \mathbb{R}^m)$ von f, gegeben durch $x \mapsto Df(x) = A$, konstant.

b) Wir versehen $\mathbb{R}^n$ mit dem Standardskalarprodukt $(\cdot|\cdot)$, und für $B \in \mathcal{L}(\mathbb{R}^n)$ mit $(Bx|y) = (x|By)$ für alle $x, y \in \mathbb{R}^n$ betrachten wir die Funktion $f : \mathbb{R}^n \to \mathbb{R}$, definiert durch

$$f(x) := (x|Bx).$$

Für $x_0, h \in \mathbb{R}^n$ und $x = x_0 + h \in \mathbb{R}^n$ gilt dann

$$f(x) = f(x_0 + h) = (x_0 + h|Bx_0 + Bh) = (x_0|Bx_0) + \underbrace{(x_0|Bh) + (h|Bx_0)}_{= 2(Bx_0|h)} + (h|Bh)$$

$$= f(x_0) + 2(Bx_0|h) + r(h)$$

mit $r(h) := (h|Bh)$. Die Cauchy-Schwarzsche Ungleichung sowie Beispiel VI.2.18a) und Satz VI.2.16 implizieren

$$|r(h)| \leq |h|\,|Bh| \leq \|B\|\,|h|^2,$$

und somit gilt

$$\lim_{h \to 0} \frac{r(h)}{|h|} = 0.$$

Daher ist f in $x_0 \in \mathbb{R}^n$ differenzierbar, und $Df(x_0)$ ist die lineare Abbildung

$$h \mapsto 2(Bx_0|h).$$

1.4 Satz. *Sind $\Omega \subset \mathbb{R}^n$ offen und $f : \Omega \to \mathbb{R}^m$ eine in $x_0 \in \Omega$ differenzierbare Funktion, so ist f in x_0 stetig.*

Beweis. Für $x_0 \in \Omega$ gilt

$$f(x_0 + h) = f(x_0) + f'(x_0)h + r(h), \quad x_0 + h \in \Omega.$$

Da die lineare Abbildung $Df(x_0) \in \mathcal{L}(\mathbb{R}^n, \mathbb{R}^m)$ nach Beispiel VI.2.18a) stetig ist und da $\lim_{h \to 0} r(h) = 0$ gilt, folgt $\lim_{h \to 0} f(x_0 + h) = f(x_0)$, also nach Definition VI.2.10 die Stetigkeit von f in x_0. $\square$

Richtungsableitungen

Betrachten wir eine in $x_0 \in \Omega$ differenzierbare Funktion $f : \Omega \to \mathbb{R}^m$, so interessieren wir uns natürlich für die Frage, wie wir die Ableitung $Df(x_0) \in \mathcal{L}(\mathbb{R}^n, \mathbb{R}^m)$ konkret berechnen können. Wir verfolgen bei der Beantwortung dieser Frage die folgende Strategie: Da $Df(x_0)$ linear ist, genügt es $Df(x_0)$ auf einer Basis $\{v_1, \ldots, v_n\}$ des $\mathbb{R}^n$ zu kennen. Wir berechnen daher zunächst $Df(x_0)v$ für ein $v \in \mathbb{R}^n$ mit $v \neq 0$. Hierzu setzen wir $x = x_0 + tv$ mit $t \in \mathbb{R} \setminus \{0\}$. Da Ω offen ist, existiert ein $\delta > 0$, so dass $x \in \Omega$ ist für alle t mit $|t| < \delta$. Daher gilt mit den Bezeichnungen aus Definition 1.1

$$Df(x_0)v = \frac{f(x_0 + tv) - f(x_0)}{t} - \frac{r(tv)}{t}.$$

Da $\lim_{t \to 0} \frac{r(tv)}{t} = 0$ gilt, erhalten wir

$$Df(x_0)v = \lim_{t \to 0} \frac{f(x_0 + tv) - f(x_0)}{t}.$$

Dies motiviert die folgende Definition.

1.5 Definition. Es seien $\Omega \subset \mathbb{R}^n$ offen, $f : \Omega \to \mathbb{R}^m$ eine Funktion, $x_0 \in \Omega$ und $v \in \mathbb{R}^n \setminus \{0\}$. Existiert

$$D_v f(x_0) := \lim_{t \to 0} \frac{f(x_0 + tv) - f(x_0)}{t} \in \mathbb{R}^m,$$

so heißt $D_v f(x_0)$ die *Richtungsableitung von f in x_0 in Richtung v.*

1.6 Satz. *Ist* $f : \Omega \subset \mathbb{R}^n \to \mathbb{R}^m$ *eine in* $x_0 \in \Omega$ *differenzierbare Funktion, so existiert* $D_v f(x_0)$ *für jedes* $v \in \mathbb{R}^n \setminus \{0\}$, *und es gilt*

$$D_v f(x_0) = Df(x_0)v.$$

Beweis. Für $v \neq 0$ gilt

$$f(x_0 + tv) = f(x_0) + Df(x_0)(tv) + r(tv)$$

mit $\lim_{t \to 0} \frac{r(tv)}{|tv|} = 0$. Daher gilt

$$\frac{f(x_0 + tv) - f(x_0)}{t} = Df(x_0)v + \frac{r(tv)}{t},$$

was für $t \to 0$ die Behauptung impliziert. $\qquad\square$

Wir bemerken an dieser Stelle, dass die Umkehrung von Satz 1.6 im Allgemeinen falsch ist, d. h., dass Funktionen existieren, welche in einem Punkt Richtungsableitungen in jede Richtung besitzen, dort jedoch nicht differenzierbar sind. Wir verifizieren in den Übungs-aufgaben, dass die Funktion $f : \mathbb{R}^2 \to \mathbb{R}$, gegeben durch

$$f(x, y) := \begin{cases} \frac{x^2 y}{x^2 + y^2}, & (x, y) \neq (0, 0), \\ 0, & (x, y) = (0, 0), \end{cases} \tag{1.1}$$

ein Beispiel hierfür ist.

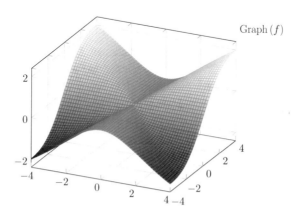

Graph (f)

Partielle Ableitungen und Jacobi-Matrix

Die Richtungsableitung einer Funktion wurde im vorigen Abschnitt bezüglich einer be-liebigen Richtung definiert. Die Ableitungen in Richtung der Koordinatenachsen sind von besonderer Wichtigkeit, und es ist zweckmäßig, hierfür eine eigene Bezeichnung einzuführen. Wir beginnen zunächst mit einigen Anmerkungen zu unserer Notation.

Die *Standardbasis* des $\mathbb{R}^n$ besteht aus den Einheitsvektoren

$$e_j := (0, 0, \ldots, 1, \ldots, 0), \quad 1 \leq j \leq n$$

mit 1 an der j-ten Stelle. Ferner ist das Standardskalarprodukt durch

$$(e_i | e_j) := \delta_{ij} = \begin{cases} 1, & i = j, \\ 0, & i \neq j \end{cases}$$

erklärt. Jedes $x \in \mathbb{R}^n$ besitzt dann die Darstellung $x = \sum_{j=1}^n x_j e_j$ mit eindeutig bestimmten Koeffizienten $x_j = (e_j | x)$ für $1 \leq j \leq n$. Die vom Standardskalarprodukt induzierte Norm ist die euklidische Norm, d. h., es gilt $\|x\|_2^2 = (x|x) = x_1^2 + \ldots + x_n^2 = |x|^2$.

Für $n, m \in \mathbb{N}$ bezeichnen wir mit $\mathbb{R}^{m \times n}$ die Menge aller reellen $(m \times n)$-Matrizen und schreiben

$$[a_{jk}]_{m \times n}$$

für eine $(m \times n)$-Matrix mit Einträgen $a_{jk} \in \mathbb{R}$. Wählen wir in $\mathbb{R}^n$ und $\mathbb{R}^m$ die Standardbasen, so existieren zu jeder linearen Abbildung $A : \mathbb{R}^n \to \mathbb{R}^m$ für jedes $k = 1, \ldots, n$ eindeutig bestimmte reelle Zahlen $a_{1k}, \ldots, a_{mk}$ mit $A e_k = \sum_{j=1}^m a_{jk} e_j$. Wir setzen

$$[A] := [a_{jk}]_{m \times n} \in \mathbb{R}^{m \times n}$$

und nennen $[A]$ *Darstellungsmatrix* der linearen Abbildung A bezüglich der Standardbasen. Zur Vereinfachung der Notation schreiben wir häufig auch nur $[a_{jk}]$ anstelle von $[a_{jk}]_{m \times n}$. Weiter bezeichnen wir mit $\mathbb{R}^{n \times n}_{\text{sym}}$ denjenigen Untervektorraum von $\mathbb{R}^{n \times n}$, der aus allen symmetrischen $(n \times n)$-Matrizen besteht. Für $v \in \mathbb{R}^n$ bezeichnen wir mit v^T den zu v transponierten Vektor.

Ist $T \in \mathbb{R}^{m \times n}$ und $S \in \mathbb{R}^{n \times \ell}$ für $\ell \in \mathbb{N}$, so bezeichnet $T \cdot S \in \mathbb{R}^{m \times \ell}$ das Matrixprodukt von T mit S. Fassen wir $u \in \mathbb{R}^n$ als $(1 \times n)$-Matrix und v^T für ein $v \in \mathbb{R}^n$ als $(n \times 1)$-Matrix auf, so schreiben wir $u \cdot v^T$ für das Produkt von u mit v^T und ist $T \in \mathbb{R}^{n \times n}$, so schreiben wir $u \cdot T \cdot v^T$ für das Produkt von u mit $T \cdot v^T$. Zur Vereinfachung der Notation schreiben wir häufig auch nur $u T v^T$ anstelle von $u \cdot T \cdot v^T$.

1.7 Definition. Für $j = 1, \ldots, n$ seien e_j die Standardbasisvektoren von $\mathbb{R}^n$, $\Omega \subset \mathbb{R}^n$ offen, $f : \Omega \to \mathbb{R}^m$ eine Funktion und $x_0 \in \Omega$.

a) Existiert

$$\partial_j f(x_0) := \frac{\partial f}{\partial x_j}(x_0) := D_{e_j} f(x_0) = \lim_{t \to 0} \frac{f(x_0 + t e_j) - f(x_0)}{t}$$

für ein $j \in \{1, \ldots, n\}$, so heißt $\partial_j f(x_0)$ die *partielle Ableitung* von f in x_0 bezüglich x_j.

b) Die Funktion f heißt *partiell differenzierbar* in x_0, wenn alle partiellen Ableitungen $\partial_1 f(x_0), \ldots, \partial_n f(x_0)$ existieren. Sie heißt *partiell differenzierbar*, wenn sie in jedem $x \in \Omega$ partiell differenzierbar ist.

c) Ist f eine in einer Umgebung U von x_0 partiell differenzierbare Funktion und sind alle partiellen Ableitungen $\partial_j f$ in x_0 stetig, so heißt f *stetig partiell differenzierbar in x_0*. Die Funktion f heißt *stetig partiell differenzierbar*, wenn sie in jedem $x \in \Omega$ stetig partiell differenzierbar ist.

Existiert $\partial_j f(a)$ für ein $a = (a_1, \ldots, a_n) \in \Omega$ und ein $j \in \{1, \ldots, n\}$, so gilt

$$\partial_j f(a) = \lim_{h \to 0} \frac{1}{h} \big[f(a_1, \ldots, a_{j-1}, a_j + h, a_{j+1}, \ldots, a_n) - f(a) \big],$$

d. h., f ist genau dann in a partiell bezüglich x_j differenzierbar, wenn die Abbildung

$$t \mapsto f(a_1, \ldots, a_{j-1}, t, a_{j+1}, \ldots, a_n)$$

als Funktion einer Variablen in a_j differenzierbar ist.

1.8 Satz. *Es sei $\Omega \subset \mathbb{R}^n$ eine offene Menge und $f : \Omega \to \mathbb{R}^m$ eine Funktion.*

a) *Ist f in $x_0 \in \Omega$ differenzierbar, so gilt*

$$Df(x_0)h = \sum_{j=1}^{n} h_j Df(x_0) e_j = \sum_{j=1}^{n} \partial_j f(x_0) h_j, \quad h = (h_1, \ldots, h_n) \in \mathbb{R}^n.$$

b) *Die Funktion $f = (f_1, \ldots, f_m)$ ist genau dann in $x_0 \in \Omega$ differenzierbar, wenn jede Koordinatenfunktion f_j, $1 \le j \le m$, in x_0 differenzierbar ist. In diesem Fall gilt*

$$Df(x_0) = \big(Df_1(x_0), \ldots, Df_m(x_0) \big).$$

Beweis. a) Wegen $h = \sum_{j=1}^{n} h_j e_j$ für $h = (h_1, \ldots, h_n) \in \mathbb{R}^n$ folgt aus Satz 1.6 die Darstellung

$$Df(x_0)h = \sum_{j=1}^{n} h_j Df(x_0) e_j = \sum_{j=1}^{n} \partial_j f(x_0) h_j$$

und somit die Behauptung.

b) Nach Aufgabe VI.2.19 ist eine lineare Abbildung $A = (A_1, \ldots, A_m) : \mathbb{R}^n \to \mathbb{R}^m$ genau dann stetig, wenn $A_j : \mathbb{R}^n \to \mathbb{R}$ für jedes $j \in \{1, \ldots, m\}$ stetig ist. Wegen Bemerkung 1.2d) und Lemma III.2.14 ist daher die Aussage

$$\lim_{x \to x_0} \frac{f(x) - f(x_0) - Df(x_0)(x - x_0)}{\|x - x_0\|} = 0$$

äquivalent dazu, dass

$$\lim_{x \to x_0} \frac{f_j(x) - f_j(x_0) - Df_j(x_0)(x - x_0)}{\|x - x_0\|} = 0, \quad 1 \le j \le m$$

gilt. $\qquad \square$

1.9 Definition. Sind $\Omega \subset \mathbb{R}^n$ offen und $f = (f_1, \dots, f_m) : \Omega \to \mathbb{R}^m$ eine in $x_0 \in \Omega$ partiell differenzierbare Funktion, so heißt die Matrix

$$J_f(x_0) := \begin{pmatrix} \frac{\partial f_1}{\partial x_1}(x_0) & \cdots & \frac{\partial f_1}{\partial x_n}(x_0) \\ \vdots & & \vdots \\ \vdots & & \vdots \\ \frac{\partial f_m}{\partial x_1}(x_0) & \cdots & \frac{\partial f_m}{\partial x_n}(x_0) \end{pmatrix}_{m \times n}$$

Jacobi-Matrix oder *Funktionalmatrix* von f in x_0.

1.10 Korollar. *Ist $f = (f_1, \dots, f_m) : \Omega \subset \mathbb{R}^n \to \mathbb{R}^m$ eine in $x_0 \in \Omega$ differenzierbare Funktion, so ist jede Koordinatenfunktion f_j in x_0 partiell differenzierbar, und es gilt*

$$[Df(x_0)] = J_f(x_0),$$

d. h., die Darstellungsmatrix bezüglich der Standardbasen der Ableitung von f in x_0 ist die Jacobi-Matrix von f in x_0.

Beweis. Für $k = 1, \dots, n$ gilt $Df(x_0)e_k = \sum_{j=1}^m a_{jk}e_j$ mit eindeutig bestimmten Koeffizienten a_{jk}. Satz 1.8 und die Linearität von $Df(x_0)$ implizieren

$$Df(x_0)e_k = \big(Df_1(x_0)e_k, \dots, Df_m(x_0)e_k\big) = \big(\partial_k f_1(x_0), \dots, \partial_k f_m(x_0)\big)$$

$$= \sum_{j=1}^m \partial_k f_j(x_0)e_j$$

und somit $a_{jk} = \partial_k f_j(x_0)$. $\qquad\qquad\qquad\qquad\qquad\qquad\qquad\qquad\qquad\qquad\qquad\qquad\square$

Betrachten wir die Funktion $f : \mathbb{R}^2 \to \mathbb{R}$ mit

$$f(x, y) := \begin{cases} \frac{xy}{x^2+y^2}, & (x, y) \neq (0, 0), \\ 0, & (x, y) = (0, 0), \end{cases} \tag{1.2}$$

so folgt $\partial_1 f(0,0) = \partial_2 f(0,0) = 0$, und somit ist f in $(0, 0)$ partiell differenzierbar. Wegen $f(1/n, 1/n) = 1/2$ für jedes $n \in \mathbb{N}$ und $f(0,0) = 0$ ist f jedoch in $(0, 0)$ nicht stetig und insbesondere nicht differenzierbar. Dies bedeutet, dass die Existenz der partiellen Ableitungen von f *nicht* die Differenzierbarkeit von f impliziert.

Stetige Differenzierbarkeit
Im Folgenden entwickeln wir Kriterien für die Differenzierbarkeit von Funktionen

$$f = (f_1, \dots, f_m) : \Omega \subset \mathbb{R}^n \to \mathbb{R}^m$$

im Punkt $x_0 \in \Omega$, welche einfacher handzuhaben sind als dasjenige von Definition 1.1.

Notwendigerweise müssen zunächst alle partiellen Ableitungen in x_0 existieren, ansonsten wäre f in x_0 nicht differenzierbar. Liegt diese Situation vor, so müssen wir entscheiden, ob die als Kandidaten in Frage kommenden linearen Abbildungen A_j : $\mathbb{R}^n \to \mathbb{R}, h \mapsto \sum_{i=1}^{n} \partial_i f_j(x_0) h_i$ für $j = 1, \dots, m$ die Bedingungen aus Definition 1.1 erfüllen.

Die in (1.2) definierte Funktion f zeigt, dass die Existenz aller partiellen Ableitungen von f nicht einmal die Stetigkeit von f impliziert; ebenso zeigen die in (1.1) oder in Übungsaufgabe 2 betrachteten Funktionen f, dass die Existenz aller Richtungsableitungen $D_v f(x_0)$ für $v \in \mathbb{R}^n \setminus \{0\}$ ebenfalls nicht die Differenzierbarkeit von f in x_0 implizieren. Um die Differenzierbarkeit von f zu garantieren, sind also zusätzliche Voraussetzungen an die Funktion f notwendig.

Das folgende Differenzierbarkeitskriterium besagt, dass die Stetigkeit der partiellen Ableitungen eine hinreichende Bedingung für die Differenzierbarkeit einer Funktion f ist. In diesem Fall ist f sogar stetig differenzierbar.

1.11 Satz. *Es seien $\Omega \subset \mathbb{R}^n$ offen, $x_0 \in \Omega$ und $f : \Omega \to \mathbb{R}^m$ eine Funktion. Dann sind die folgenden Aussagen äquivalent:*

a) f ist in x_0 stetig differenzierbar.

b) Die partiellen Ableitungen $\partial_i f_j$ existieren für alle $j = 1, \dots, m$, $i = 1, \dots, n$ in einer Umgebung von x_0 und sind in x_0 stetig.

Beweis. a) $\Rightarrow$ b): folgt direkt aus Satz 1.6.

b) $\Rightarrow$ a): Nach Satz 1.8 ist f genau dann in x_0 differenzierbar, wenn jede der Koordinatenfunktionen $f_1, \dots, f_m$ in x_0 differenzierbar ist. Wir betrachten daher ohne Beschränkung der Allgemeinheit Funktionen $f : \Omega \to \mathbb{R}$. Für $h = (h_1, \dots, h_n) \in \mathbb{R}^n$ setzen wir

$$z_0 := x_0, \quad z_1 := z_0 + h_1 e_1, \quad z_2 := z_1 + h_2 e_2, \quad \dots \quad, \quad z_n := z_{n-1} + h_n e_n = x_0 + h.$$

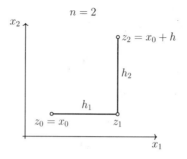

Dann ist $|x_0 - z_j| \le |h|$ für $j = 0, \ldots, n$, und es gilt $z_j \in \Omega$ für alle $j = 0, \ldots, n$, wenn h nur genügend klein ist. Der Mittelwertsatz (Theorem IV.2.5) impliziert

$$f(x_0 + h) - f(x_0) = f(z_n) - f(z_{n-1}) + f(z_{n-1}) - f(z_{n-2}) + \ldots + f(z_1) - f(z_0)$$

$$= \frac{\partial f}{\partial x_n}(\xi_n)\, h_n + \frac{\partial f}{\partial x_{n-1}}(\xi_{n-1})\, h_{n-1} + \ldots + \frac{\partial f}{\partial x_1}(\xi_1)\, h_1 \qquad (1.3)$$

für geeignete $\xi_j \in \{z_{j-1} + t(z_j - z_{j-1}) : t \in (0,1)\}$ für $j = 1, \ldots, n$. Daher gilt für $A_{x_0} : \mathbb{R}^n \to \mathbb{R}$, gegeben durch $A_{x_0} h := \sum_{j=1}^{n} \partial_j f(x_0) h_j$,

$$|f(x_0 + h) - f(x_0) - A_{x_0} h| \le \sum_{j=1}^{n} \left| \partial_j f(\xi_j) - \partial_j f(x_0) \right| \cdot |h_j|$$

und somit

$$\frac{1}{\|h\|_\infty} |f(x_0 + h) - f(x_0) - A_{x_0} h| \le \sum_{j=1}^{n} \left| \partial_j f(\xi_j) - \partial_j f(x_0) \right| \overset{h \to 0}{\longrightarrow} 0,$$

da $\partial_j f$ für jedes $j = 1, \ldots, n$ in x_0 stetig ist. Also ist f in x_0 differenzierbar. Wegen

$$\left| \big(Df(x) - Df(x_0) \big) h \right| \le \left(\sum_{j=1}^{n} |\partial_j f(x) - \partial_j f(x_0)| \right) \|h\|_\infty$$

und der Äquivalenz der Normen auf $\mathbb{R}^n$ folgt die Stetigkeit von Df aus derjenigen von $\partial_j f$ für $1 \le j \le n$. $\qquad \square$

1.12 Bemerkung. Gleichung (1.3) impliziert unmittelbar das folgende Resultat: Sind die partiellen Ableitungen $\partial_i f_j$ für alle $i = 1, \ldots, n$, $j = 1, \ldots, m$ in einer Umgebung von x_0 beschränkt, so ist f in x_0 stetig.

Für die Klasse aller Funktionen mit stetigen partiellen Ableitungen führen wir die folgende Definition ein. Wir bemerken zunächst, dass eine Abbildung $f = (f_1, \ldots, f_m) : \mathbb{R}^n \to \mathbb{R}^m$ genau dann an der Stelle x_0 nach x_j partiell differenzierbar ist, wenn jede ihrer Komponentenfunktionen $f_1, \ldots, f_m$ diese Eigenschaft besitzt. Insbesondere gilt

$$\partial_j f(x_0) = \big(\partial_j f_1(x_0), \ldots, \partial_j f_m(x_0) \big).$$

1.13 Definition. (Der Raum $C^1(\Omega; \mathbb{R}^m)$). Ist $\Omega \subset \mathbb{R}^n$ eine offene Menge und $f : \Omega \to \mathbb{R}^m$ eine Abbildung, so heißt f *von der Klasse C^1*, wenn sämtliche partiellen Ableitungen $\partial_1 f(x), \ldots, \partial_n f(x)$ von f in allen Punkten $x \in \Omega$ existieren und dort stetig sind.

Der Vektorraum aller solcher Funktionen heißt der *Raum der stetig differenzierbaren Funktionen auf Ω* und wird mit $C^1(\Omega; \mathbb{R}^m)$ bezeichnet.

Für skalarwertige Funktionen $f : \Omega \to \mathbb{R}$ schreiben wir kürzer auch

$$C^1(\Omega) := C^1(\Omega; \mathbb{R}).$$

Schließlich definieren wir für beschränkte und offene Mengen $\Omega \subset \mathbb{R}^n$ den Raum

$$C^1(\overline{\Omega}; \mathbb{R}^m) := \{ f \in C^1(\Omega; \mathbb{R}^m) : f \text{ und } \frac{\partial f}{\partial x_i} \text{ sind für alle } 1 \le i \le n$$

$$\text{stetig auf } \overline{\Omega} \text{ fortsetzbar} \}$$

und versehen ihn mit der Norm

$$\| f \|_{C^1(\overline{\Omega}; \mathbb{R}^m)} := \| f \|_{C(\overline{\Omega}; \mathbb{R}^m)} + \sum_{i=1}^{n} \left\| \frac{\partial f}{\partial x_i} \right\|_{C(\overline{\Omega}; \mathbb{R}^m)}.$$

Wiederum setzen wir hier $C^1(\overline{\Omega}) := C^1(\overline{\Omega}; \mathbb{R})$. In Analogie zu Beispiel VI.2.7 gilt dann der folgende Satz über die Vollständigkeit von $C^1(\overline{\Omega})$.

1.14 Satz. *Ist $\Omega \subset \mathbb{R}^n$ offen und beschränkt, so ist $(C^1(\overline{\Omega}), \| \cdot \|_{C^1(\overline{\Omega})})$ ein Banach-Raum.*

Die Details des Beweises überlassen wir dem Leser als Übungsaufgabe.

1.15 Bemerkung. Fassen wir die oben erzielten Ergebnisse zusammen, so gelten für eine Funktion $f : \Omega \subset \mathbb{R}^n \to \mathbb{R}^m$ die folgenden Implikationen:

f stetig differenzierbar	$\Longleftrightarrow$	f stetig partiell differenzierbar
$\Downarrow$		$\Downarrow$
		partielle Ableitungen von f sind lokal beschränkt
		$\Downarrow$
f differenzierbar	$\Longrightarrow$	f ist stetig
$\Downarrow$		$\Updownarrow$
Richtungsableitungen $D_v f$ existieren für alle v		jede Komponente von f ist stetig
$\Downarrow$		
f partiell differenzierbar		

Gradient

Ist $\Omega \subset \mathbb{R}^n$ offen und $f : \Omega \to \mathbb{R}$ eine in $x_0 \in \Omega$ differenzierbare Funktion, so ist die Ableitung von f in x_0 ein Element von $(\mathbb{R}^n)' := \mathcal{L}(\mathbb{R}^n, \mathbb{R})$, dem *Dualraum* von $\mathbb{R}^n$. Die Elemente von $(\mathbb{R}^n)'$ heißen *Linearformen* auf $\mathbb{R}^n$. Versehen wir $(\mathbb{R}^n)'$ mit der Operatornorm von $\mathcal{L}(\mathbb{R}^n, \mathbb{R})$, also mit $\| \varphi \| := \sup_{|x|=1} |\varphi(x)|$ für $\varphi \in (\mathbb{R}^n)'$, so ist $((\mathbb{R}^n)', \| \cdot \|)$ ein Banach-Raum.

Wählen wir auf $\mathbb{R}^n$ ein Skalarprodukt $(\cdot|\cdot)$ und setzen für $y \in \mathbb{R}^n$

$$\varphi_y(x) := (x|y), \quad x \in \mathbb{R}^n,$$

so ist φ_y eine Linearform auf $\mathbb{R}^n$, und es gilt $\|\varphi_y\|_{(\mathbb{R}^n)'} = |y|_{\mathbb{R}^n}$. In der Tat folgt aus der Cauchy-Schwarzschen Ungleichung $|\varphi_y(x)| \leq |x| \, |y|$ für alle $x \in \mathbb{R}^n$, und andererseits folgt aus $\varphi_y(y/|y|) = |y|$ die Ungleichung $\|\varphi_y\| \geq |y|$ und somit $\|\varphi_y\| = |y|$ für alle $y \in \mathbb{R}^n$.

Der folgende Rieszsche Darstellungssatz besagt, dass es auf $\mathbb{R}^n$ außer der oben beschriebenen Linearform keine weiteren Linearformen gibt.

1.16 Satz. (Rieszscher Darstellungssatz). *Es sei $(\cdot|\cdot)$ ein Skalarprodukt auf $\mathbb{R}^n$. Dann existiert zu jedem $\varphi \in (\mathbb{R}^n)'$ ein eindeutig bestimmtes $y \in \mathbb{R}^n$ mit*

$$\varphi(x) = (x|y), \quad x \in \mathbb{R}^n.$$

Insbesondere ist $T : \mathbb{R}^n \to (\mathbb{R}^n)'$, $y \mapsto (\cdot|y)$ bijektiv und isometrisch, d. h., es gilt $|y| = \|\varphi\|$ für alle $y \in \mathbb{R}^n$.

Beweis. Wir haben bereits gezeigt, dass T eine Isometrie und somit insbesondere injektiv ist. Die Dimensionformel der Linearen Algebra impliziert dann die Surjektivität von T.   □

Ist $\Omega \subset \mathbb{R}^n$ offen und $f : \Omega \to \mathbb{R}$ eine in $x_0 \in \Omega$ differenzierbare Funktion, so ist die Ableitung $Df(x_0)$ von f in x_0 eine Linearform auf $\mathbb{R}^n$. Nach dem Rieszschen Darstellungssatz existiert also ein eindeutig bestimmtes $y \in \mathbb{R}^n$ mit

$$Df(x_0)h = (h|y) = (y|h), \quad h \in \mathbb{R}^n.$$

Dieses eindeutig bestimmte Element von $\mathbb{R}^n$ heißt der *Gradient* von f in x_0 und wird mit $\operatorname{grad} f(x_0)$ oder $\nabla f(x_0)$ bezeichnet. Es gilt also

$$Df(x_0)h = (\nabla f(x_0)|h), \quad h \in \mathbb{R}^n.$$

Insbesondere ist der Gradient $\nabla f(x_0)$ ein Vektor in $\mathbb{R}^n$. Bezüglich der Standardbasis von $\mathbb{R}^n$ besitzt $\nabla f(x_0)$ die folgende Darstellung.

1.17 Satz. *Ist $\mathbb{R}^n$ mit dem Standardskalarprodukt versehen, so gilt*

$$\nabla f(x_0) = \left(\frac{\partial f}{\partial x_1}(x_0), \ldots, \frac{\partial f}{\partial x_n}(x_0) \right).$$

Beweis. Wählen wir in $\mathbb{R}^n$ die Standardbasis, so gilt nach Satz 1.6 $Df(x_0)e_j = \partial_j f(x_0)$ für alle $j = 1, \ldots, n$. Für $y := \left(\frac{\partial f}{\partial x_1}(x_0), \ldots, \frac{\partial f}{\partial x_n}(x_0) \right)$ und beliebiges $h = (h_1, \ldots, h_n) \in \mathbb{R}^n$ gilt daher

$$(\nabla f(x_0)|h) = Df(x_0)h = Df(x_0) \sum_{j=1}^{n} h_j e_j = \sum_{j=1}^{n} \partial_j f(x_0) h_j = (y|h). \qquad \square$$

1.18 Bemerkung. Gilt $\nabla f(x_0) \neq 0$, so nimmt $|D_v f(x_0)|$ sein Maximum über alle Richtungsvektoren $v \in \mathbb{R}^n$ mit $|v| = 1$ genau für $v = \frac{\nabla f(x_0)}{|\nabla f(x_0)|}$ an. Dies bedeutet, dass $\nabla f(x_0)$ in Richtung des *steilsten Anstiegs* und $-\nabla f(x_0)$ in Richtung des steilsten Abfalls von f zeigt.

Ist auf der anderen Seite $D_v f(x_0) = 0$, so gilt

$$(\nabla f(x_0)|v) = 0,$$

was bedeutet, dass der Vektor v senkrecht zu $\nabla f(x_0)$ steht. Wir werden auf diesen Sachverhalt später nochmals im Zusammenhang mit Niveaumengen von Funktionen zurückkommen.

1.19 Beispiel. Betrachten wir die Funktion $f : \mathbb{R}^3 \to \mathbb{R}$, gegeben durch

$$f(x, y, z) := x^2 \sin \frac{y}{2} + e^{3z},$$

so ist der Gradient von f gegeben durch

$$\operatorname{grad} f(x, y, z) = \left(2x \sin \frac{y}{2}, \frac{x^2}{2} \cos \frac{y}{2}, 3e^{3z}\right).$$

Aufgaben

1. Man beweise Bemerkung 1.2c).

2. Man beweise, dass die Funktion $f : \mathbb{R}^2 \to \mathbb{R}$, gegeben durch

$$f(x, y) := \begin{cases} \frac{x^2 y}{x^2 + y^2}, & (x, y) \neq (0, 0), \\ 0, & (x, y) = (0, 0), \end{cases}$$

   in $(0, 0)$ Richtungsableitungen in alle Richtungen besitzt, dort aber nicht differenzierbar ist.

3. Die Funktion $f : \mathbb{R}^2 \to \mathbb{R}$ sei definiert durch

$$f(x, y) := \begin{cases} |(x, y)|, & \text{falls } y > 0, \\ -|(x, y)|, & \text{falls } y < 0, \\ x, & \text{falls } y = 0. \end{cases}$$

   a) Man bestimme $Df(x, y)$ sowie $\operatorname{grad} f(x, y)$ für alle $(x, y) \in \mathbb{R}^2$ mit $y \neq 0$.

   b) Man bestimme alle $v \in \mathbb{R}^2 \setminus \{0\}$, für welche die Richtungsableitung $D_v f(0, 0)$ existiert.

   c) Ist f differenzierbar in $(0, 0)$?

4. Die Funktion $f : \mathbb{R}^2 \to \mathbb{R}$ sei gegeben durch

$$f(x, y) := \begin{cases} 1, & \text{für } 0 < y < x^2, \\ 0, & \text{sonst.} \end{cases}$$

   Man zeige: Die Richtungsableitung $D_v f(0, 0)$ von f existiert für alle $v \in \mathbb{R}^2$ mit $v \neq 0$ im Punkt $(0, 0)$, aber f ist dort nicht stetig.

5.   Man zeige, dass die Funktion

$$f : \mathbb{R}^2 \to \mathbb{R}, \quad f(x,y) := \begin{cases} \frac{2xy^2}{x^2+y^4}, & (x,y) \neq (0,0), \\ 0, & (x,y) = (0,0) \end{cases}$$

im Nullpunkt Richtungsableitungen in alle Richtungen besitzt, dort aber nicht stetig ist.

6.   Gegeben sei die Funktion

$$f : \mathbb{R}^2 \to \mathbb{R}, \quad f(x,y) := \begin{cases} (x^2 + y^2) \sin\left(\frac{1}{\sqrt{x^2+y^2}}\right), & (x,y) \neq 0, \\ 0, & (x,y) = 0. \end{cases}$$

Man zeige:

a) f ist in $(0,0)$ partiell differenzierbar, die partiellen Ableitungen sind dort jedoch nicht stetig.

b) f ist differenzierbar.

7.   Man berechne jeweils die Jacobi-Matrizen der folgenden Funktionen:

a) $f : \mathbb{R}^3 \to \mathbb{R}, \quad (x,y,z) \mapsto 3x^2 y + \exp(xz^2) + 4z^3$,

b) $g : \mathbb{R}^2 \to \mathbb{R}^3, \quad (x,y) \mapsto \left(xy, \cosh(xy), \log(1+x^2)\right)$,

c) $h : \mathbb{R}^3 \to \mathbb{R}^3, \quad (x,y,z) \mapsto \left(\log(1+x^2+z^2), z^2 + y^2 - x^2, 3\sin(xz)\right)$.

8.   Man bestimme $\partial_1 f(x,1)$ für die Funktion $f : \mathbb{R}^2 \to \mathbb{R}$, definiert durch

$$f(x,y) = \cos(x+y-1) \cdot y + \log(y) \cdot x^7 \cdot \log\left(\log\left(1 + \arctan\left(\frac{1+x^2 y^4}{3+x^4+\sin^2(\arctan(yx))}\right)\right)\right).$$

9.   Es seien $\beta \in \mathbb{R}$ und $f : \mathbb{R}^n \to \mathbb{R}^n$ gegeben durch $f(x) = \|x\|_2^\beta x$.

a)   Für welche Werte von β ist f in 0 differenzierbar?

b)   Für welche Werte von β und $i \in \{1, \ldots, n\}$ existiert die partielle Ableitung $\partial_i \left[\partial_i f_i\right]$ von $\partial_i f_i$?

10.   Gegeben seien die Funktionen $f : \mathbb{R}^2 \to \mathbb{R}$ und $g : \mathbb{R}^2 \to \mathbb{R}$ mit

$$f(x,y) := \log\left(1 + \exp(xy^2)\right), \qquad g(x,y) := \begin{cases} x^2 y \sin(\frac{y}{x}), & \text{falls } x \neq 0, \\ 0, & \text{falls } x = 0. \end{cases}$$

Man untersuche die partiellen Ableitungen von f und g auf Stetigkeit in $(0,1)$ sowie f und g auf Differenzierbarkeit in $(0,1)$.

11.   Man zeige: Ist $f : (a,b) \times (a,b) \to \mathbb{R}$ in jedem Punkt $(x,y) \in (a,b) \times (a,b)$ partiell differenzierbar mit beschränkten partiellen Ableitungen $\frac{\partial}{\partial x} f$ und $\frac{\partial}{\partial y} f$, so ist f stetig.

12.   Man beweise Satz 1.14.

13.   In dieser Aufgabe geht es nicht um die Untersuchung der Differenzierbarkeit einer gegebenen Funktion, sondern um die Entwicklung einer graphischen Anschauung des Graphen einer Funktion bzw. von deren Niveaumengen. Man ordne daher den folgenden Funktionen

$f_1, \ldots, f_{12}$, gegeben durch

$$f_1(x, y) = x^2 + 4y^2, \quad f_2(x, y) = x^2 - y^2 - 8, \quad f_3(x, y) = \sin(x),$$
$$f_4(x, y) = \frac{1}{x^2 + y^2 + 10}, \quad f_5(x, y) = \log(x^2 + y^2), \quad f_6(x, y) = \tan(x^2 + y^2),$$
$$f_7(x, y) = e^{x+y}, \quad f_8(x, y) = \frac{\sin(x^2 + y^2)}{x^2 + y^2}, \quad f_9(x, y) = \sin(x) \cdot \sin(y),$$
$$f_{10}(xy) = \cos(xy), \quad f_{11}(x, y) = x^3 - y^2 + 4, \quad f_{12}(x, y) = \sin\left(\sqrt{x^2 + y^2}\right),$$

die folgenden Graphen und Niveaumengen, d. h., die Mengen, auf denen $f(x, y) = c$ für vorgegebenes $c \in \mathbb{R}$ gilt, zu:

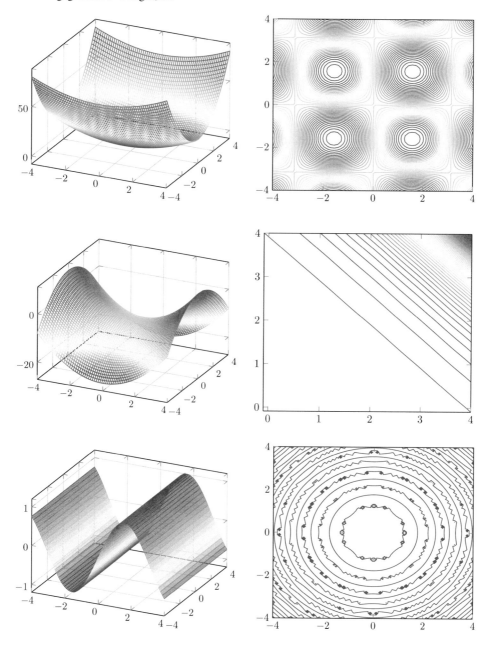

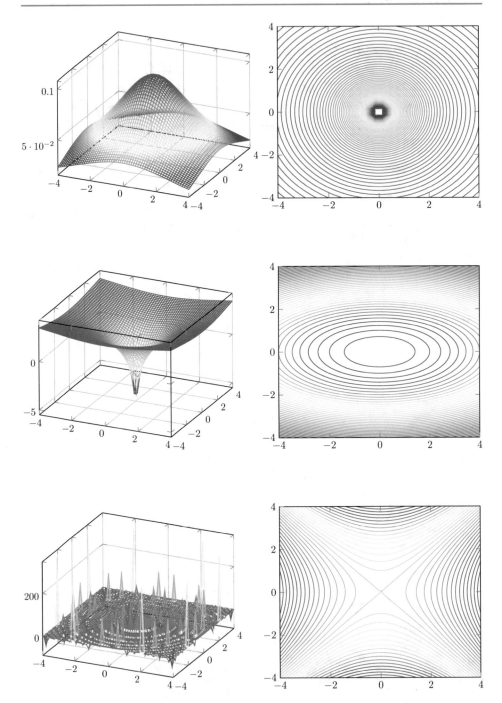

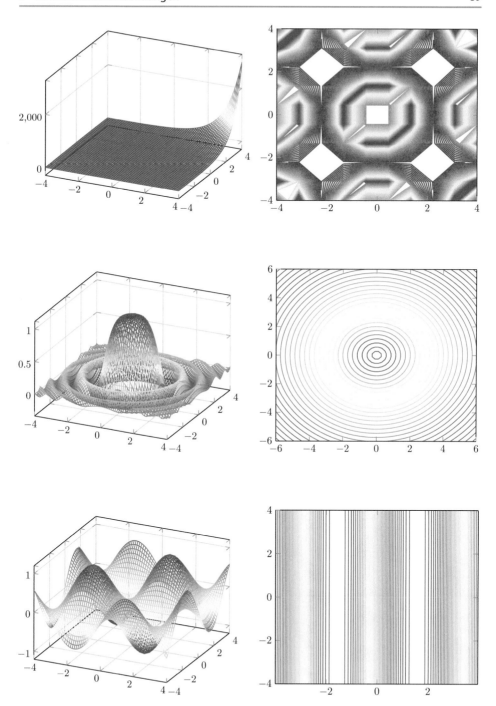

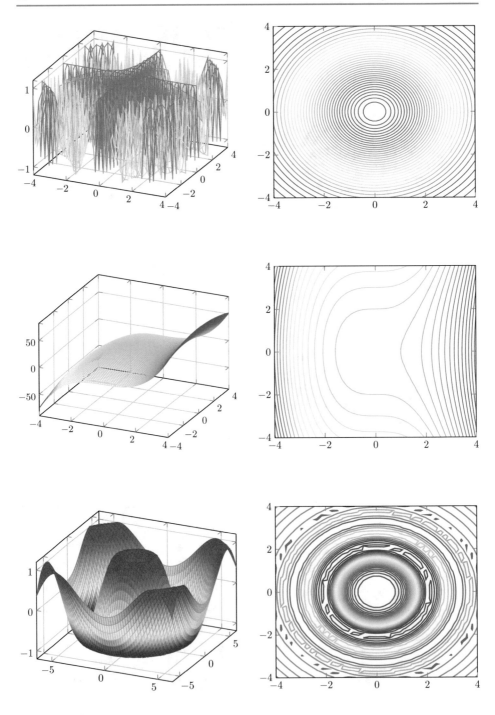

2 Ableitungsregeln und Mittelwertsätze

Wir beginnen diesen Abschnitt mit der Kettenregel für differenzierbare Funktionen.

Kettenregel
Die folgende Kettenregel besitzt vielfältige Anwendungen.

2.1 Satz. (Kettenregel). *Es seien $\Omega_1 \subset \mathbb{R}^n, \Omega_2 \subset \mathbb{R}^m$ offene Mengen und $f : \Omega_1 \to \mathbb{R}^m$ sowie $g : \Omega_2 \to \mathbb{R}^\ell$ Abbildungen mit $f(\Omega_1) \subset \Omega_2$. Ferner seien f in $x_0 \in \Omega_1$ und g in $y_0 := f(x_0)$ differenzierbar. Dann ist die Abbildung $g \circ f : \Omega_1 \to \mathbb{R}^\ell$ in x_0 differenzierbar, und es gilt*

$$D(g \circ f)(x_0) = Dg\big(f(x_0)\big)Df(x_0).$$

Wählen wir in $\mathbb{R}^n$, $\mathbb{R}^m$ und $\mathbb{R}^\ell$ die Standardbasen, so besagt Satz 2.1, dass die Jacobi-Matrix $J_{g \circ f}$ der Komposition $g \circ f$ durch das Matrixprodukt der Jacobi-Matrizen J_g mit J_f gegeben ist, d. h., dass

$$J_{g \circ f}(x_0) = J_g(f(x_0)) \cdot J_f(x_0)$$

gilt

Beweis. Wir setzen $A := Df(x_0) \in \mathcal{L}(\mathbb{R}^n, \mathbb{R}^m)$ und $B := Dg\big(f(x_0)\big) \in \mathcal{L}(\mathbb{R}^m, \mathbb{R}^l)$. Nach Voraussetzung gilt für $x = x_0 + h \in \Omega_1$ und $y = y_0 + k \in \Omega_2$

$$f(x_0 + h) = f(x_0) + Ah + r_f(h),$$
$$g(y_0 + k) = g(y_0) + Bk + r_g(k)$$

mit

$$\lim_{h \to 0} \frac{r_f(h)}{|h|_{\mathbb{R}^n}} = 0 = \lim_{k \to 0} \frac{r_g(k)}{|k|_{\mathbb{R}^m}}.$$

Setzen wir $k := f(x_0 + h) - f(x_0) = Ah + r_f(h)$, so erhalten wir

$$(g \circ f)(x_0 + h) = g\big(\underbrace{f(x_0)}_{=y_0} + \underbrace{Ah + r_f(h)}_{=k}\big) = g\big(f(x_0)\big) + BAh + Br_f(h) + r_g(k),$$

und wegen $BA \in \mathcal{L}(\mathbb{R}^n, \mathbb{R}^\ell)$ bleibt zu zeigen, dass

$$\lim_{h \to 0} \frac{Br_f(h)}{|h|_{\mathbb{R}^n}} = 0 \quad \text{und} \quad \lim_{h \to 0} \frac{r_g(k)}{|h|_{\mathbb{R}^n}} = 0$$

gilt. Da $B \in \mathcal{L}(\mathbb{R}^m, \mathbb{R}^l)$ nach Beispiel VI.2.18a) stetig ist, folgt

$$\lim_{h \to 0} \frac{B r_f(h)}{|h|_{\mathbb{R}^n}} = B \lim_{h \to 0} \frac{r_f(h)}{|h|_{\mathbb{R}^n}} = B\, 0 = 0$$

und somit die erste·der zu beweisenden Aussagen. Für den Beweis der Konvergenz des zweiten Terms stellen wir zunächst fest, dass $A \in \mathcal{L}(\mathbb{R}^n, \mathbb{R}^m)$ wiederum wegen Beispiel VI.2.18a) stetig ist. Nach demselben Satz existiert eine Konstante $M > 0$ mit $|Ah|_{\mathbb{R}^m} \leq M |h|_{\mathbb{R}^n}$ für alle $h \in \mathbb{R}^n$, und daher gilt

$$|k|_{\mathbb{R}^m} = |Ah + r_f(h)|_{\mathbb{R}^m} \leq \left(M + \frac{|r_f(h)|}{|h|_{\mathbb{R}^n}} \right) |h|_{\mathbb{R}^n}.$$

Somit ist

$$\frac{|r_g(k)|_{\mathbb{R}^l}}{|h|_{\mathbb{R}^n}} = \frac{|r_g(k)|_{\mathbb{R}^l}}{|k|_{\mathbb{R}^m}} \cdot \frac{|k|_{\mathbb{R}^m}}{|h|_{\mathbb{R}^n}} \leq \frac{|r_g(k)|_{\mathbb{R}^l}}{|k|_{\mathbb{R}^m}} \cdot \left(M + \frac{|r_f(h)|_{\mathbb{R}^m}}{|h|_{\mathbb{R}^n}} \right),$$

und da für $h \to 0$ auch $k = f(x_0 + h) - f(x_0) \to 0$ gilt, folgt

$$\lim_{h \to 0} \frac{r_g(k)}{|h|_{\mathbb{R}^n}} = 0. \qquad \square$$

2.2 Beispiel. Wir betrachten die Funktionen $f : \mathbb{R}^2 \to \mathbb{R}^3$ und $g : \mathbb{R}^3 \to \mathbb{R}^2$, gegeben durch

$$f(x, y) := (x, y, xy),$$
$$g(u, v, w) := \big(\cos u, \sin(uvw) \big).$$

Die Funktion $h := g \circ f : \mathbb{R}^2 \to \mathbb{R}^2$, gegeben durch $h(x, y) = \big(\cos x, \sin(x^2 y^2) \big)$, ist differenzierbar, und für die Jacobi-Matrix $J_h(x, y)$ gilt

$$J_h(x, y) = \begin{pmatrix} -\sin x & 0 \\ 2xy^2 \cos(x^2 y^2) & 2x^2 y \cos(x^2 y^2) \end{pmatrix}. \tag{2.1}$$

Die Jacobi-Matrizen von f bzw. g sind durch

$$J_g(u, v, w) = \begin{pmatrix} -\sin u & 0 & 0 \\ vw \cos(uvw) & uw \cos(uvw) & uv \cos(uvw) \end{pmatrix},$$

$$J_f(x, y) = \begin{pmatrix} 1 & 0 \\ 0 & 1 \\ y & x \end{pmatrix},$$

gegeben, und wir verifizieren, dass das Produkt dieser Matrizen an der Stelle $(u, v, w) = f(x, y)$ mit (2.1) übereinstimmt.

2.3 Beispiel. Es seien $\Omega \subset \mathbb{R}^n$ offen, $f \in C^1(\Omega; \mathbb{R})$, $I \subset \mathbb{R}$ ein offenes Intervall und $\gamma \in C^1(I; \mathbb{R}^n)$ mit $\gamma(I) \subset \Omega$. Die Kettenregel impliziert dann

$$D(f \circ \gamma)(t) = Df\big(\gamma(t)\big)\gamma'(t) = \big(\nabla f(\gamma(t))|\gamma'(t)\big), \quad t \in I.$$

Stetige Abbildungen $\gamma : I \to \mathbb{R}^n$ werden auch *Kurven* genannt. Diese werden wir in Kapitel IX genauer untersuchen. Fassen wir $t \in I$ als Zeit und $\gamma(t) \in \mathbb{R}^n$ als den Ort eines Punktes zur Zeit t auf, so beschreibt γ die zeitliche Bewegung dieses Punktes in $\mathbb{R}^n$. Der Vektor $\gamma'(t_0)$ heißt der *Tangentialvektor* der Kurve γ in t_0.

Verläuft $\gamma(I)$ in einer Niveaumenge von f, d.h., gilt $f\big(\gamma(t)\big) = c$ für ein $c \in \mathbb{R}$ für alle $t \in I$, so folgt

$$\big(\nabla f(\gamma(t))|\gamma'(t)\big) = 0, \quad t \in I.$$

Dies bedeutet, dass der Gradient $\nabla f(x)$ in $x = \gamma(t)$ senkrecht auf $\gamma'(t)$, dem Tangential-vektor von γ durch $(t, \gamma(t))$, steht. Es gilt also

$$\nabla f\big(\gamma(t)\big) \perp \gamma'(t), \quad t \in I.$$

Der Gradient von f steht also senkrecht zu den Niveaumengen von f.

Gilt $\Omega \subset \mathbb{R}^2$, so lässt sich der Graph von f als „Landschaft" über Ω mit $f(x)$ als „Höhe" über x interpretieren. Die Niveaumengen von f entsprechen dann den „Höhenli-nien" des Graphen. Die obige Aussage besagt in diesem Bild also, dass der Gradient von f in x senkrecht auf der „Höhenlinie" durch x steht.

Summen- und Produktregel
Die Kettenregel erlaubt es uns nun, auf relativ einfachem Wege Ableitungsregeln für Summen und Produkte differenzierbarer Funktionen herzuleiten.

2.4 Korollar. *Es seien $\Omega \subset \mathbb{R}^n$ offen und $f, g : \Omega \to \mathbb{R}^m$ in $x_0 \in \Omega$ differenzierbare Funktionen. Dann ist $\alpha f + \beta g$ für beliebige $\alpha, \beta \in \mathbb{R}$ in x_0 differenzierbar, und es gilt*

$$D(\alpha f + \beta g)(x_0) = \alpha Df(x_0) + \beta Dg(x_0).$$

Beweis. Setzen wir

$$F := (f, g) : \Omega \to \mathbb{R}^m \times \mathbb{R}^m \quad \text{und} \quad G : \mathbb{R}^m \times \mathbb{R}^m \to \mathbb{R}^m, \ G(u, v) := \alpha u + \beta v,$$

so ist zunächst G linear und somit differenzierbar mit Ableitung $DG(u, v) = G$ für alle $u, v \in \mathbb{R}^m$. Ferner ist F ebenfalls in x_0 differenzierbar mit Ableitung $DF(x_0) = \big(Df(x_0), Dg(x_0)\big)$. Die Kettenregel impliziert daher, dass $G \circ F$, gegeben durch $(G \circ F)(x) = \alpha f(x) + \beta g(x)$, in x_0 differenzierbar ist mit der Ableitung

$$D(G \circ F)(x_0) = DG\big(F(x_0)\big)DF(x_0) = G\big(Df(x_0), Dg(x_0)\big) = \alpha Df(x_0) + \beta Dg(x_0).$$

$$\square$$

2.5 Korollar. (Produktregel). *Es seien $\Omega \subset \mathbb{R}^n$ offen und $f, g : \Omega \to \mathbb{R}$ in $x_0 \in \Omega$ differenzierbare Funktionen. Dann ist $f \cdot g$ in x_0 differenzierbar, und es gilt*

$$D(f \cdot g)(x_0) = f(x_0)Dg(x_0) + g(x_0)Df(x_0).$$

Beweis. Setzen wir $F := (f, g) : \Omega \to \mathbb{R} \times \mathbb{R}$ und $G : \mathbb{R} \times \mathbb{R} \to \mathbb{R}$, $G(\alpha, \beta) := \alpha \cdot \beta$, so ist $(f \cdot g)(x) = (G \circ F)(x)$ für alle $x \in \Omega$, und die Behauptung folgt aus der Kettenregel.   □

2.6 Beispiel. Eine Funktion $f : \mathbb{R}^n \setminus \{0\} \to \mathbb{R}$ heißt *positiv homogen vom Grad $\alpha \in \mathbb{R}$*, wenn

$$f(tx) = t^\alpha f(x) \quad \text{für alle } x \in \mathbb{R}^n \setminus \{0\} \text{ und alle } t > 0$$

gilt. Ist f zusätzlich differenzierbar, so impliziert Beispiel 2.3, dass

$$\big(\nabla f(x)|x\big) = \alpha f(x) \quad \text{für alle } x \in \mathbb{R}^n \setminus \{0\}$$

gilt. Diese Beziehung wird *Eulersche Relation* genannt. Für den Beweis verweisen wir auf die Übungsaufgaben.

Mittelwertsätze für reellwertige Funktionen

Eine weitere Folgerung aus der Kettenregel ist der folgende Mittelwertsatz. Wie im Fall einer Variablen können wir für reellwertige Funktionen wiederum die Differenz von Funktionswerten durch den Wert der Ableitung an einer gewissen Zwischenstelle ausdrücken, wenn die zugrunde liegende Menge Ω gewisse geometrische Eigenschaften erfüllt.

2.7 Satz. (Mittelwertsatz). *Es seien $\Omega \subset \mathbb{R}^n$ offen und $f : \Omega \to \mathbb{R}$ eine differenzierbare Funktion. Ferner seien $a, b \in \Omega$ so, dass $[\![a, b]\!] = \{a + t(b - a), t \in [0, 1]\} \subset \Omega$ gilt. Dann existiert ein $\xi \in [\![a, b]\!]$ mit*

$$f(b) - f(a) = Df(\xi)(b - a).$$

Beweis. Definieren wir die Funktion $g : [0, 1] \to \Omega$ durch $g(t) := a + t(b - a)$, so ist g differenzierbar mit $g'(t) = b - a$ für alle $t \in (0, 1)$. Nach der Kettenregel ist $F = f \circ g : [0, 1] \to \mathbb{R}$ ebenfalls differenzierbar, und es gilt $F'(t) = f'\big(g(t)\big)(b - a)$ für alle $t \in (0, 1)$. Nach dem klassischen Mittelwertsatz (Theorem IV.2.5) existiert ein $\tau \in (0, 1)$ mit

$$f(b) - f(a) = F(1) - F(0) = F'(\tau) = f'(\xi)(b - a)$$

für $\xi := g(\tau) \in [\![a, b]\!]$.   □

2.8 Korollar. *Es sei $G \subset \mathbb{R}^n$ ein Gebiet. Dann ist eine differenzierbare Funktion $f : G \to \mathbb{R}$ genau dann konstant auf G, wenn* $\operatorname{grad} f(x) = 0$ *für alle $x \in G$ gilt.*

Für den Beweis verweisen wir auf die Übungsaufgaben.

In diesem Zusammenhang tritt in natürlicher Weise wiederum der Begriff der konvexen Menge auf. Wir erinnern hier nochmals an die bereits in Abschnitt VI.4 eingeführte Definition: Eine Menge $\Omega \subset \mathbb{R}^n$ heißt konvex, wenn $[\![a, b]\!] = \{a + t(b - a), t \in [0, 1]\} \subset \Omega$ für alle $a, b \in \Omega$ gilt. Für konvexe Definitionsbereiche gilt die in Satz 2.9 formulierte Variante des Mittelwertsatzes.

2.9 Satz. (Schrankensatz). *Es sei $\Omega \subset \mathbb{R}^n$ eine offene und konvexe Menge. Ist $f : \Omega \to \mathbb{R}$ differenzierbar und existiert ein $L \geq 0$ mit $|\nabla f(x)| \leq L$ für alle $x \in \Omega$, so gilt*

$$|f(x) - f(y)| \leq L|x - y|, \quad x, y \in \Omega,$$

d. h., f ist auf Ω Lipschitz-stetig mit Lipschitz-Konstante L.

Beweis. Nach dem Mittelwertsatz und der Cauchy-Schwarzschen Ungleichung gilt

$$|f(x) - f(y)| = |(\nabla f(\xi)|(x - y))| \leq |\nabla f(\xi)| \, |x - y| \leq L|x - y|, \quad x, y \in \Omega$$

für ein geeignetes $\xi \in [\![x, y]\!]$. □

Mittelwertsätze für $\mathbb{R}^m$-wertige Abbildungen
Betrachten wir die Abbildung $f : [0, 2\pi] \to \mathbb{R}^2$, $t \mapsto (\cos t, \sin t)$, so gilt $f(2\pi) - f(0) = 0$ sowie $f'(t) = (-\sin t, \cos t) \neq 0$ für alle $t \in [0, 2\pi]$. Dies zeigt, dass ein Mittelwertsatz der obigen Form für $\mathbb{R}^m$-wertige Abbildungen mit $m \geq 2$ *nicht* gelten kann.

Wir formulieren nun eine Version des Schrankensatzes (Satz 2.9), welche auch für $\mathbb{R}^m$-wertige Funktionen Bestand hat. Unser Ansatz beruht auf dem in Lemma 2.10 beschriebenen Lemma von Hadamard. Zunächst wählen wir in $\mathbb{R}^n$ und $\mathbb{R}^m$ die Standardbasen und stellen eine Abbildung $A \in \mathcal{L}(\mathbb{R}^n, \mathbb{R}^m)$ als $(m \times n)$-Matrix $[a_{ij}]_{m \times n} \in \mathbb{R}^{m \times n}$ dar. Ist $t \mapsto A(t) \in \mathcal{L}(\mathbb{R}^n, \mathbb{R}^m)$ für jedes $t \in [0, 1]$ eine stetige Funktion, so definieren wir das Integral

$$\int_0^1 A(t) \, dt$$

komponentenweise, d. h., als $\int_0^1 a_{ij}(t) \, dt$ über die stetigen Funktionen $a_{ij} : [0, 1] \to \mathbb{R}$ für alle $1 \leq i \leq m, 1 \leq j \leq n$.

2.10 Satz. (Lemma von Hadamard). *Es seien $\Omega \subset \mathbb{R}^n$ offen und $f \in C^1(\Omega; \mathbb{R}^m)$. Ist $[\![x, y]\!] \subset \Omega$ für $x, y \in \Omega$, so gilt*

$$f(y) - f(x) = \int_0^1 Df\big(x + t(y - x)\big)(y - x)\, dt.$$

Beweis. Für $t \in [0, 1]$ definieren wir $\varphi(t) := f\big(x + t(y - x)\big)$. Die Funktion φ ist dann stetig differenzierbar, und schreiben wir $f = (f_1, \ldots, f_m)$ sowie $\varphi = (\varphi_1, \ldots, \varphi_m)$, so impliziert der Hauptsatz der Differential- und Integralrechnung

$$f_j(y) - f_j(x) = \varphi_j(1) - \varphi_j(0) = \int_0^1 \varphi_j'(t)\, dt = \int_0^1 \big(\nabla f_j(x + t(y - x)) \big| (y - x)\big)\, dt$$

für alle $j = 1, \ldots, m$ und somit die Behauptung. $\square$

Der sogenannte Schrankensatz folgt nun leicht aus dem Lemma von Hadamard.

2.11 Satz. (Schrankensatz). *Sind $\Omega \subset \mathbb{R}^n$ offen, $f \in C^1(\Omega; \mathbb{R}^m)$ und $[\![x, y]\!] \subset \Omega$ für $x, y \in \Omega$, so gilt*

$$|f(y) - f(x)| \leq \max_{z \in [\![x, y]\!]} \|Df(z)\|\, |x - y|.$$

Beweis. Wegen $|f(y) - f(x)| \leq \big\| \int_0^1 Df\big(x + t(y - x)\big)\, dt \big\|\, |y - x|$ und

$$\Big\| \int_0^1 Df\big(x + t(y - x)\big)\, dt \Big\| \leq \int_0^1 \big\| Df\big(x + t(y - x)\big)\big\|\, dt \leq \max_{z \in [\![x, y]\!]} \|Df(z)\|$$

folgt die Behauptung aus dem Lemma von Hadamard. $\square$

Eine Abbildung $f : \Omega \to \mathbb{R}^m$, $\Omega \subset \mathbb{R}^n$ offen, heißt *lokal Lipschitz-stetig*, wenn für jedes $a \in \Omega$ eine Umgebung U von a derart existiert, dass $f_{|U}$ Lipschitz-stetig ist. Der obige Schrankensatz impliziert dann das folgende Korollar. Die Details des Beweises verifizieren wir in den Übungsaufgaben.

2.12 Korollar. *Ist $f \in C^1(\Omega; \mathbb{R}^m)$, so ist f lokal Lipschitz-stetig.*

Aufgaben

1. Für $D := \{(x, y) \in \mathbb{R}^2 : x > 0 \text{ und } y > 0\}$ und $E := \{(u, v, w) \in \mathbb{R}^3 : w > 0\}$ seien die Funktionen $f : D \to \mathbb{R}^3$ und $g : E \to \mathbb{R}$ definiert durch

    $$f(x, y) := \big(\log(xy),\, \cos(x^2 + y),\, e^x\big) \quad \text{und} \quad g(u, v, w) := e^u + vw + \log(w).$$

    Man zeige, dass $h := g \circ f$ differenzierbar ist, und berechne die Ableitung nach der Kettenregel sowie direkt durch Ableiten von $h = h(x, y)$.

2. Es sei $n \in \mathbb{N}$ und $y \in \mathbb{R}^n$. Man bestimme die Ableitung folgender Funktionen:

   a) $g : \mathbb{R}^n \setminus \{0\} \to \mathbb{R}, \quad g(x) := |x|^{-1}$,

   b) $h : \mathbb{R}^n \to \mathbb{R}, \quad h(x) := (x|y)$.

3. Man bestimme für die Funktion $h : \mathbb{R} \to \mathbb{R}$, definiert durch

$$h(x) := \int_1^{x^2+1} \frac{1}{t} e^{-(xt)^2} dt,$$

   die Ableitung h'. Hinweis: Man betrachte die Funktion $F : \mathbb{R}^2 \to \mathbb{R}, F(u, v) := \int_0^u \frac{1}{t} e^{-(vt)^2} dt$.

4. Man zeige: Ist $f : \mathbb{R}^n \setminus \{0\} \to \mathbb{R}$ differenzierbar und homogen vom Grad $\alpha \in \mathbb{R}$, so gilt die *Eulersche Relation*

$$\big(\operatorname{grad} f(x) \big| x\big) = \alpha f(x)$$

   für alle $x \in \mathbb{R}^n \setminus \{0\}$.

5. Man zeige: Ist $f \in C^2(\mathbb{R}^n; \mathbb{R})$ homogen vom Grad 2, so existiert eine Abbildung $T \in \mathcal{L}(\mathbb{R}^n)$ mit $f(x) = (x|Tx)$ für alle $x \in \mathbb{R}^n$.

6. Eine Funktion $f : \mathbb{R}^n \to \mathbb{R}$ heißt *radialsymmetrisch*, wenn $f(Ox^T) = f(x)$ für jede orthogonale Matrix $O \in \mathbb{R}^{n \times n}$ und jedes $x \in \mathbb{R}^n$ gilt. Man zeige: Ist $f : \mathbb{R}^n \to \mathbb{R}$ radialsymmetrisch und differenzierbar, so ist auch $\nabla f(x) : \mathbb{R}^n \to \mathbb{R}$ radialsymmetrisch.

7. Man beweise Korollar 2.8.

8. Im Gebiet $G := \{(x, y) \in \mathbb{R} \times \mathbb{R} : x > 0, y > 0\}$ betrachte man die Funktion $f : G \to \mathbb{R}$, gegeben durch

$$f(x, y) := \arctan \frac{y}{x} + \arctan \frac{x}{y},$$

   und zeige, dass $f(x, y) = \pi/2$ für alle $(x, y) \in G$ gilt.

9. Man beweise Korollar 2.12.

3   Höhere Ableitungen

Betrachten wir eine Funktion $f : \Omega \subset \mathbb{R}^n \to \mathbb{R}$ mit partiellen Ableitungen $\frac{\partial f}{\partial x_1}, \ldots, \frac{\partial f}{\partial x_n}$, so ist es natürlich zu fragen, ob diese wiederum partiell differenzierbar sind. In diesem Fall heißen die Funktionen $\frac{\partial}{\partial x_i}(\frac{\partial f}{\partial x_j})$ *partielle Ableitungen zweiter Ordnung* von f und werden oft auch als

$$\partial_{ij} f := \partial_i(\partial_j f) := \frac{\partial^2 f}{\partial x_i \partial x_j}$$

geschrieben. Wir verwenden auch die Notation $f_{x_i x_j} = \partial_{ij} f$ sowie $\partial_i^2 f := \partial_i(\partial_i f)$ für $i, j = 1, \ldots, n$.

Im folgenden Beispiel berechnen wir die zweiten partiellen Ableitungen der Funktion $f : \mathbb{R}^2 \to \mathbb{R}$, definiert durch $f(x, y) := x^2 \sin y$. Es gilt dann

$$
\begin{aligned}
f_x(x, y) &= 2x \sin y, & f_y(x, y) &= x^2 \cos y, \\
f_{xx}(x, y) &= 2 \sin y, & f_{xy}(x, y) &= 2x \cos y, \\
f_{yx}(x, y) &= 2x \cos y, & f_{yy}(x, y) &= -x^2 \sin y,
\end{aligned}
$$

und insbesondere gilt in diesem Beispiel $f_{xy} = f_{yx}$. Im Allgemeinen gilt diese Gleichheit jedoch nicht, wie Beispiel 3.1 aufzeigt.

3.1 Beispiel. Es sei $f : \mathbb{R}^2 \to \mathbb{R}$ definiert durch

$$
f(x, y) := \begin{cases} \frac{x^3 y - x y^3}{x^2 + y^2}, & (x, y) \neq (0, 0), \\ 0, & (x, y) = (0, 0). \end{cases}
$$

Dann ist $f \in C^1(\mathbb{R}^2)$, die partiellen Ableitungen f_{xy} und f_{yx} existieren und sind stetig auf $\mathbb{R}^2 \setminus \{(0, 0)\}$, aber es gilt

$$f_{xy}(0, 0) = 1 \quad \text{und} \quad f_{yx}(0, 0) = -1.$$

Letztere Aussage verifizieren wir in den Übungsaufgaben. Wir können ferner sogar Funktionen f angeben, für welche in der obigen Situation nur eine der beiden partiellen Ableitungen $\partial_{xy} f$ oder $\partial_{yx} f$ existiert.

Satz von Schwarz

Der folgende Satz von Hermann A. Schwarz (1843–1921) besagt, dass eine wie in Beispiel 3.1 beschriebene Situation nicht eintreten kann, wenn zumindest eine der beiden partiellen Ableitungen $\partial_{ij} f$ oder $\partial_{ji} f$ stetig ist.

3.2 Satz. (Satz von Schwarz). *Es sei $\Omega \subset \mathbb{R}^n$ offen und $f : \Omega \to \mathbb{R}$ besitze für eine Wahl von $i, j \in \{1, \ldots, n\}$ in einer Umgebung von $x_0 \in \Omega$ die partielle Ableitungen $\partial_i f$, $\partial_j f$, $\partial_{ij} f$. Ist $\partial_{ij} f$ in x_0 stetig, so existiert $\partial_{ji} f(x_0)$, und es gilt*

$$\partial_{ij} f(x_0) = \partial_{ji} f(x_0).$$

Beweis. Wir wählen $\delta_i, \delta_j > 0$ so klein, dass $x_0 + se_i + te_j \in \Omega$ für alle $(s,t) \in (-\delta_i, \delta_i) \times (-\delta_j, \delta_j) =: Q \subset \mathbb{R}^2$ gilt. Dann ist die Funktion

$$\varphi : Q \to \mathbb{R}, \ \varphi(s,t) := f(x_0 + se_i + te_j)$$

wohldefiniert und partiell differenzierbar. Setzen wir $\partial_1 \varphi(s,t) := \left(\frac{d}{ds}\varphi(\cdot, t)\right)(s)$ und $\partial_2 \varphi(s,t) := \left(\frac{d}{dt}\varphi(s, \cdot)\right)(t)$, so existiert die partielle Ableitung $\partial_1 \partial_2 \varphi$ in $(0,0)$ und ist dort auch stetig.

Wir zeigen nun, dass $\partial_2 \partial_1 \varphi(0,0)$ existiert und mit $\partial_1 \partial_2 \varphi(0,0)$ übereinstimmt. Nach Definition der partiellen Ableitung gilt

$$\partial_2 \partial_1 \varphi(0,0) = \left[\frac{d}{dt}\left(\lim_{s \to 0} \frac{\varphi(s,t) - \varphi(0,t)}{s}\right)\right](0)$$

$$= \lim_{t \to 0}\lim_{s \to 0} \frac{1}{s} \frac{[\varphi(s,t) - \varphi(0,t)] - [\varphi(s,0) - \varphi(0,0)]}{t}.$$

Wenden wir den Mittelwertsatz auf den Differenzenquotienten bzgl. der zweiten Variablen an, so erhalten wir

$$\frac{1}{s} \frac{[\varphi(s,t) - \varphi(0,t)] - [\varphi(s,0) - \varphi(0,0)]}{t} = \frac{1}{s}[\partial_2 \varphi(s, \xi_t) - \partial_2 \varphi(0, \xi_t)]$$

für ein ξ_t mit $|\xi_t| \leq |t|$. Der obige Term ist jedoch ein Differenzenquotient von $\partial_2 \varphi$ bezüglich der ersten Variable s. Nach Voraussetzung ist $\partial_2 \varphi$ bzgl. der ersten Variablen differenzierbar, und nach dem Mittelwertsatz existiert ein η_s mit $|\eta_s| \leq |s|$ mit

$$\frac{1}{s}[\partial_2 \varphi(s, \xi_t) - \partial_2 \varphi(0, \xi_t)] = \partial_1 \partial_2 \varphi(\eta_s, \xi_t).$$

Ferner ist $\partial_1 \partial_2 \varphi$ nach Voraussetzung in $(0,0)$ stetig, und wegen $|\eta_s| \leq |s|$ und $|\xi_t| \leq |t|$ gilt

$$\partial_2 \partial_1 \varphi(0,0) = \lim_{t \to 0}\lim_{s \to 0} \partial_1 \partial_2 \varphi(\eta_s, \xi_t) = \partial_1 \partial_2 \varphi(0,0).$$

Wegen $\partial_{ij} f(x_0) = \partial_1 \partial_2 \varphi(0,0) = \partial_2 \partial_1 \varphi(0,0) = \partial_{ji} f(x_0)$ folgt die Behauptung. $\square$

Für einen alternativen Beweis des Satzes von Schwarz mittels der Methode der Differentiation parameterabhängiger Integrale verweisen wir auf Abschnitt 6.

Allgemeiner heißt für $k \in \mathbb{N}$ eine Funktion $f : \Omega \to \mathbb{R}$ $(k + 1)$-*mal (stetig) partiell differenzierbar*, wenn f k-mal partiell differenzierbar ist und alle Ableitungen k-ter Ordnung (stetig) partiell differenzierbar sind. Ist f k-mal stetig partiell differenzierbar, so schreiben wir für $i_1, \ldots, i_k \in \{1, \ldots, n\}$

$$f_{x_{i_k} \ldots x_{i_1}} := \frac{\partial^k f}{\partial x_{i_k} \ldots \partial x_{i_1}} := \frac{\partial}{\partial x_{i_k}} \ldots \frac{\partial}{\partial x_{i_1}} f \ \text{und} \ \frac{\partial^k f}{\partial x_i^k} := \partial_i \ldots \partial_i f.$$

3.3 Korollar. *Sind $\Omega \subset \mathbb{R}^n$ eine offene Menge, $k \in \mathbb{N}$ und $f : \Omega \to \mathbb{R}$ eine k-mal stetig partiell differenzierbare Funktion, so gilt*

$$\frac{\partial}{\partial x_{i_k}} \cdots \frac{\partial f}{\partial x_{i_1}} = \frac{\partial}{\partial x_{\pi(k)}} \cdots \frac{\partial f}{\partial x_{\pi(1)}}$$

für $i_1, \ldots, i_k \in \{1, \ldots, n\}$ und für jede Permutation $\pi : \{1, \ldots, k\} \to \{1, \ldots, k\}$.

Den Beweis mittels Induktion nach k überlassen wir dem Leser als Übungsaufgabe.

Die folgende Definition des Vektorraumes aller k-mal stetig partiell differenzierbarer Funktionen ist daher natürlich. Der Vektorraum $C(\Omega; \mathbb{R}^m)$ aller stetigen Funktionen $f : \Omega \to \mathbb{R}^m$ wurde bereits in Bemerkung 2.13 eingeführt; aus Konsistenzgründen führen wir an dieser Stelle die Notation $C^0(\Omega; \mathbb{R}^m) := C(\Omega; \mathbb{R}^m)$ ein.

3.4 Definition. Sind $\Omega \subset \mathbb{R}^n$ offen und $k \in \mathbb{N}$, so heißt $f : \Omega \to \mathbb{R}^m$ *von der Klasse* C^k, wenn $\frac{\partial f}{\partial x_i} \in C^{k-1}(\Omega; \mathbb{R}^m)$ für alle $1 \leq i \leq n$ gilt. Der Vektorraum aller solchen Funktionen wird mit $C^k(\Omega; \mathbb{R}^m)$ bezeichnet.

Im Fall skalarwertiger Funktionen schreiben wir kürzer auch $C^k(\Omega) := C^k(\Omega; \mathbb{R})$.

Differentiale höherer Ordnung und Hesse-Matrix
Sind $\Omega \subset \mathbb{R}^n$ offen und $f : \mathbb{R}^n \to \mathbb{R}^m$ differenzierbar, so gilt

$$Df : \Omega \to \mathcal{L}(\mathbb{R}^n, \mathbb{R}^m), \quad x \mapsto Df(x).$$

Da $\mathcal{L}(\mathbb{R}^n, \mathbb{R}^m)$ isomorph zu $\mathbb{R}^{nm}$ ist, können wir die zweite Ableitung von f, wenn sie existiert, als

$$D^2 f := D(Df) : \Omega \to \mathcal{L}(\mathbb{R}^n, \mathcal{L}(\mathbb{R}^n, \mathbb{R}^m)) \cong \mathcal{L}(\mathbb{R}^n \times \mathbb{R}^n, \mathbb{R}^m)$$

definieren. Allgemeiner können wir die k-te Ableitung von f mit einer Abbildung

$$D^k f : \Omega \to \mathcal{L}(\underbrace{\mathbb{R}^n \times \ldots \times \mathbb{R}^n}_{k-\text{mal}}, \mathbb{R}^m)$$

identifizieren.

Sind $k = 2$, $f \in C^2(\Omega)$ und $x_0 \in \Omega$, so definieren wir für $(u, v) \in \mathbb{R}^n \times \mathbb{R}^n$ die Bilinearform $D^2 f(x_0)$ durch

$$D^2 f(x_0)(u, v) := \begin{cases} D_u(D_v f)(x_0), & u, v \neq 0, \\ 0, & \text{sonst.} \end{cases}$$

Diese Definition ist sinnvoll, da aufgrund von Satz 1.6 die Richtungsableitung $D_v f(x_0)$ von f in Richtung v durch $D_v f(x_0) = Df(x_0)v = \sum_{i=1}^n \partial_i f(x_0) v_i$ gegeben ist. Da nach Voraussetzung alle Summanden $\partial_j f$ in x_0 stetig differenzierbar sind, gilt dies nach Satz 1.11 auch für Df. Insbesondere besitzt $D_v f$ nach Satz 1.6 in x_0 Ableitungen in Richtung u, und es gilt

$$D_u(D_v f)(x_0) = D\big(D_v f(x_0)\big)u = \sum_{i,j=1}^n \partial_{ij} f(x_0) v_i u_j.$$

Die Abbildung $b : (u, v) \mapsto \sum_{i,j=1}^n \partial_{ij} f(x_0) v_i u_j$ ist linear in u und v und nach dem Satz von Schwarz (Satz 3.2) auch symmetrisch. Sie wird als *Differential zweiter Ordnung* von f in x_0 bezeichnet. Die Abbildung b induziert einen linearen Operator $B \in \mathcal{L}(\mathbb{R}^n)$ mit $(Bu|v) = b(u, v)$ für alle $u, v \in \mathbb{R}^n$. Bezüglich der kanonischen Basen ist die Darstellungsmatrix von B durch

$$H_f(x_0) := [\partial_j \partial_k f(x_0)] = \begin{pmatrix} \partial_{11} f(x_0) & \ldots & \partial_{1n} f(x_0) \\ \vdots & & \vdots \\ \partial_{n1} f(x_0) & \ldots & \partial_{nn} f(x_0) \end{pmatrix} \tag{3.1}$$

gegeben. Diese Matrix heißt *Hesse-Matrix*. Nach dem Satz von Schwarz ist sie eine symmetrische Matrix, und es gilt

$$D^2 f(x_0)(u, v) = u \cdot H_f(x_0) \cdot v^T, \quad u, v \in \mathbb{R}^n. \tag{3.2}$$

Im Anschluss an die Taylor-Approximation im folgenden Abschnitt werden wir in Abschnitt 5 auf die geometrische Bedeutung der zweiten Ableitung eingehen.

Für beliebiges $k \in \mathbb{N}$ definieren wir $D^k f(x_0)$ analog zum Fall $k = 2$ als

$$D^k f(x_0)(v^1, \ldots, v^k) := \begin{cases} D_{v^1} \ldots D_{v^k} f(x_0), & v^1, \ldots, v^k \in \mathbb{R}^n \setminus \{0\}, \\ 0, & \text{sonst.} \end{cases}$$

Diese Abbildung ist wiederum linear in den Variablen $v^1, \ldots, v^k$.

Um unsere Notation effizient zu gestalten, führen wir an dieser Stelle den Begriff des *Multiindex* ein. Darunter verstehen wir ein n-Tupel $\alpha = (\alpha_1, \ldots, \alpha_n) \in \mathbb{N}_0^n$. Die Zahl

$$|\alpha| := \alpha_1 + \ldots + \alpha_n$$

heißt *Ordnung* von α. Ferner definieren wir

$$\alpha! := \alpha_1! \alpha_2! \ldots \alpha_n!,$$

und für $x = (x_1, \ldots, x_n) \in \mathbb{R}^n$ setzen wir

$$x^\alpha := x_1^{\alpha_1} x_2^{\alpha_2} \ldots x_n^{\alpha_n},$$

$$\partial^\alpha f := \partial_1^{\alpha_1} \partial_2^{\alpha_2} \ldots \partial_n^{\alpha_n} f := \frac{\partial^{|\alpha|}}{\partial x_1^{\alpha_1} \cdots \partial x_n^{\alpha_n}} f,$$

$$\partial^0 f := f.$$

Wir listen nun alle Multiindizes für den Spezialfall $n = 2$ bis zur Ordnung 3 explizit auf:

$$
\begin{aligned}
|\alpha| = 0: &\quad \alpha = (0,0) &\qquad& \alpha! = 1, \\
|\alpha| = 1: &\quad \alpha = (1,0), \alpha = (0,1) &\qquad& \alpha! = 1,1, \\
|\alpha| = 2: &\quad \alpha = (2,0), \alpha = (1,1), \alpha = (0,2) &\qquad& \alpha! = 2,1,2, \\
|\alpha| = 3: &\quad \alpha = (3,0), \alpha = (2,1), \alpha = (1,2), \alpha = (0,3) &\qquad& \alpha! = 6,2,2,6.
\end{aligned}
$$

Ersetzen wir in einem Polynom p von n Variablen $i\xi_1, \ldots, i\xi_n$ vom Grad $m \in \mathbb{N}$, d. h.,

$$
p(\xi) = \sum_{|\alpha| \leq m} a_\alpha (i\xi)^\alpha, \quad \xi \in \mathbb{R}^n,
$$

mit Koeffizienten $a_\alpha \in \mathbb{C}$ die Variablen $i\xi_k$ durch die Ableitungsoperatoren ∂_k, so entsteht ein *linearer Differentialoperator* $P(D)$ der Form

$$
P(D): C^m(\mathbb{R}^n) \to C(\mathbb{R}^n), \quad P(\partial) := \sum_{|\alpha| \leq m} a_\alpha \partial^\alpha
$$

mit Koeffizienten $a_\alpha \in \mathbb{C}$.

Laplace-Operator

Der Laplace-Operator ist einer der wichtigsten Differentialoperatoren.

3.5 Beispiele. a) Der *Laplace-Operator* ist definiert durch

$$
\Delta := \partial_1^2 + \ldots + \partial_n^2.
$$

Das zugehörige Polynom p ist in diesem Fall gegeben durch

$$
p(\xi) = -(\xi_1^2 + \ldots + \xi_n^2) = -|\xi|^2.
$$

b) Für $h = (h_1, \ldots, h_n) \in \mathbb{R}^n$ betrachten wir das Polynom $p(i\xi) = h_1 i\xi_1 + \ldots + h_n i\xi_n$ und setzen

$$
h \cdot \nabla := p(D) = h_1 \partial_1 + \ldots + h_n \partial_n.
$$

c) Für $a = (a_1, \ldots, a_n) \in \mathbb{R}^n$ und $\ell \in \mathbb{N}$ gilt

$$
(a_1 + \ldots + a_n)^\ell = \ell! \sum_{|\alpha| = \ell} \frac{a^\alpha}{\alpha!}.
$$

Den Induktionsbeweis hierfür führen wir in den Übungsaufgaben.

d) Für $h = (h_1, \ldots, h_n)$ und $\ell \in \mathbb{N}$ gilt

$$
(h \cdot \nabla)^\ell = (h_1 \partial_1 + \ldots + h_n \partial_n)^\ell = \ell! \sum_{|\alpha| = \ell} \frac{h^\alpha \partial^\alpha}{\alpha!}.
$$

Den Laplace-Operator können wir auch als die Spur der Hesse-Matrix $H_f(x)$ einer Funktion $f \in C^2(\Omega)$ identifizieren, d. h., es gilt

$$\text{spur } H_f(x) = \sum_{i=1}^{n} \partial_i^2 f(x) = \Delta f(x). \tag{3.3}$$

Aufgrund dieser Beziehung können wir die Drehinvarianz der Spur einer Matrix auf die Drehinvarianz des Laplace-Operators übertragen. Setzen wir $D_v^2 f := D_v(D_v f)$ für $v \in \mathbb{R}^n \setminus \{0\}$ und $f \in C^2(\Omega)$, so gilt der folgende Satz.

3.6 Satz. (Drehinvarianz des Laplace-Operators). *Für jede Orthonormalbasis $v_1, \ldots, v_n$ des $\mathbb{R}^n$ gilt*

$$\Delta = D_{v_1}^2 + \ldots + D_{v_n}^2.$$

Beweis. Nach Gleichung (3.2) gilt für alle $x_0 \in \Omega$

$$D_{v_i} D_{v_i} f(x_0) = v_i H_f(x_0) v_i^T = e_i \tilde{H}_f(x_0) e_i^T, \quad i = 1, \ldots, n,$$

mit $\tilde{H}_f(x_0) = V^T H_f(x_0) V$, wobei $V = (v_1^T, \ldots, v_n^T)$ und $e_1, \ldots, e_n$ die kanonischen Basisvektoren des $\mathbb{R}^n$ bezeichnen. Da V nach Voraussetzung orthogonal ist, besitzen $H_f(x_0)$ und $\tilde{H}_f(x_0)$ dieselbe Spur, d. h., es gilt

$$\sum_{i=1}^{n} D_{v_i}^2 f(x_0) = \text{spur } \tilde{H}_f(x_0) = \text{spur } H_f(x_0) = \sum_{i=1}^{n} \partial_i^2 f(x_0),$$

und die Behauptung folgt aus Gleichung (3.3). $\qquad\qquad\square$

Der Laplace-Operator tritt in vielen Gebieten der Analysis, der Geometrie, der Stochastik und der Physik auf. Beispielhaft erwähnen wir an dieser Stelle die folgenden Gleichungen:

- Die *Potentialgleichung*

$$\Delta u = 0$$

beschreibt Diffusionsprozesse und tritt auch in der Wahrscheinlichkeitstheorie auf. Ihre Lösungen heißen *harmonische* Funktionen. In der Dimension 2 bilden diese den Ausgangspunkt der Funktionentheorie.

- Die *Wellengleichung*

$$u_{tt} = c\Delta u, \quad t \in \mathbb{R}$$

für ein $c > 0$ beschreibt die Auslenkung eines elastischen Körpers.

- Die *Wärmeleitungsgleichung*

$$u_t = c\Delta u, \quad t > 0$$

für ein $c > 0$ beschreibt die Wärmeleitung in homogenen Medien.

- Die *Schrödingergleichung*

$$u_t = i\,\Delta u, \quad t > 0$$

ist die zentrale Gleichung der Quantenmechanik. In den letzten drei Beispielen ist u : $\mathbb{R} \times \mathbb{R}^n \to \mathbb{R}$ bzw. $u : \mathbb{R}_+ \times \mathbb{R}^n \to \mathbb{R}$ die gesuchte Funktion und der Laplace Operator wirkt nur auf die zweite Variable. Ferner ist u_t bzw. u_{tt} eine abkürzende Schreibweise für $\frac{\partial u}{\partial t}$ bzw. $\frac{\partial^2 u}{\partial t^2}$.

An dieser Stelle berechnen wir noch Δf für *rotationssymmetrische* Funktionen. Hierzu sei $F \in C^2(J)$, wobei $J \subset (0, \infty)$ ein Intervall ist. Setzen wir $f : \mathbb{R}^n \setminus \{0\} \to \mathbb{R}$, $f(x) := F(|x|)$ und $r := |x|$, so gilt für $i = 1, \ldots, n$

$$\partial_i f(x) = F'(r)\frac{x_i}{r}$$

und

$$\partial_i^2 f(x) = F''(r)\,\frac{x_i^2}{r^2} + F'(r)\Big(\frac{1}{r} - \frac{x_i^2}{r^3}\Big).$$

Somit ergibt sich

$$\Delta f(x) = F''(r) + \frac{n-1}{r}\,F'(r),$$

und es gilt $\Delta f = 0$ genau dann, wenn die Gleichung $F''(r) + \frac{n-1}{r}F'(r) = 0$ erfüllt ist. Wir überprüfen, dass für $n > 2$ die Funktion F, gegeben durch $F(r) = r^{2-n}$, eine Lösung dieser Gleichung ist. Somit ist die durch

$$N(x) := \frac{1}{|x|^{n-2}}$$

auf $\mathbb{R}^n \setminus \{0\}$ definierte Funktion eine Lösung der Potentialgleichung $\Delta f = 0$. Die Funktion N stimmt bis auf einen Skalierungsfaktor mit dem *Newton-Potential* auf $\mathbb{R}^n \setminus \{0\}$ überein.

Die Räume $C^\infty(\Omega; \mathbb{R}^m)$ und $C^k(\overline{\Omega})$

Zum Abschluss dieses Abschnitts definieren wir noch für offene Mengen $\Omega \subset \mathbb{R}^n$ den Raum

$$C^\infty(\Omega; \mathbb{R}^m) := \bigcap_{k \geq 1} C^k(\Omega; \mathbb{R}^m)$$

aller beliebig oft stetig partiell differenzierbaren Funktionen $f : \Omega \to \mathbb{R}^m$ sowie für offene und beschränkte Mengen $\Omega \subset \mathbb{R}^n$ und $k \in \mathbb{N}$ den Raum

$$C^k(\overline{\Omega}; \mathbb{R}^m) := \{f \in C^k(\Omega; \mathbb{R}^m) : f \text{ und alle partiellen Ableitungen bis zur Ordnung } k$$
$$\text{sind auf } \overline{\Omega} \text{ stetig fortsetzbar}\}.$$

Für skalarwertige Funktionen setzen wir wiederum

$$C^\infty(\Omega) := C^\infty(\Omega; \mathbb{R}) \quad \text{und} \quad C^k(\overline{\Omega}) := C^k(\overline{\Omega}; \mathbb{R}).$$

Wir überlassen es dem Leser zu zeigen, dass der Raum $C^k(\overline{\Omega})$, versehen mit der Norm

$$\|f\|_{C^k(\overline{\Omega})} := \sum_{|\alpha| \le k} \|\partial^\alpha f\|_{C(\overline{\Omega})},$$

ein Banach-Raum ist.

Aufgaben

1. Man beweise die Aussagen von Beispiel 3.1.

2. Man beweise mittels Induktion die Aussage von Korollar 3.3.

3. Man bestimme die Hesse-Matrix der Funktion $f : \mathbb{R}^3 \to \mathbb{R}$, gegeben durch

$$f(x, y, z) = xe^{-y} + ze^{-x}.$$

4. Die Funktion $N : \mathbb{R}^n \backslash \{0\} \to \mathbb{R}$ sei definiert durch

$$N(x) := \begin{cases} \log|x|, & n = 2, \\ |x|^{2-n}, & n \ge 3 \text{ oder } n = 1. \end{cases}$$

Man bestimme $\frac{\partial^2}{\partial x_k^2} N(x)$ für $1 \le k \le n$ und $x \ne 0$ und folgere, dass $\Delta N(x) = 0$ für alle $x \in \mathbb{R}^n \backslash \{0\}$ gilt.

5. Man beweise mittels Induktion die Aussage von Beispiel 3.5d), d. h., dass für $a = (a_1, \ldots, a_n) \in \mathbb{R}^n$ und $\ell \in \mathbb{N}$ gilt:

$$(a_1 + \ldots + a_n)^\ell = \ell! \sum_{|\alpha| = \ell} \frac{a^\alpha}{\alpha!}.$$

6. (Leibniz-Regel). Es seien $\Omega \subset \mathbb{R}^n$ offen, $k \in \mathbb{N}$ und $f, g \in C^k(\Omega)$. Man beweise, dass für jeden Multiindex $\alpha \in \mathbb{N}_0^n$ mit $|\alpha| \le k$

$$D^\alpha(fg) = \sum_{\beta \le \alpha} \binom{\alpha}{\beta} D^\beta f D^{\alpha-\beta} g$$

gilt. Hierbei ist $\beta \le \alpha$ genau dann, wenn $\beta_i \le \alpha_i$ für alle $i = 1, \ldots, n$ und $\binom{\alpha}{\beta} = \prod_{i=1}^n \binom{\alpha_i}{\beta_i}$, wobei $\binom{\alpha_i}{\beta_i}$ die üblichen Binomialkoeffizienten bezeichnen.

7. Man beweise: Sind $f, g \in C^2(\Omega)$, wobei $\Omega \subset \mathbb{R}^n$ eine offene Menge bezeichnet, so gilt

$$\Delta(fg) = f\Delta g + 2(\nabla f | \nabla g) + g\Delta f.$$

8. Man beweise: Ist $f \in C^2(\mathbb{R})$ und $v \in \mathbb{R}^n$, so ist die Funktion $u : \mathbb{R} \times \mathbb{R}^n \to \mathbb{R}$, gegeben durch

$$u(t, x) := f\big((v|x) - |v|t\big),$$

eine Lösung der Wellengleichung $u_{tt} - \Delta u = 0$.

9. Die Funktion $G : (0, \infty) \times \mathbb{R}^n \to \mathbb{R}$ sei definiert durch

$$G(t, x) := t^{-n/2} e^{-|x|^2 / 4t}.$$

Man zeige, dass G eine Lösung der Wärmeleitungsgleichung $u_t - \Delta u = 0$ ist.

10. Sind $\Omega \subset \mathbb{R}^n$ offen und $f, g \in C^1(\Omega; \mathbb{R}^n)$, so heißt $[f, g]$, definiert durch

$$[f, g](x) := Df(x)g(x) - Dg(x)f(x), \quad x \in \Omega,$$

das *Liesche Produkt* von f und g. Man beweise:
a) $[f, g] = -[g, f]$,
b) Für $f, g, h \in C^2(\Omega)$ gilt die *Jacobi-Identität*

$$\big[[f, g], h\big] + \big[[g, h], f\big] + \big[[h, f], g\big] = 0.$$

11. Es sei $\Omega \subset \mathbb{R}^n$ offen und beschränkt. Man zeige, dass der Raum $C^k(\overline{\Omega})$, versehen mit der Norm

$$\|f\|_{C^k(\overline{\Omega})} = \sum_{|\alpha| \leq k} \|\partial^\alpha f\|_{C(\overline{\Omega})},$$

ein Banach-Raum ist.

4 Satz von Taylor

Wir erinnern zunächst an den Satz von Taylor in der eindimensionalen Situation: Sind $m \in \mathbb{N}_0$, $J \subset \mathbb{R}$ ein Intervall, $f \in C^{m+1}(J)$ und $0, x \in J$ mit $x > 0$, so gilt

$$f(x) = f(0) + \frac{f'(0)}{1!}x + \frac{f''(0)}{2!}x^2 + \ldots + \frac{f^{(m)}(0)}{m!}x^m + R_{m+1}f(x, 0),$$

wobei $R_{m+1}f(x, 0)$ das Restglied der Taylor-Approximation bezeichnet. In der Lagrangeschen Darstellung hat es die Form

$$R_{m+1}f(x, 0) = \frac{f^{(m+1)}(\xi)}{(m+1)!} x^{m+1}$$

für ein $\xi \in (0, x)$. Die obige Approximation hatte das Ziel, eine gegebene, glatte Funktion durch ein Polynom in der Nähe von $x = 0$ „gut" zu approximieren.

Wir betrachten nun das analoge Problem für Funktionen mehrerer Variablen, genauer gesagt für Funktionen $f \in C^{m+1}(\Omega)$, wobei $\Omega \subset \mathbb{R}^n$ eine offene Menge bezeichnet. Gesucht ist ein Polynom p in n Variablen der Ordnung m, d. h., $p(x) = \sum_{|\alpha| \leq m} a_\alpha x^\alpha$ für $x = (x_1, \ldots, x_n)$, welches die Funktion f in der Nähe von $x = 0$ „gut" approximiert.

Der folgende Satz von Taylor besitzt äußerlich exakt dieselbe Gestalt wie in der eindimensionalen Situation.

4.1 Theorem. (Satz von Taylor in n Variablen). *Es seien $\Omega \subset \mathbb{R}^n$ eine offene Menge, $a, x \in \Omega$ mit $[\![a, x]\!] \subset \Omega$ und $f \in C^{m+1}(\Omega)$ mit $m \in \mathbb{N}_0$. Dann existiert ein $\xi \in [\![a, x]\!]$ mit*

$$f(x) = \sum_{|\alpha| \le m} \frac{\partial^\alpha f(a)}{\alpha!} (x-a)^\alpha + \sum_{|\alpha| = m+1} \frac{\partial^\alpha f(\xi)}{\alpha!} (x-a)^\alpha$$

$$=: T_m f(x, a) + R_{m+1} f(x, a).$$

Beweis. Wir unterteilen den Beweis in zwei Schritte.

Schritt 1: Für $h := (h_1, \ldots, h_n) := x - a \in \mathbb{R}^n$ ist die Funktion

$$F : [0, 1] \to \mathbb{R}, \quad F(t) := f(a + th)$$

nach der Kettenregel $(m+1)$-mal stetig differenzierbar, und es gilt

$$F'(t) = \frac{d}{dt} f(a + th) = \sum_{i=1}^{n} \partial_i f(a + th) \cdot h_i = (h \cdot \nabla) f(a + th).$$

Dasselbe Argument angewandt auf $g := (h \cdot \nabla) f$ liefert

$$F''(t) = \frac{d}{dt} g(a + th) = (h \cdot \nabla) g(a + th) = (h \cdot \nabla)^2 f(a + th),$$

und mittels Induktion erhalten wir $F \in C^{m+1}[0, 1]$ mit

$$F^{(\ell)}(t) = (h \cdot \nabla)^\ell f(a + th), \quad \ell = 0, \ldots, m+1, \ t \in [0, 1]. \tag{4.1}$$

Schritt 2: Wir wenden nun den Satz von Taylor in einer Variablen auf die Funktion F an und erhalten aufgrund von (4.1) und Beispiel 3.5

$$f(x) = F(1) = \sum_{\ell=0}^{m} \frac{F^{(\ell)}(0)}{\ell!} + \frac{F^{(m+1)}(\tau)}{(m+1)!}$$

$$= \sum_{\ell=0}^{m} \frac{(h \cdot \nabla)^\ell f(a)}{\ell!} + \frac{(h \cdot \nabla)^{m+1} f(a + \tau h)}{(m+1)!}$$

$$= \sum_{\ell=0}^{m} \sum_{|\alpha|=\ell} \frac{h^\alpha \partial^\alpha f(a)}{\alpha!} + \sum_{|\alpha|=m+1} \frac{h^\alpha \partial^\alpha f(a + \tau h)}{\alpha!}$$

$$= \sum_{|\alpha| \le m} \frac{\partial^\alpha f(a)}{\alpha!} (x-a)^\alpha + \sum_{|\alpha|=m+1} \frac{\partial^\alpha f(\xi)}{\alpha!} (x-a)^\alpha$$

für ein geeignetes $\tau \in [0, 1]$ und damit für $\xi := a + \tau h \in [\![a, x]\!]$. $\qquad\square$

4.2 Bemerkungen. a) Analog zum Fall einer Variablen nennen wir

$$T_m f(x, a) = \sum_{|\alpha| \le m} \frac{\partial^\alpha f(a)}{\alpha!} (x - a)^\alpha$$

das *Taylor-Polynom* von f der *Ordnung m* im *Entwicklungspunkt a*. Ferner heißt

$$R_{m+1} f(x, a) = \sum_{|\alpha| = m+1} \frac{\partial^\alpha f(\xi)}{\alpha!} (x - a)^\alpha$$

für ein $\xi \in [\![a, x]\!]$ das *Restglied* der Taylor-Approximation, hier ausgedrückt in der *Lagrangeschen Form*.

b) Für $m = 0$ ist der Satz von Taylor identisch mit dem Mittelwertsatz.

c) Sind $\Omega \subset \mathbb{R}^n$ offen, $f \in C^m(\Omega)$, $a \in \Omega$ mit $B_\delta(a) \subset \Omega$ für ein $\delta > 0$, so existiert eine Funktion $r : B_\delta(a) \to \mathbb{R}$ mit $f(a + h) = T_m f(a + h, a) + r(h)$ für alle $h \in \mathbb{R}^n$ mit $|h| < \delta$ und

$$\lim_{h \to 0} \frac{r(h)}{|h|^m} = 0.$$

In der Tat existiert nach dem Satz von Taylor für jedes $x \in B_\delta(a)$ ein $\tau \in [0, 1]$ mit

$$f(x) - T_m f(x, a) = \big(f(x) - T_{m-1} f(x, a)\big) + \big(T_{m-1} f(x, a) - T_m f(x, a)\big)$$

$$= \sum_{|\alpha| = m} \frac{1}{\alpha!} [\partial^\alpha f(a + \tau(x - a)) - \partial^\alpha f(a)](x - a)^\alpha.$$

Da $\frac{|(x-a)^\alpha|}{|(x-a)|^m} \le 1$ für alle α mit $|\alpha| = m$ und da $\partial^\alpha f$ für solche α stetig ist, folgt

$$0 \le \frac{|f(x) - T_m f(x, a)|}{|x - a|^m} \le \sum_{|\alpha| = m} \frac{1}{\alpha!} \big|\partial^\alpha f(a + \tau(x - a)) - \partial^\alpha f(a)\big| \xrightarrow{x \to a} 0.$$

d) Ist $f \in C^1(\Omega)$ und $[\![a, (a+h)]\!] \subset \Omega$, so gilt wegen $\sum_{|\alpha|=1} \partial^\alpha f(a) h^\alpha = \big(\nabla f(a) | h\big)$

$$f(a + h) = f(a) + (\nabla f(a) | h) + r(h)$$

für eine Funktion r mit $\lim_{h \to 0} \frac{r(h)}{|h|} = 0$.

e) Ist $f \in C^2(\Omega)$ und $[\![a, (a + h)]\!] \subset \Omega$, so gilt wegen $\sum_{|\alpha|=2} \frac{1}{\alpha!} \partial^\alpha f(a) h^\alpha = \frac{1}{2} h H_f(a) h^T$

$$f(a + h) = f(a) + (\nabla f(x) | h) + \frac{1}{2} h H_f(a) h^T + r(h)$$

für eine Funktion r mit $\lim_{h \to 0} \frac{r(h)}{|h|^2} = 0$. Dies bedeutet, dass $T_2 f(x, a)$ für $x \in \Omega$ mit $[\![a, x]\!] \subset \Omega$ durch

$$T_2 f(x, a) = f(a) + \sum_{i=1}^{n} \partial_i f(a)(x_i - a_i) + \frac{1}{2} \sum_{i,j=1}^{n} \partial_{ij} f(a)(x_i - a_i)(x_j - a_j)$$

gegeben ist.

f) Ist $f \in C^2(\Omega)$ und gilt $[\![a, (a + h)]\!] \subset \Omega$, so existiert ein $\xi \in [\![a, (a + h)]\!]$ mit

$$f(a + h) = f(a) + (\nabla f(x) | h) + \frac{1}{2} h H_f(\xi) h^T.$$

g) Für den Spezialfall $n = 2$ und $m = 3$ lautet das Taylor-Polynom $T_3 f$ im Entwicklungspunkt $a = (a_1, a_2)$ an der Stelle (x, y)

$$\begin{aligned}
T_3 f((x, y), a) = {} & f(a) + f_x(a)(x - a_1) + f_y(a)(y - a_2) \\
& + \frac{1}{2} f_{xx}(a)(x - a_1)^2 + \frac{1}{2} f_{yy}(a)(y - a_2)^2 + f_{xy}(a)(x - a_1)(y - a_2) \\
& + \frac{1}{6} f_{xxx}(a)(x - a_1)^3 + \frac{1}{6} f_{yyy}(a)(y - a_2)^3 \\
& + \frac{1}{2} f_{xxy}(a)(x - a_1)^2(y - a_2) + \frac{1}{2} f_{xyy}(a)(x - a_1)(y - a_2)^2.
\end{aligned}$$

4.3 Beispiel. Das Taylor-Polynom zweiter Ordnung der Funktion f, gegeben durch

$$f(x, y) = \sin \frac{x + 2y}{2} + \cos \frac{2x - y}{2},$$

im Punkt $(0, 0)$ lautet, nach Bemerkung 4.2e)

$$\begin{aligned}
T_2 f((x, y), (0, 0)) = {} & f(0, 0) + x f_x(0, 0) + y f_y(0, 0) + \frac{x^2}{2} f_{xx}(0, 0) + \frac{y^2}{2} f_{yy}(0, 0) \\
& + xy f_{xy}(0, 0).
\end{aligned}$$

Berechnen wir noch die jeweiligen Ableitungen im Punkt $(0, 0)$, so ergibt sich

$$T_2 f((x, y), (0, 0)) = 1 + \frac{x}{2} + y - \frac{x^2}{2} - \frac{y^2}{8} + \frac{xy}{2}.$$

Satz von Taylor mit Restglieddarstellung in Integralform

Ausgehend vom Lemma von Hadamard (Satz 2.10), also von der Identität

$$f(x) = f(a) + \int_0^1 Df(a + th) h \, dt \tag{4.2}$$

mit $h = x - a$, möchten wir noch das Restglied der Taylor-Entwicklung in Integralform angeben. Der Taylorsche Satz lautet dann wie in Korollar 4.4 angegeben.

4.4 Korollar. (Satz von Taylor mit Restglied in Integralform). *Sind $\Omega \subset \mathbb{R}^n$ eine offene Menge, $a, x \in \Omega$ mit $[\![a, x]\!] \subset \Omega$, $m \in \mathbb{N}_0$ und $f \in C^{m+1}(\Omega)$, so gilt*

$$f(x) = \sum_{|\alpha| \leq m} \frac{\partial^\alpha f(a)}{\alpha!}(x-a)^\alpha + \int_0^1 \frac{(1-t)^m}{m!}\big((h \cdot \nabla)^{m+1} f\big)(a + th)\, dt$$

mit $h = x - a$.

Um dies einzusehen, notieren wir zunächst, dass die Behauptung für $m = 0$ genau mit dem Hadamardschen Lemma übereinstimmt. Für den Fall $m = 1$ definieren wir für $t \in [0, 1]$ die Funktionen u, v durch

$$u(t) := Df(a + th)h \quad \text{und} \quad v(t) := t - 1.$$

Die Produktregel zusammen mit der Darstellung (4.2) impliziert dann mittels Integration

$$f(x) = f(a) + Df(a)h + \int_0^1 (1-t)\big((h \cdot \nabla)^2 f\big)(a + th)\, dt.$$

Für $m \geq 2$ folgt die Behauptung mittels eines Induktionsbeweises, welchen wir dem Leser als Übungsaufgabe überlassen.

4.5 Bemerkung. Wir wollen an dieser Stelle noch den Begriff der Tangentialebene diskutieren. Ist $\Omega \subset \mathbb{R}^n$ offen und $f \in C^1(\Omega)$ eine Funktion, so sagen wir, dass durch die Gleichung $z = f(x), x \in \Omega$, eine Fläche $F = \text{Graph}\,(f)$ in einem $(n+1)$-dimensionalen Raum dargestellt wird. Dabei ist $\text{Graph}\,(f) = \{(x, z) \in \mathbb{R}^{n+1} : z = f(x), x \in \Omega\}$.

Wir haben gesehen, dass das Taylor-Polynom $T_1 f(x, a)$ als affine Funktion betrachtet werden kann, welche f in der Nähe von a approximiert. Die durch

$$z = T_1 f(x, a) = f(a) + Df(a)(x - a)$$

dargestellte Hyperebene heißt *Tangentialebene* an die Fläche definiert durch $z = f(x)$ im Punkt $(a, f(a))$. Der Vektor

$$v = \big(\nabla f(a), -1\big)$$

heißt *Normale* der Tangentialebene im Punkt $\big(a, f(a)\big)$. Im Fall $n = 1$ benutzen wir die Bezeichnung *Kurve* statt Fläche und *Tangente* statt Tangentialebene. In diesem Fall haben wir die Gleichung der Tangente an die Kurve $z = f(x)$, nämlich

$$z = f(a) + f'(a)(x - a),$$

schon in Kapitel IV kennengelernt. Im Fall $n = 2$ lautet die Gleichung der Tangentialebene im Punkt (a_1, a_2)

$$z = f(a_1, a_2) + f_x(a_1, a_2)(x - a_1) + f_y(a_1, a_2)(y - a_2).$$

Aufgaben

1. Man berechne das Taylor-Polynom dritter Ordnung der Funktion

$$f : (0, \infty) \times \mathbb{R} \to \mathbb{R}, \quad f(x, y) := x^y,$$

sowie das Taylor-Polynom zweiter Ordnung der Funktion

$$f : (0, \infty) \times (0, \infty) \to \mathbb{R}, \quad f(x, y) := (x - y)/(x + y)$$

jeweils im Entwicklungspunkt $(1, 1)$.

2. Man bestimme das Taylor-Polynom zweiter Ordnung von $f : \mathbb{R}^2 \to \mathbb{R}$,

$$f(x, y) = \sin(xy)e^y,$$

um den Entwicklungspunkt $(\frac{1}{2}, \frac{\pi}{2})$.

3. Für $f : \mathbb{R}^2 \to \mathbb{R}$, gegeben durch $f(x, y) := x^4 + y^2 - 8x^3y^2 - 8x^2$, bestimme man das Taylor-Polynom $T_2 f\big((x, y), (0, 0)\big)$ von f der zweiten Ordnung im Entwicklungspunkt $(0, 0)$.

4. Man vervollständige den Beweis von Korollar 4.4.

5 Lokale Extrema

In diesem Abschnitt untersuchen wir hinreichende Kriterien für die Existenz lokaler Maxima und Minima differenzierbarer Funktionen mehrerer reeller Variablen.

Lokale Extremwerte und kritische Punkte
Wir beginnen mit der Definition eines lokalen Extremwertes.

5.1 Definition. Es seien $\Omega \subset \mathbb{R}^n$ offen und $f : \Omega \to \mathbb{R}$ eine Funktion. Ein Punkt $a \in \Omega$ heißt *lokales Maximum* (*Minimum*) von f, wenn eine Umgebung $U \subset \Omega$ von a existiert mit

$$f(x) \leq f(a) \quad \text{für alle } x \in U \quad (f(x) \geq f(a) \quad \text{für alle } x \in U).$$

Das lokale Maximum (Minimum) heißt *strikt*, wenn sogar

$$f(x) < f(a) \quad \text{für alle } x \in U \setminus \{a\} \quad (f(x) > f(a) \quad \text{für alle } x \in U \setminus \{a\})$$

gilt. Ein *lokales Extremum* ist ein lokales Maximum oder lokales Minimum.

5.2 Satz. *Es seien $\Omega \subset \mathbb{R}^n$ offen und $f : \Omega \to \mathbb{R}$ eine in $a \in \Omega$ differenzierbare Funktion. Besitzt f in a ein lokales Extremum, so gilt*

$$Df(a) = 0.$$

Beweis. Wir wählen $\delta > 0$ so klein, dass die Funktionen g_i, definiert durch

$$g_i : (-\delta, \delta) \to \mathbb{R}, \quad g_i(t) = f(a + te_i), \quad i = 1, \ldots, n,$$

alle wohldefiniert und in $t = 0$ differenzierbar sind. Da alle Funktionen g_i in $t = 0$ ein lokales Extremum besitzen, gilt nach Satz IV.3.9

$$g_i'(0) = \partial_i f(a) = 0, \quad i = 1, \ldots, n. \qquad \square$$

5.3 Definition. Sind $\Omega \subset \mathbb{R}^n$ offen und $f : \Omega \to \mathbb{R}$ eine in $a \in \Omega$ differenzierbare Funktion mit $Df(a) = 0$, so heißt *a kritischer Punkt* von f.

5.4 Beispiele. a) Betrachten wir die Funktion $f : \mathbb{R}^2 \to \mathbb{R}$, gegeben durch $f(x, y) := x^2 + y^2$, so gilt

$$\nabla f(x, y) = (2x, 2y) = (0, 0) \iff x = y = 0.$$

Weiter gilt $f(x, y) > 0$ für alle $(x, y) \neq (0, 0)$, was bedeutet, dass f in $(0, 0)$ ein striktes Minimum besitzt.

b) Betrachten wir die Funktion $f : \mathbb{R}^2 \to \mathbb{R}$, $f(x, y) := x^2 - y^2$, so gilt

$$\nabla f(x, y) = (2x, -2y) = (0, 0) \iff x = y = 0.$$

Ferner gilt $f(x, 0) > 0$ für alle $x \neq 0$ und $f(0, y) < 0$ für alle $y \neq 0$. Dies bedeutet, dass f in $(0, 0)$ kein lokales Extremum besitzt, sondern einen sogenannten *Sattelpunkt*.

Hinreichende Kriterien für lokale Extremwerte

Wir wollen nun der Frage nachgehen, wie wir die in Beispiel 5.4 skizzierten Fälle systematisch unterscheiden können. Zunächst erinnern wir an das hinreichende Kriterium für Extremwerte von Funktionen einer reellen Variablen aus Kapitel IV. Ist $f \in C^2(\mathbb{R})$ und a ein kritischer Punkt von f, so ist a

- ein lokales Minimum von f, falls $f''(a) > 0$, und

- ein lokales Maximum von f, falls $f''(a) < 0$

gilt. Für Funktionen mehrerer Variablen ersetzen wir $f''(a)$ durch die Hesse-Matrix $H_f(a)$ von f in a. Diese wurde in (3.1) für eine Funktion $f \in C^2(\Omega)$ im Punkt $a \in \Omega$, $\Omega \subset \mathbb{R}^n$ offen, definiert als

$$H_f(a) = \begin{pmatrix} \partial_1\partial_1 f(a) & \partial_1\partial_2 f(a) & \cdots & \partial_1\partial_n f(a) \\ \partial_2\partial_1 f(a) & \cdots & \cdots & \vdots \\ \vdots & \cdots & \cdots & \vdots \\ \vdots & \cdots & \cdots & \vdots \\ \partial_n\partial_1 f(a) & \cdots & \cdots & \partial_n\partial_n f(a) \end{pmatrix}_{n \times n}.$$

5.5 Bemerkungen. a) Wie schon in Abschnitt 3 bemerkt, ist $H_f(a)$ aufgrund des Satzes von Schwarz (Satz 3.2) eine symmetrische Matrix.

b) Nach Bemerkung 4.2e) gilt für $f \in C^2(\Omega)$ und $h \in \mathbb{R}^n$ mit $[\![a, h]\!] \subset \Omega$

$$f(a + h) = f(a) + (\nabla f(a)|h) + \frac{1}{2} h H_f(a) h^T + r(h), \quad a \in \Omega,$$

für eine Funktion r mit $\lim_{h \to 0} \frac{r(h)}{|h|^2} = 0$.

Zur Bestimmung der lokalen Extremwerte einer Funktion f greifen wir auf die in Definition 5.6 formulierten Begriffe der Linearen Algebra zurück.

5.6 Definition. Eine symmetrische Matrix $T \in \mathbb{R}^{n \times n}_{\text{sym}}$ heißt

a) *positiv definit*, wenn $x T x^T > 0$ für alle $x \in \mathbb{R}^n \backslash \{0\}$ gilt,

b) *negativ definit*, wenn $x T x^T < 0$ für alle $x \in \mathbb{R}^n \backslash \{0\}$ gilt,

c) *indefinit*, wenn $x, y \in \mathbb{R}^n$ existieren mit $x T x^T > 0$ und $y T y^T < 0$,

d) *positiv semidefinit*, wenn $x T x^T \geq 0$ für alle $x \in \mathbb{R}^n$ gilt,

e) *negativ semidefinit*, wenn $x T x^T \leq 0$ für alle $x \in \mathbb{R}^n$ gilt.

Die Eigenschaft einer Matrix T, positiv bzw. negativ definit zu sein, lässt sich, wie in Satz 5.7 beschrieben, insbesondere auch durch die Vorzeichen der Eigenwerte von T charakterisieren.

5.7 Satz. *Sind $\lambda_1 \leq \lambda_2 \leq \ldots \leq \lambda_n$ die Eigenwerte einer symmetrischen Matrix $T \in \mathbb{R}^{n \times n}_{\text{sym}}$, so gilt:*

a) *T ist positiv definit* $\quad \Leftrightarrow \lambda_i > 0$ *für alle* $i = 1, \ldots, n$.

$$\Leftrightarrow \det \begin{pmatrix} t_{11} & \cdots & t_{1k} \\ \vdots & & \vdots \\ t_{k1} & \cdots & t_{kk} \end{pmatrix}_{k \times k} > 0 \text{ für alle } k = 1, \ldots, n.$$

b) *T ist negativ definit* $\quad \Leftrightarrow \lambda_i < 0$ *für alle* $i = 1, \ldots, n$.

$$\Leftrightarrow (-1)^k \det \begin{pmatrix} t_{11} & \cdots & t_{1k} \\ \vdots & & \vdots \\ t_{k1} & \cdots & t_{kk} \end{pmatrix}_{k \times k} > 0 \text{ für alle } k = 1, \ldots, n.$$

c) *T ist indefinit* $\quad \Leftrightarrow T$ *besitzt positive und negative Eigenwerte,*

$\Leftrightarrow$ *Alle obige Unterdeterminanten sind* $\neq 0$ *und genügen*

weder der in a) noch der in b) formulierten Bedingungen.

d) *T ist positiv semidefinit* $\Leftrightarrow \lambda_i \geq 0$ *für alle* $i = 1, \ldots, n$.

e) *T ist negativ semidefinit* $\Leftrightarrow \lambda_i \leq 0$ *für alle* $i = 1, \ldots, n$.

Beweis. Für eine symmetrische Matrix T existiert eine Orthonormalbasis, bestehend aus Eigenvektoren $b_1, \ldots, b_n$ zu den Eigenwerten $\lambda_1, \ldots, \lambda_n$ von T derart, dass $Tb_j = \lambda_j b_j$ und $b_i^T \cdot b_j = \delta_{ij}$ für alle $i, j = 1, \ldots, n$ gilt. Für $v = \sum_{j=1}^{n} v_j b_j$ ist dann $Tv = \sum_{j=1}^{n} \lambda_j v_j b_j$, und wir erhalten

$$v^T T v = \sum_{i,j=1}^{n} \lambda_j v_i v_j b_i^T \cdot b_j = \sum_{j=1}^{n} \lambda_j v_j^2.$$

Hieraus folgen alle obigen Charakterisierungen der (Semi-)Definitheit von T mittels der Eigenwerte. Für die Charakterisierung der Definitheit von T mittels der Unterdeterminanten von T verweisen wir auf das Hurwitzsche Kriterium der Linearen Algebra. □

5.8 Lemma. *Eine symmetrische Matrix $T \in \mathbb{R}_{sym}^{n \times n}$ ist genau dann positiv definit, wenn ein $m > 0$ existiert mit $xTx^T \geq m|x|^2$ für alle $x \in \mathbb{R}^n$.*

Beweis. Da die stetige Funktion $Q : \mathbb{R}^n \to \mathbb{R}$, $y \mapsto yTy^T$ auf der kompakten Einheitssphäre $S := \{y \in \mathbb{R}^n : |y| = 1\}$ ihr Minimum annimmt, existiert ein $y_0 \in S$ mit

$$yTy^T \geq y_0 T y_0^T =: m > 0$$

für alle $y \in S$. Setzen wir $y := \frac{x}{|x|}$ für $x \in \mathbb{R}^n \setminus \{0\}$, so gilt

$$xTx^T \geq m|x|^2 \text{ für alle } x \in \mathbb{R}^n. \qquad \square$$

Die Semidefinitheit der Hesse-Matrix $H_f(a)$ einer Funktion f stellt eine notwendige Bedingung für das Auftreten eines lokalen Extremums von f in a dar.

5.9 Satz. *Sind $\Omega \subset \mathbb{R}^n$ offen, $f \in C^2(\Omega)$ und a ein lokales Minimum (Maximum) der Funktion f, so ist $H_f(a)$ positiv (negativ) semidefinit.*

Der Beweis ist einfach: Ist a ein lokales Minimum von f, so besitzt für jedes $v \in \mathbb{R}^n$ die Funktion $\varphi : t \mapsto f(a + tv)$ in $t = 0$ ein lokales Minimum, und daher gilt $\varphi''(0) = v \cdot H_f(a) \cdot v^T \geq 0$ für alle $v \in \mathbb{R}^n$. Der Beweis für lokale Maxima verläuft analog.

Wir formulieren nun ein hinreichendes Kriterium für die Existenz lokaler Extrema.

5.10 Theorem. (Hinreichendes Kriterium für lokale Extrema). *Es seien $\Omega \subset \mathbb{R}^n$ offen, $f \in C^2(\Omega)$ eine Funktion und $a \in \Omega$ ein kritischer Punkt von f. Dann gelten die folgenden Aussagen:*

a) *Ist $H_f(a)$ positiv definit, so besitzt f in a ein striktes lokales Minimum.*

b) *Ist $H_f(a)$ negativ definit, so besitzt f in a ein striktes lokales Maximum.*

c) *Ist $H_f(x)$ positiv (negativ) semidefinit für alle x in einer Umgebung U von a, so besitzt f in a ein lokales Minimum (Maximum).*

d) *Ist $H_f(a)$ indefinit, so besitzt f in a kein lokales Extremum.*

Beweis. Nach Bemerkung 5.5b) und da grad $f(a) = 0$ ist, gilt für $h := x - a$ in einer Umgebung von a

$$f(a + h) = f(a) + \frac{1}{2} h H_f(a) h^T + r(h)$$

mit $\lim_{h \to 0} \frac{r(h)}{|h|^2} = 0$. Dies bedeutet, dass für jedes $\varepsilon > 0$ ein $\delta > 0$ existiert mit $|r(h)| < \varepsilon |h|^2$ für alle $h \in \mathbb{R}$ mit $|h| \leq \delta$.

a) Ist $H_f(a)$ positiv definit, so existiert nach Lemma 5.8 ein $m > 0$ mit

$$h H_f(a) h^T \geq m|h|^2 \text{ für alle } h \in \mathbb{R}^n.$$

Wählen wir nun $\delta > 0$ so klein, dass $|r(h)| \leq \frac{m}{4} |h|^2$ für alle $h \in \mathbb{R}^n$ mit $|h| < \delta$ gilt, so folgt mit dem Satz von Taylor

$$f(a + h) = f(a) + \frac{1}{2} \underbrace{h H_f(a) h^T}_{\geq m|h|^2} + \underbrace{r(h)}_{\geq -\frac{m}{4}|h|^2} \geq f(a) + \frac{m}{2} |h|^2 - \frac{m}{4} |h|^2 > f(a),$$

für $0 < |h| < \delta$. Somit besitzt f in a ein striktes lokales Minimum.

b) Diese Aussage erhalten wir durch Anwenden von Aussage a) auf $-f$.

c) Wir erhalten Aussage c) durch eine Modifikation des obigen Beweises. Da $U \supset B_\delta(a)$ für δ klein genug, ist $[\![a, (a + h)]\!] \subset U$ für $h \in \mathbb{R}^n$ mit $|h| < \delta$, und nach Bemerkung 4.2f) existiert ein $\xi \in [\![a, (a + h)]\!]$ mit

$$f(a + h) = f(a) + \frac{1}{2} h H_f(a) h^T.$$

Nach Voraussetzung gilt $h \cdot H_f(a) \cdot h^T \geq 0$, und somit folgt $f(x) \geq f(a)$ für $x \in U$.

d) Wir zeigen, dass in jeder Umgebung von a Punkte y und z existieren mit $f(z) < f(a) < f(y)$. Da $H_f(a)$ indefinit ist, existiert ein $v \in \mathbb{R}^n \setminus \{0\}$ mit $m := v H_f(a) v^T > 0$. Also gilt für genügend kleines $t \in \mathbb{R}$

$$f(a + tv) = f(a) + \frac{1}{2} tv H_f(a)(tv)^T + r(tv) = f(a) + \frac{m}{2} t^2 + r(tv)$$

und $|r(tv)| \leq \frac{m}{4} t^2$. Also gilt für solche $t \neq 0$ die Ungleichung $f(a + tv) > f(a)$. Ist umgekehrt $w \in \mathbb{R}^n$ mit $w H_f(a) w^T < 0$, so folgt für kleine $t \neq 0$ analog die Ungleichung $f(a + tw) < f(a)$. $\qquad\square$

Ist die Hesse-Matrix in einem kritischen Punkt semidefinit, so ist die Extremwertuntersuchung in vielen Fällen schwierig. Wir unterscheiden die beiden Situationen, in welchen für die Determinante von $H_f(a)$ entweder $\det H_f(a) = 0$ oder $\det H_f(a) \neq 0$ gilt. Ein kritischer Punkt a einer Funktion $f \in C^2(\Omega)$, $\Omega \subset \mathbb{R}^n$ offen, heißt *nicht degeneriert*, falls

$$\det H_f(a) \neq 0$$

gilt. Andernfalls heißt er *degeneriert*. In einem nicht degenerierten kritischen Punkt a kann $H_f(a)$ nicht semidefinit sein und ist somit definit oder indefinit. Im letzteren Fall nennen wir a dann einen Sattelpunkt.

5.11 Definition. Ein nicht degenerierter kritischer Punkt $a \in \Omega$ einer Funktion $f \in C^2(\Omega)$ heißt *Sattelpunkt*, wenn $H_f(a)$ indefinit ist.

5.12 Beispiele. Wir betrachten zunächst nochmals die bereits in Beispiel 5.4a) und b) untersuchten Funktionen:

a) Ist $f : \mathbb{R}^2 \to \mathbb{R}$ definiert durch $f(x, y) = x^2 + y^2$, so gilt

$$H_f(0,0) = \begin{pmatrix} 2 & 0 \\ 0 & 2 \end{pmatrix}.$$

Somit ist $H_f(0,0)$ positiv definit, und f besitzt daher in $(0,0)$ ein striktes lokales Minimum.

b) Ist $f : \mathbb{R}^2 \to \mathbb{R}$ definiert durch $f(x, y) = -x^2 - y^2$, so ist $H_f(0,0)$ negativ definit, und f besitzt daher in $(0,0)$ ein striktes lokales Maximum.

c) Für $f : \mathbb{R}^2 \to \mathbb{R}$, definiert durch $f(x, y) = x^2 - y^2$, gilt

$$H_f(0,0) = \begin{pmatrix} 2 & 0 \\ 0 & -2 \end{pmatrix}.$$

Somit ist $H_f(0,0)$ indefinit, und f besitzt in $(0,0)$ einen Sattelpunkt.

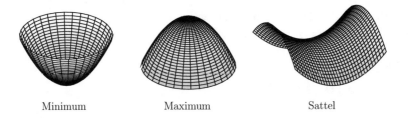

Minimum   Maximum   Sattel

d) Betrachten wir die Funktion $f : \mathbb{R}^2 \to \mathbb{R}$, definiert durch $f(x, y) = 3x^2 y - y^3$, so ist $(0,0)$ ein kritischer Punkt von f, und es gilt

$$H_f(0,0) = \begin{pmatrix} 0 & 0 \\ 0 & 0 \end{pmatrix}.$$

Der Punkt $(0,0)$ ist also ein degenerierter kritischer Punkt von f, und der Graph von f ist ein sogenannter „Affensattel".

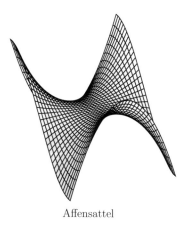

Affensattel

e) Als weiteres Beispiel betrachten wir die Funktion $f : \mathbb{R}^2 \to \mathbb{R}$, definiert durch $f(x, y) = x^3 + y^3 - 3xy$. Die Identitäten

$$f_x(x, y) = 3x^2 - 3y = 0, \quad f_y(x, y) = 3y^2 - 3x = 0,$$

implizieren, dass $(0, 0)$ und $(1, 1)$ kritische Punkte von f sind. Die Hesse-Matrix von f lautet

$$H_f(x, y) = \begin{pmatrix} 6x & -3 \\ -3 & 6y \end{pmatrix},$$

und daher gilt

$$H_f(0, 0) = \begin{pmatrix} 0 & -3 \\ -3 & 0 \end{pmatrix} \quad \text{sowie} \quad H_f(1, 1) = \begin{pmatrix} 6 & -3 \\ -3 & 6 \end{pmatrix}.$$

Die beiden Eigenwerte von $H_f(0, 0)$ sind 3 und -3. Somit ist $H_f(0, 0)$ indefinit und f besitzt in $(0, 0)$ kein lokales Extremum. Nach Satz 5.7a) sind die beiden Eigenwerte von $H_f(1, 1)$ hingegen strikt positiv, was bedeutet, dass $H_f(1, 1)$ positiv definit ist und f in $(1, 1)$ ein striktes lokales Minimum besitzt.

f) Als weiteres Beispiel betrachten wir die Funktion $f : \mathbb{R}^2 \to \mathbb{R}$, definiert durch

$$f(x, y) = \frac{1}{2}(x^2 + \alpha y^2) + \beta xy$$

mit Parametern $\alpha, \beta \in \mathbb{R}$. Es gilt dann

$$\nabla f(x, y) = (x + \beta y, \alpha y + \beta x)$$

und

$$H_f(x, y) = \begin{pmatrix} 1 & \beta \\ \beta & \alpha \end{pmatrix} =: H.$$

Offensichtlich ist $(0,0)$ ein kritischer Punkt von f. Für das charakteristische Polynom p von H gilt $p(\lambda) = \lambda^2 - (1+\alpha)\lambda + \alpha - \beta^2$, und es besitzt somit die Nullstellen

$$\lambda_{1,2} = \frac{1}{2}(1+\alpha) \pm \sqrt{(1+\alpha)^2/4 - \alpha + \beta^2}.$$

Wir unterscheiden nun die folgenden Fälle:

i)　Ist $\alpha > \beta^2$, so gilt $\lambda_{1,2} > 0$, H ist positiv definit, und f besitzt in $(0,0)$ ein striktes lokales Minimum.

ii)　Ist $\alpha = \beta^2$, so gilt $\lambda_1 > \lambda_2 = 0$, und H ist positiv semidefinit. Da H unabhängig von x und y ist, folgt aus Theorem 5.10c), dass f in $(0,0)$ ein lokales Minimum besitzt.

iii)　Ist $\alpha < \beta^2$, so gilt $\lambda_1 > 0 > \lambda_2$, und H ist indefinit. Dies bedeutet, dass f in $(0,0)$ einen Sattelpunkt besitzt.

5.13 Beispiel.　Für gegebene Punkte $b_1, \ldots, b_N \in \mathbb{R}^n$ suchen wir einen Punkt $a \in \mathbb{R}^n$ derart, dass die Summe aller quadrierten Abstände zum Punkt a minimal wird. Wir suchen daher das Minimum der Funktion

$$f : \mathbb{R}^n \to \mathbb{R}, \quad f(x) = \frac{1}{2N} \sum_{i=1}^{N} |x - b_i|^2.$$

Die Funktion f ist differenzierbar, und es gilt

$$\nabla f(x) = x - \frac{1}{N} \sum_{i=1}^{N} b_i.$$

Daher ist $a = \frac{1}{N} \sum_{i=1}^{N} b_i$ der einzige kritische Punkt von f, und er entspricht dem *Schwerpunkt* eines Körpers mit jeweils gleichen Massen in den Punkten $b_1, \ldots, b_N$. Da $H_f(a) = \mathrm{id}$, sehen wir, dass a ein lokales und sogar ein globales Minimum von f ist, ein Ergebnis, welches mit der physikalischen Anschauung übereinstimmt.

Konvexe Funktionen

Wir führen den Begriff einer konvexen Funktion $f : \Omega \to \mathbb{R}$, definiert auf einer Menge $\Omega \subset \mathbb{R}^n$, in Analogie zur eindimensionalen Situation ein. Als Definitionsbereich von f sind jedoch nur konvexe Mengen sinnvoll.

5.14 Definition.　Ist $\Omega \subset \mathbb{R}^n$ konvex, so heißt eine Funktion $f : \Omega \to \mathbb{R}$ *konvex* auf Ω, wenn für je zwei verschiedene Punkte $a, b \in \Omega$ und jedes $\lambda \in (0,1)$ gilt:

$$f\big((1-\lambda)a + \lambda b\big) \leq (1-\lambda)f(a) + \lambda f(b).$$

Gilt sogar $<$ für alle $\lambda \in (0,1)$, so heißt f *strikt konvex*.

Es ist klar, dass $f : \Omega \to \mathbb{R}$ genau dann konvex ist, wenn für je zwei verschiedene Punkte $a, b \in \Omega$ die durch

$$F_{a,b} : [0,1] \to \mathbb{R}, \quad \lambda \mapsto f\big(a + \lambda(b - a)\big)$$

definierte Funktion konvex ist. Diese Äquivalenz erlaubt es uns, die bekannten Konvexitätskriterien für Funktionen, definiert auf Intervallen, sinngemäß auf die mehrdimensionale Situation zu verallgemeinern.

5.15 Satz. *Sind $\Omega \subset \mathbb{R}^n$ eine offene und konvexe Menge und $f \in C^2(\Omega)$, so ist f genau dann konvex, wenn $H_f(x)$ für jedes $x \in \Omega$ positiv semidefinit ist.*

Beweis. Ist f konvex und wählen wir zu $x \in \Omega$ eine Kugel $B_r(x) \subset \Omega$, so ist die Funktion $F_{x,x+h}$ konvex für jedes h mit $|h| < r$. Nach Korollar IV.2.15 gilt daher $F''_{x,x+h}(0) = h \cdot H_f(x) \cdot h^T \geq 0$ für alle h mit $|h| < r$, und ein Skalierungsargument zeigt, dass diese Ungleichung für alle $h \in \mathbb{R}^n$ gilt. Daher ist $H_f(x)$ für alle $x \in \Omega$ positiv semidefinit.

Ist umgekehrt $H_f(x)$ positiv semidefinit für alle $x \in \Omega$, so gilt

$$F''_{a,b}(\lambda) = (b - a)H_f\big(a + \lambda(b - a)\big)(b - a)^T \geq 0.$$

Nach Korollar IV.2.15 ist somit $F_{a,b}$ konvex für alle $a, b \in \Omega$, und folglich ist auch f konvex. $\qquad\square$

Aufgaben

1. Man untersuche die Funktion $f : \mathbb{R}^2 \to \mathbb{R}$, definiert durch $f(x, y) := x^4 - 2x^2 + 2x^2y^2 - y^2$, auf lokale Extremwerte.

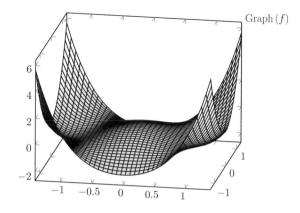

Graph (f)

2. In Abhängigkeit von $\alpha \in \mathbb{R}$ bestimme man die lokalen Maxima und Minima der Funktion

$$f_\alpha : \mathbb{R}^2 \to \mathbb{R}, \quad (x, y) \mapsto x^3 - y^3 - 3\alpha xy.$$

3. Man untersuche die Funktion

$$f : [0, \infty) \times [0, \infty) \to \mathbb{R}, \quad (x, y) \mapsto y(x - 1)e^{-(x^2 + y^2)},$$

auf lokale Extrema.

4. Es seien $\Omega \subset \mathbb{R}^2$ offen, $f \in C^2(\Omega)$ und $a \in \Omega$ ein kritischer Punkt von f. Man zeige:

    a) Ist $\det H_f(a) > 0$ und $\partial_{11} f(a) > 0$, so besitzt f in a ein striktes lokales Minimum.

    b) Ist $\det H_f(a) > 0$ und $\partial_{11} f(a) < 0$, so besitzt f in a ein striktes lokales Maximum.

    c) Ist $\det H_f(a) < 0$, so besitzt f in a kein lokales Extremum.

5. Die Funktion $g : \mathbb{R}^2 \to \mathbb{R}$ sei definiert durch $g(x, y) := 2x^2 - 3xy^2 + y^4$. Man zeige, dass g im Punkt $(0,0)$ kein lokales Minimum besitzt, aber g auf jeder Geraden durch $(0,0)$ ein Minimum im Ursprung aufweist.

6. Für $\lambda > 0$ sei die Funktion $f : \mathbb{R}^2 \to \mathbb{R}$ gegeben durch

    $$f(x, y) := e^{xy} + x^2 + \lambda y^2.$$

    Man zeige:

    a) Für $\lambda \geq 1/4$ besitzt die Funktion f in $(0,0)$ ein Minimum.

    b) Für $\lambda \in (0, 1/4)$ besitzt f Minima in den Punkten $\pm(-\sqrt{\lambda}\alpha, \alpha)$ mit $\alpha^2 = -\log(2\sqrt{\lambda})/\sqrt{\lambda}$ und $(0,0)$ ist ein Sattelpunkt von f.

    Das hier beschriebene Verhalten tritt in vielen Problemen der Analysis auf, welche von einem Parameter λ abhängen. Eine gewisse Größe, hier die Lage der Minimalstelle, ist für gewisse Werte von λ (hier für $\lambda > 1/4$) eindeutig bestimmt, spaltet sich aber ab einem gewissen Grenzwert λ_0 (hier $\lambda_0 = 1/4$) in zwei oder mehrere Lösungen auf. Dieses Phänomen wird als *Bifurkation* oder *Verzweigung* bezeichnet.

7. Gegeben seien n Messwerte $(x_1, y_1), \ldots, (x_n, y_n)$. Man bestimme die Ausgleichsgerade $y = ax + b$ mit $a \in \mathbb{R}$ und $b \in \mathbb{R}^n$, für welche die Summe der Fehlerquadrate F, gegeben durch

    $$F := \sum_{i=1}^{n}(ax_i + b - y_i)^2,$$

    minimal wird.

8. a) Es seien $f, g \in C^1(\mathbb{R}^n)$ mit $g(x) \neq 0$ für alle $x \in \mathbb{R}^n$ und $F : \mathbb{R}^n \to \mathbb{R}$ gegeben durch $F(x) := f(x)/g(x)$. Man zeige: Es gilt $\nabla F(x) = 0$ genau dann, wenn $\nabla f(x) = F(x)\nabla g(x)$.

    b) Ist $T \in \mathbb{R}_{\mathrm{sym}}^{n \times n}$ eine symmetrische Matrix und $R : \mathbb{R}^n \setminus \{0\} \to \mathbb{R}$ der *Rayleigh-Quotient*, definiert durch

    $$R(x) := \frac{xTx^T}{|x|^2},$$

    so sind die kritischen Punkte von R genau die Lösungen der Gleichung $Tx = \lambda x$ mit $x \neq 0$, also die Eigenwerte von T.

9. Es seien $\Omega \subset \mathbb{R}^n$ offen und konvex und $f \in C^2(\Omega)$ eine Funktion. Man zeige: Ist $H_f(x)$ positiv definit für alle $x \in \Omega$, so ist f strikt konvex.

10. Man zeige: Ist $f : \mathbb{R}^n \to \mathbb{R}$ eine strikt konvexe Funktion und gilt $\lim_{|x| \to \infty} f(x) = \infty$, so besitzt f genau ein lokales Minimum a, und es gilt $f(a) = \min_{x \in \mathbb{R}^n} f(x)$.

11. Es sei $\Omega \subset \mathbb{R}^n$ offen und konvex und $f \in C^1(\Omega; \mathbb{R}^n)$. Man zeige: Gilt für alle $a \in \Omega$

$$(Df(a)h|h) > 0, \quad h \in \mathbb{R}^n \setminus \{0\},$$

so ist f injektiv.

6 Differentiation parameterabhängiger Integrale

Parameterabhängige Integrale treten in vielen Bereichen der Analysis auf. Betrachten wir eine stetige Funktion $f : \mathbb{R}^n \times [a,b] \to \mathbb{R}$ derart, dass für jedes $x \in \mathbb{R}^n$ die Funktion $t \mapsto f(x,t)$ stetig ist, und bilden das Integral

$$F(x) := \int_a^b f(x,t)\, dt,$$

so suchen wir in diesem Abschnitt nach Kriterien, welche die Stetigkeit bzw. die stetige Differenzierbarkeit von F sichern. Ferner möchten wir die partiellen Ableitungen von F durch „Differentiation unter dem Integral" berechnen, mit dem Ziel, dass für die partiellen Ableitungen $\frac{\partial F}{\partial x_j}$ die Darstellung

$$\frac{\partial F}{\partial x_j}(x) = \int_a^b \frac{\partial f}{\partial x_j}(x,t)\, dt, \quad j = 1, \dots, n$$

gilt. Resultate dieser Art werden später zum Beispiel im Beweis des Lemmas von Poincaré (Abschnitt IX.2) oder im Beweis der Gültigkeit der Eulerschen Differentialgleichungen (Abschnitt IX.3) benötigt.

Satz über die Differentiation parameterabhängiger Integrale
Es seien $\Omega \subset \mathbb{R}^n$ offen und $I \subset \mathbb{R}$ ein kompaktes Intervall. Wir betrachten eine Funktion $f : \Omega \times I \to \mathbb{R}$ mit der Eigenschaft, dass für jedes $x \in \Omega$ die Funktion $t \mapsto f(x,t)$ für $t \in I$ stetig ist, und definieren die Funktion $F : \Omega \to \mathbb{R}$ durch

$$F(x) := \int_I f(x,t)\, dt.$$

Es gilt dann der folgende Satz.

6.1 Theorem. (Differentiation parameterabhängiger Integrale).

a) *Ist f stetig auf $\Omega \times I$, so ist F stetig auf Ω.*

b) *Ist f zusätzlich nach x_j stetig partiell differenzierbar für ein $j = 1, \ldots, n$, so ist F nach x_j stetig partiell differenzierbar, und es gilt*

$$\frac{\partial F}{\partial x_j}(x) = \int_I \frac{\partial f}{\partial x_j}(x, t)\, dt.$$

Beweis. a) Ist $x \in \Omega \subset \mathbb{R}^n$ und $(x_k)_{k \in \mathbb{N}} \subset \Omega$ eine Folge mit $\lim_{k \to \infty} x_k = x$, so ist f nach Satz III.3.14 auf der kompakten Menge $\{x, x_1, x_2, \ldots\} \times I$ gleichmäßig stetig, d. h., für jedes $\varepsilon > 0$ existiert also ein $\delta > 0$ mit $|f(x_j, t) - f(x, t)| < \varepsilon$ für alle $t \in I$, falls nur $|x_j - x| < \delta$ gilt. Dies bedeutet, dass die Folge $\left(f(x_j, \cdot)\right)_{j \in \mathbb{N}}$ gleichmäßig auf I gegen $f(x, \cdot)$ konvergiert. Nach Satz V.2.15 gilt daher

$$\lim_{j \to \infty} \int_I f(x_j, t)\, dt = \int_I f(x, t)\, dt,$$

und somit ist F in x stetig.

b) Es seien $K \subset \Omega$ eine kompakte Menge und $x \in K \setminus \partial K$. Auf dem Kompaktum $K \times I$ ist $\frac{\partial f}{\partial x_j}$ wiederum nach Satz III.3.14 gleichmäßig stetig. Es existiert also für jedes $\varepsilon > 0$ ein $\delta > 0$ mit $|\frac{\partial f}{\partial x_j}(\tilde{x}, t) - \frac{\partial f}{\partial x_j}(x, t)| < \varepsilon$ für alle $\tilde{x} \in K$ mit $|x - \tilde{x}| \leq \delta$. Ist $(h_k)_{k \in \mathbb{N}} \subset \mathbb{R}$ eine Nullfolge mit $h_k \neq 0$ für alle $k \in \mathbb{N}$, so existiert nach dem Mittelwertsatz (Theorem IV.2.5) ein $\xi_k \in (-h_k, h_k)$ mit

$$\frac{f(x + h_k e_j, t) - f(x, t)}{h_k} = \frac{\partial f}{\partial x_j}(x + \xi_k e_j, t).$$

Wir wählen nun $N \in \mathbb{N}$ so, dass $|h_k| < \delta$ für alle $k \geq N$ gilt. Es folgt $|\xi_k| < \delta$ und

$$\left| \frac{\partial f}{\partial x_j}(x, t) - \frac{f(x + h_k e_j, t) - f(x, t)}{h_k} \right| = \left| \frac{\partial f}{\partial x_j}(x, t) - \frac{\partial f}{\partial x_j}(x + \xi_k e_j, t) \right| < \varepsilon.$$

Somit konvergiert

$$\frac{f(x + h_k e_j, \cdot) - f(x, \cdot)}{h_k} \longrightarrow \frac{\partial f}{\partial x_j}(x, \cdot)$$

gleichmäßig auf I. Nach Satz V.2.15 konvergieren daher die zugehörigen Integrale, d. h., es gilt

$$\lim_{k \to \infty} \frac{F(x + h_k e_j) - F(x)}{h_k} = \lim_{k \to \infty} \int_I \frac{f(x + h_k e_j, t) - f(x, t)}{h_k}\, dt = \int_I \frac{\partial f}{\partial x_j}(x, t)\, dt.$$

Daher ist F nach x_j partiell differenzierbar, und es gilt

$$\frac{\partial F}{\partial x_j}(x) = \int_I \frac{\partial f}{\partial x_j}(x, t)\, dt.$$

Schließlich ist $\frac{\partial F}{\partial x_j}$ nach Aussage a) stetig, da die Stetigkeit von $\frac{\partial f}{\partial x_j}$ auf $\Omega \times I$ vorausgesetzt war. $\qquad\square$

6.2 Bemerkung. Theorem 6.1 gilt sinngemäß auch für $\mathbb{R}^m$-wertige Funktionen. Hierzu definieren wir zunächst das Integral eines m-Tupels $(f_1, \ldots, f_m)$ sprungstetiger Funktionen auf einem kompakten Intervall $I := [a, b]$ komponentenweise durch

$$\int_a^b f(t)\, dt := \left(\int_a^b f_1(t)\, dt, \ldots, \int_a^b f_m(t)\, dt \right).$$

Es gilt dann: Sind $\Omega \subset \mathbb{R}^n$ offen und $f \in C(\Omega \times I; \mathbb{R}^m)$ auf $\Omega \times I$ für ein $j \in \{1, \ldots, n\}$ stetig partiell nach x_j differenzierbar, so ist die Funktion $F : \Omega \to \mathbb{R}^m$, definiert durch $F(x) := \int_a^b f(x, t)\, dt$, stetig partiell nach x_j differenzierbar, und es gilt

$$\frac{\partial F}{\partial x_j}(x) = \int_a^b \frac{\partial f}{\partial x_j}(x, t)\, dt, \quad x \in \Omega.$$

Vertauschbarkeit iterierter Integrale

Als erste Anwendung von Theorem 6.1 beweisen wir einen Vertauschbarkeitssatz für iterierte Integrale.

6.3 Satz. *Ist* $f : [a, b] \times [c, d] \to \mathbb{R}$ *stetig, so gilt*

$$\int_a^b \left(\int_c^d f(x, t)\, dt \right) dx = \int_c^d \left(\int_a^b f(x, t)\, dx \right) dt.$$

Beweis. Wir definieren die Funktionen $F_1, F_2 : [a, b] \to \mathbb{R}$ durch

$$F_1(\xi) := \int_a^\xi \left(\int_c^d f(x, t)\, dt \right) dx \quad \text{und} \quad F_2(\xi) := \int_c^d \left(\int_a^\xi f(x, t)\, dx \right) dt.$$

Da der Integrand von F_1 auf $[a, b]$ stetig ist, ist F_1 nach dem Hauptsatz der Differential- und Integralrechnung differenzierbar, und es gilt $F_1'(\xi) = \int_c^d f(\xi, t)\, dt$. Die Funktion F_2 ist nach Theorem 6.1 ebenfalls differenzierbar mit $F_2'(\xi) = \int_c^d f(\xi, t)\, dt$. Daher gilt $F_1' = F_2'$ und wegen $F_1(a) = F_2(a) = 0$ auch $F_1 = F_2$. □

Durch wiederholtes Anwenden des obigen Verfahrens können wir das iterierte Integral einer stetigen Funktion auf einem Quader $Q := [a_1, b_1] \times \ldots \times [a_k, b_k] \subset \mathbb{R}^k$ als

$$\int_Q f(x)\, dx := \int_{a_k}^{b_k} \left(\ldots \int_{a_2}^{b_2} \left(\int_{a_1}^{b_1} f(x_1, \ldots, x_k)\, dx_1 \right) dx_2 \ldots \right) dx_k$$

definieren.

6.4 Bemerkung. Theorem 6.1 erlaubt es uns, einen eleganten Beweis des Satzes von Schwarz (Satz 3.2) zu geben. Wir betrachten hier die folgende Variante dieses Satzes:

Es seien $\Omega \subset \mathbb{R}^n$ offen, $f \in C^1(\Omega)$ und $i, j \in \{1, \dots, n\}$. Existiert $\partial_{ij} f$ auf Ω und ist dort stetig, so existiert auch $\partial_{ji} f$ auf Ω, und es gilt $\partial_{ij} f = \partial_{ji} f$ auf Ω.

Für den Beweis betrachten wir ohne Beschränkung der Allgemeinheit den Fall von $n = 2$, $i = 1$, $j = 2$ und $f = f(x, y)$. Ist $(x_0, y_0) \in \Omega$, so wählen wir Intervalle $[a, b]$ um x_0 und $[c, d]$ um y_0 so, dass $Q := [a, b] \times [c, d] \subset \Omega$ gilt. Da $f \in C^1(\Omega)$, folgt

$$f(x, y) = f(a, y) + \int_a^x \partial_1 f(t, y)\, dt, \quad (x, y) \in Q.$$

Da nach Voraussetzung $\partial_{12} f$ auf Q stetig ist, ist nach Theorem 6.1 f partiell nach y differenzierbar, und es gilt

$$\partial_2 f(x, y) = \partial_2 f(a, y) + \int_a^x \partial_{21} f(t, y)\, dt, \quad (x, y) \in Q.$$

Der Integrand ist nach Voraussetzung ebenfalls stetig, und somit definiert das obige Integral eine nach x differenzierbare Funktion, und es gilt

$$\partial_{12} f(x, y) = \frac{\partial}{\partial x} \int_a^x \partial_{21} f(t, y)\, dt = \partial_{21} f(x, y), \quad (x, y) \in Q.$$

Aufgaben

1. Es seien $Q \subset \mathbb{R}^3$ ein achsenparalleler, kompakter Quader, $f : Q \to \mathbb{R}$ eine stetige Funktion und $u : \mathbb{R}^3 \setminus Q \to \mathbb{R}$ sei gegeben durch

$$u(x) := \int_Q N(x - y) f(y)\, dy,$$

   wobei $N : \mathbb{R}^3 \setminus \{0\} \to \mathbb{R}$, $N(x) = 1/|x|$ das in Abschnitt 3 eingeführte (skalierte) Newton-Potential bezeichnet. Man zeige mittels Theorem 6.1, dass u auf $\mathbb{R}^3 \setminus Q$ eine harmonische Funktion ist, d. h., dass $\Delta u = 0$ auf $\mathbb{R}^3 \setminus Q$ gilt.

2. Die Funktion $f : [0, 1] \times [-1, 1] \to \mathbb{R}$ sei gegeben durch $f(x, y) := \begin{cases} \sqrt{x^2 - y^2}, & |y| \leq x, \\ 0, & \text{sonst.} \end{cases}$

   Man berechne $\int_{-1}^1 \int_0^1 f(x, y)\, dx\, dy$.

3. Für $t > 0$ seien $f, g : [0, t] \to \mathbb{R}$ stetige Funktionen, und es gelte $f(0) = 0$. Man vertausche die Integrationsreihenfolge im Integral

$$\int_0^t \int_0^s f(s - r) g(r)\, dr\, ds$$

   und zeige, dass dieses mit $\int_0^t \int_r^t f(s - r) g(r)\, ds\, dr$ übereinstimmt.

4. Für $r > 0$ sei $f : [-r, r]^3 \to \mathbb{R}$ definiert durch

$$f(x_1, x_2, x_3) := \begin{cases} \sqrt{r^2 - x_1^2 - x_2^2 - x_3^2}, & x_1^2 + x_2^2 + x_3^2 \leq r^2, \\ 0, & \text{sonst.} \end{cases}$$

Man zeige, dass $\int_{-r}^{r} \int_{-r}^{r} \int_{-r}^{r} f(x_1, x_2, x_3)\, dx_1\, dx_2\, dx_2 = \frac{\pi^2}{4} r^4$ gilt.

---

7 Anmerkungen und Ergänzungen

1 Historisches

Wichtige Ergebnisse dieses Kapitels gehen auf Carl Gustav Jacob Jacobi (1804–1851), Professor in Königsberg und Berlin, auf Otto Hesse (1811–1874), Professor in Königsberg und München, sowie Hermann Amandus Schwarz (1843–1921), Professor in Halle, Zürich, Göttingen und Berlin, zurück.

Jacobi wirkte in den Jahren 1826–1843 an der Universität Königsberg, wo er mit der Einrichtung eines mathematisch-physikalischen Seminars den universitären Unterricht reformierte. Gemeinsam mit Friedrich Wilhelm Bessel (1784–1846) machte er die dortige Universität zu einem Anziehungspunkt für Mathematiker. Die Einrichtung von Forschungsseminaren in der Mathematik war damals neu.

Jacobi war eine überragende Forscherpersönlichkeit: Seine Arbeiten zu elliptischen Funktionen, zur Differentialgeometrie, zur Theorie der partiellen Differentialgleichungen und zur Variationsrechung machten ihn zu einem Wegbereiter der Mathematischen Physik.

Schwarz promovierte 1864 in Berlin unter der Anleitung von Ernst Kummer und war Professor in Halle, Zürich, Göttingen und Berlin. Er beschäftigte sich hauptsächlich mit Themen der Funktionentheorie sowie mit Minimalflächen. Insbesondere ist die Cauchy-Schwarzsche Ungleichung sowie der Satz von Schwarz in Abschnitt 3 nach ihm benannt. Zu seinen Schülern zählten Leopold Féjer und Ernst Zermelo.

Die Notation ∇f (gesprochen *Nabla* f) für den Gradienten einer Funktion geht auf Symbole von William R. Hamilton (1805–1865) zurück. Er leistete grundlegende Beiträge zur Mathematischen Physik und war Präsident der Royal Irish Academy. Peter Thait (1831–1901) führte die heutige Form des ∇-Symbols als ein auf den Kopf gestelltes Delta ein. Der Name *Nabla* leitet sich von einer antiken Standleier (altgriechisch $\nu\alpha\beta\lambda\alpha$, nabla) ab, einem harfenähnlichen Saiteninstrument, dessen Form an das Nabla-Symbol erinnert.

Der oben definierte Operator Δ wird heute zu Ehren des französischen Mathematikers Pierre-Simon Laplace (1749–1827) als Laplace-Operator bezeichnet. Wichtige Beiträge in der Mathematischen Physik, der Potentialtheorie und in der Wahrscheinlichkeitstheorie gehen auf ihn zurück. Neben seinem wissenschaftlichen Wirken war er auch politisch aktiv; insbesondere war er für kurze Zeit Minister unter Napoleon. Zu seinen wichtigsten Werken gehören *Traité du Mechanique Céleste* und *Théorie Analytique des Probabilités*.

2 Differentiation in Banach-Räumen

Wir haben das Konzept der Differenzierbarkeit einer Funktion in mehreren Stufen entwickelt, zuerst in Kapitel IV für Funktionen $f : \mathbb{R} \to \mathbb{C}$ und in diesem Abschnitt jetzt für Funktionen $f : \mathbb{R}^n \to \mathbb{R}^m$. Unsere Definition der Differenzierbarkeit einer Funktion $f : \mathbb{R}^n \to \mathbb{R}^m$ beruhte auf der Existenz einer stetigen Abbildung $A \in \mathcal{L}(\mathbb{R}^n, \mathbb{R}^m)$, welche f approximierte. In dieser Situation ist die Stetigkeit von A als lineare Abbildung zwischen endlich-dimensionalen Vektorräumen stets gewährleistet.

Sind X, Y Banach-Räume, $\Omega \subset X$ offen und betrachten wir Banach-Raum-wertige Abbildungen $f : \Omega \to Y$, so ist die folgende Definition der Differenzierbarkeit von f natürlich.

Definition.   Sind X, Y Banach-Räume, $\Omega \subset X$ offen, $x_0 \in \Omega$ und $f : \Omega \to Y$ eine Abbildung, so heißt f *Fréchet-differenzierbar* in x_0, wenn eine stetige lineare Abbildung $A \in \mathcal{L}(X, Y)$ existiert mit

$$\lim_{h \to 0, h \neq 0} \frac{1}{\|h\|_X} \|f(x_0 + h) - f(x_0) - Ah\|_Y = 0.$$

Klarerweise ist unsere bisherige Definition der Differenzierbarkeit ein Spezialfall der Obigen. Viele der von uns betrachteten Konzepte lassen sich auf die Banach-Raum-wertige Situation verallgemeinern. Insbesondere gilt:

a) A ist eindeutig bestimmt, wenn A existiert.

b)   Die Differenzierbarkeit von f in x_0 impliziert die Stetigkeit von f in x_0.

c)   Es gilt eine Kettenregel.

Das Gâteaux-Differential, benannt nach René Gâteaux (1889-1914), stellt eine andere Verallgemeinerung des Differenzierbarkeitsbegriffs auf Banach-Raum-wertige Funktionen dar, indem es Richtungsableitungen auch in unendlich-dimensionalen Räumen definiert.

Sind X, Y Banachräume, $\Omega \subset X$ offen, $f : \Omega \to Y$ eine Abbildung und $x_0 \in \Omega$, so heißt f *Gâteaux-differenzierbar* in x_0, wenn eine Abbildung $A \in \mathcal{L}(X, Y)$ existiert, so dass für alle $v \in X$

$$\lim_{t \to 0} \frac{f(x_0 + tv) - f(x_0)}{t} = Av$$

gilt. Eine in x_0 Gâteaux-differenzierbare Funktion ist dort nicht notwendigerweise stetig, auch nicht in der endlich-dimensionalen Situation. Betrachten wir zum Beispiel die Funktion $f : \mathbb{R}^2 \to \mathbb{R}$, definiert durch

$$f(0,0) = 0, \quad f(x, y) = \frac{x^4 y}{x^6 + y^3}, \quad (x, y) \neq (0, 0),$$

so ist f Gâteaux-differenzierbar in 0, aber unstetig in 0. Im Allgemeinen lassen sich Ableitungen von Banach-Raum-wertigen Funktionen nicht mehr so einfach berechnen wie im Fall von Funktionen $f : \mathbb{R}^n \to \mathbb{R}^m$, wo wir Df mittels der Jacobi-Matrix darstellen können.

3 Gradient bezüglich eines Skalarprodukts

Es sei $A = (a_{ij})_{n \times n} \in \mathbb{R}^{n \times n}_{\text{sym}}$ eine symmetrische und positiv definite Matrix, und es existiere ein $m > 0$ mit

$$\sum_{i,j=1}^{n} a_{ij} \xi_i \xi_j \geq m|\xi|^2, \quad \xi \in \mathbb{R}^n.$$

Definieren wir auf $\mathbb{R}^n$ ein Skalarprodukt $(\cdot|\cdot)^a$ durch

$$(x|y)^a := \sum_{i,j=1}^{n} a_{ij} x_i y_j, \quad x, y \in \mathbb{R}^n,$$

so existiert nach dem Rieszschen Darstellungssatz 1.16 für eine Funktion $f \in C^1(\mathbb{R}^n)$ und $x_0 \in \mathbb{R}^n$ ein eindeutig bestimmtes $y \in \mathbb{R}^n$ mit $Df(x_0)h = (y|h)^a$ für alle $h \in \mathbb{R}^n$. Man nennt $\nabla^a f(x_0) := y$ den *Gradienten von f in x_0 bezüglich* $(\cdot|\cdot)^a$. Es folgt

$$\partial_i f(x_0) = \sum_{j=1}^{n} a_{ij} y_j, \quad i = 1, \ldots, n.$$

Nach Satz 5.7 ist die Matrix $A = (a_{ij})_{n \times n}$ invertierbar, und ferner ist A^{-1} wiederum symmetrisch und positiv definit. Bezeichnen wir die Einträge von A^{-1} mit a^{ij}, so folgt

$$y_j = \sum_{i=1}^{n} a^{ji} \partial_i f(x_0)$$

für alle $j = 1, \ldots, n$, und der Gradient von f in x_0 bezüglich des Skalarprodukts $(\cdot | \cdot)^a$ ist somit gegeben durch

$$\nabla^a f(x_0) = (y_1, \ldots, y_n).$$

4 Maximumsprinzip

Harmonische Funktionen wurden bereits in Abschnitt 3 eingeführt. Ist $\Omega \subset \mathbb{R}^n$ offen, so haben wir $u \in C^2(\Omega)$ harmonisch genannt, wenn $\Delta u = 0$ in Ω gilt. Ist $\Omega \subset \mathbb{R}^n$ zusätzlich beschränkt und $u \in C(\overline{\Omega}) \cap C^2(\Omega)$, so erfüllen harmonische Funktionen das Maximumsprinzip.

Satz. (Maximumsprinzip). *Ist $\Omega \subset \mathbb{R}^n$ offen und beschränkt und $u \in C(\overline{\Omega}) \cap C^2(\Omega)$ harmonisch, so gilt:*

a) Die Funktion u nimmt ihr Maximum auf dem Rand $\partial \Omega$ an, d. h., es gilt

$$\max_{\overline{\Omega}} u = \max_{\partial \Omega} u.$$

b) Ebenso nimmt $|u|$ sein Maximum auf $\partial \Omega$ an.

c) Ist u auf $\partial \Omega$ konstant, so ist u konstant in Ω.

Beweis.   a) Für $\varepsilon > 0$ betrachten wir die Funktion

$$w := u + \varepsilon v,$$

mit $v(x) = |x|^2 \geq 0$ für $x \in \Omega$. Wegen $\Delta v = 2n > 0$ gilt

$$\Delta w = \Delta u + \varepsilon \Delta v = 2n\varepsilon > 0 \text{ in } \Omega.$$

Die Funktion w besitzt in Ω keine Maximalstelle, denn wäre $x_0 \in \Omega$ eine solche, so wäre $H_w(x_0)$ nach Satz 5.9 negativ semidefinit, und somit wären alle Eigenwerte von $H_w(x_0)$ kleiner oder kleiner gleich 0. Dann wäre auch

$$\Delta w(x_0) = \text{spur } H_w(x_0) \leq 0,$$

im Widerspruch zu $\Delta w > 0$. Somit besitzt w in Ω kein lokales Maximum.

Nach dem Satz von Heine-Borel ist $\overline{\Omega}$ kompakt, und w nimmt als stetige Funktion auf $\overline{\Omega}$ nach Theorem III.3.10 ihr Maximum an, und es gilt

$$\max_{\overline{\Omega}} w = \max_{\partial \Omega} w = \max_{\partial \Omega}(u + \varepsilon v) \leq (\max_{\partial \Omega} u) + \varepsilon r^2$$

für ein hinreichend großes r. Daher folgt

$$\max_{\overline{\Omega}} u \leq \max_{\partial \Omega} w \leq \max_{\partial \Omega} u + \varepsilon r^2$$

für jedes $\varepsilon > 0$ und wir haben Aussage a) bewiesen.

b) Da mit u auch $-u$ harmonisch ist, folgt $\max_{\overline{\Omega}} -u = \max_{\partial \Omega} -u$, und Aussage b) folgt aus a).

c) Gilt $u_{|\partial \Omega} = m$ für ein $m \in \mathbb{R}$, so ist auch $u - m$ harmonisch, und es gilt

$$\max_{\overline{\Omega}} |u - m| = \max_{\partial \Omega} |u - m| = 0.$$

Also ist $u \equiv m$ auf $\overline{\Omega}$. $\square$

5 Lemma von Morse

Nicht degenerierte kritische Punkte von Funktionen sind von Bedeutung, da Funktionen *lokal* bereits durch die *Anzahl* der negativen Eigenwerte von $H_f(a)$ charakterisiert werden. Wir nennen

$$\text{ind}(a) := \text{Anz}\Big(\sigma(H_f(a)) \cap (-\infty, 0)\Big)$$

den *Index* des kritischen Punktes a. Hierbei bezeichnet $\sigma(A)$ das Spektrum einer Matrix A, also die Menge aller ihrer Eigenwerte. In diesem Zusammenhang ist das folgende Lemma von Morse von Bedeutung.

Satz. (Lemma von Morse). *Besitzt eine Funktion $f \in C^3(\mathbb{R}^n)$ einen nicht degenerierten kritischen Punkt a, so existieren Koordinaten $y = (y_1, \ldots, y_n)$ um a derart, dass*

$$f(y) - f(a) = -y_1^2 - \ldots - y_k^2 + y_{k+1}^2 + \ldots + y_n^2$$

mit $k = \text{ind}(a)$ gilt.

Dies bedeutet, dass ein Diffeomorphismus (diesen Begriff definieren wir in Kapitel VIII) $\varphi : U \to U_a$, $y \mapsto \varphi(y)$, von einer Umgebung U von 0 auf eine Umgebung von a derart existiert, dass

$$(f \circ \varphi)(y) - f(a) = y_1^2 - \ldots - y_k^2 + y_{k+1}^2 + \ldots + y_n^2$$

gilt. In diesen Koordinaten ist f dann bis auf eine additive Konstante durch eine quadratische Form gegeben, welche vollständig durch $\text{ind}(a)$ bestimmt ist.

Da der Index $\text{ind}(a)$ eines kritischen Punktes $a \in \mathbb{R}^n$ nur $(n + 1)$ verschiedene Werte annehmen kann, erhalten wir das folgende Korollar.

Korollar. *In $\mathbb{R}^n$ existieren lokal genau $(n + 1)$ verschiedene nicht degenerierte kritische Punkte, und zwar strikte Minimal- und Maximalstellen sowie Sattelpunkte vom Index $k = 1, \ldots, n - 1$.*

Marston Morse (1892–1977) hat den obigen Satz im Jahre 1925 bewiesen. Er war Professor an der Harvard University und am Institute for Advanced Study in Princeton. Die nach ihm benannte *Morse-Theorie* verallgemeinert diese Überlegungen auf Funktionen definiert auf Mannigfaltigkeiten. Zentrale Arbeiten hierzu gehen auf R. Thom und V.I. Arnold zurück.

6 Stetigkeit konvexer Funktionen

Die Definition einer konvexen Funktion f erfordert keinerlei Annahmen an die Stetigkeit von f und eine konvexe Funktion $f : \Omega \to \mathbb{R}$ auf einer nichtoffenen, konvexen Menge $\Omega \subset \mathbb{R}^n$ ist, wie das Beispiel der Funktion $f : [0, \infty) \to \mathbb{R}$, $f(0) := 1$ und $f(t) := t$ für $t > 0$ zeigt, im Allgemeinen nicht stetig. Ist Ω jedoch offen und konvex, so ist f stetig und genauer gilt der folgende Satz.

Satz. *Sind $\Omega \subset \mathbb{R}^n$ offen und konvex und $f : \Omega \to \mathbb{R}$ eine konvexe Funktion, so ist f stetig und auf jeder kompakten Teilmenge von Ω sogar Lipschitz-stetig.*

Umkehrabbildungen und Implizite Funktionen

In diesem Kapitel untersuchen wir mehrere, eng miteinander zusammenhängende Themenkomplexe. Wir beginnen mit der zentralen Frage dieses Kapitels, wann eine stetig differenzierbare Funktion f eine ebensolche Umkehrfunktion besitzt. Der Satz über die Umkehrfunktion gibt darauf eine befriedigende Antwort: Eine stetig differenzierbare Funktion, deren Differential in einem Punkt invertierbar ist, besitzt in einer gewissen Umgebung dieses Punktes eine Umkehrung, die ebenfalls stetig differenzierbar ist.

Dieser Satz führt uns in Abschnitt 2 zur Frage nach der impliziten Auflösbarkeit von Gleichungen und damit zum Satz über implizite Funktionen. Dieser erlaubt es uns in Abschnitt 3, ein notwendiges Kriterium für die Existenz von Extrema unter Nebenbedingungen, die sogenannte Lagrangesche Multiplikatorenregel, zu entwickeln. In Abschnitt 4 werden wir dann in natürlicher Weise auf den Begriff der Untermannigfaltigkeit geführt.

Die Beantwortung der zentralen Frage dieses Kapitels erweist sich als deutlich schwieriger als in der eindimensionalen Situation, da die Monotonieargumente der eindimensionalen Situation nicht mehr zur Verfügung stehen. Unsere Herleitung des Satzes über die lokale Umkehrbarkeit einer stetig differenzierbaren Abbildung beruht auf zwei Pfeilern: dem Schrankensatz und dem Banachschen Fixpunktsatz. Wir zeigen damit zunächst, dass unter gewissen Bedingungen an f eine stetige Umkehrung von f lokal existiert. Die Kettenregel, verbunden mit der Stetigkeit der Inversion, impliziert dann, dass diese wiederum stetig differenzierbar ist.

Der Satz über implizite Funktionen beschäftigt sich dann mit der Frage, unter welchen Bedingungen eine Gleichung der Form $f(x, y) = 0$ in der Nähe einer Nullstelle einer stetig differenzierbaren Funktion f eine differenzierbare Auflösung $y = \varphi(x)$ besitzt. Dieser Satz führt aus geometrischer Sicht zum Begriff der Untermannigfaltigkeit in $\mathbb{R}^n$; dies sind diejenigen Teilmengen des $\mathbb{R}^n$, welche lokal wie offene Teilmengen eines $\mathbb{R}^d$ mit $d \leq n$ aussehen. Der Satz vom regulären Wert stellt ein effizientes Kriterium dar, um festzustellen, dass eine gegebene Teilmenge des $\mathbb{R}^n$ eine Untermannigfaltigkeit ist.

Die zunächst geometrisch motivierte Einführung der Begriffe des Tangential- bzw. Normalenraumes einer Untermannigfaltigkeit zielt darauf ab, die Konzepte der Differenti-

© Springer-Verlag GmbH Deutschland, ein Teil von Springer Nature 2019
M. Hieber, *Analysis II*, https://doi.org/10.1007/978-3-662-57542-0_3

alrechnung auf Abbildungen zwischen Untermannigfaltigkeiten zu übertragen. Wir leiten hier nur erste Eigenschaften dieser Räume her und erhalten als deren Konsequenz einen eleganten Beweis der Multiplikatorenregel von Lagrange.

1   Satz über die Umkehrabbildung

Ist $I \subset \mathbb{R}$ ein offenes Intervall und $f : I \to \mathbb{R}$ eine differenzierbare Funktion mit $f'(x) \neq 0$ für alle $x \in I$, so ist f streng monoton, die Umkehrfunktion f^{-1} existiert im Intervall $J = f(I)$ und ist nach dem Satz über die Umkehrfunktion (Satz IV.1.9) differenzierbar mit

$$\left(f^{-1}\right)'\left(f(x)\right) = \left(f'(x)\right)^{-1}, \quad x \in I.$$

Im Folgenden betrachten wir die Verallgemeinerung dieses Sachverhalts auf Funktionen mehrerer Variablen und untersuchen die beiden Fragestellungen: Es sei $\Omega \subset \mathbb{R}^n$ offen und $f \in C^1(\Omega; \mathbb{R}^n)$.

a) Welche Bedingungen an $Df(x_0)$ für $x_0 \in \Omega$ garantieren, dass f in einer Umgebung von x_0 injektiv ist?

b) Unter welchen Bedingungen ist, gegeben die Injektivität von f, die Umkehrfunktion $f^{-1} : f(\Omega) \to \Omega$ wiederum stetig differenzierbar?

1.1 Bemerkungen. a) Wir stellen zunächst fest, dass ein zur eindimensionalen Situation analoges Resultat für Funktionen in $\mathbb{R}^n$ für $n \geq 2$ nicht existieren kann. Als Gegenbeispiel betrachten wir die Polarkoordinatenabbildung

$$f : (0, \infty) \times \mathbb{R} \to \mathbb{R}^2 \backslash \{(0,0)\}, \quad f(r, \varphi) := (r \cos \varphi, r \sin \varphi).$$

Diese ist surjektiv und stetig differenzierbar, die Jacobi-Matrix $J_f(r, \varphi)$ ist invertierbar für alle $(r, \varphi) \in (0, \infty) \times \mathbb{R}$, aber f ist nicht injektiv. Also ist f auch nicht invertierbar.

b) Ferner seien $\Omega_1 \subset \mathbb{R}^n$, $\Omega_2 \subset \mathbb{R}^m$ offene Mengen und $f : \Omega_1 \to \Omega_2$ eine stetig differenzierbare Funktion mit einer stetig differenzierbaren Umkehrfunktion $g := f^{-1} : \Omega_2 \to \Omega_1$. Die Kettenregel impliziert dann

$$D(g \circ f) = D(\mathrm{id}_{\Omega_1}) = \mathrm{id}_{\mathbb{R}^n} \quad \text{und} \quad D(f \circ g) = D(\mathrm{id}_{\Omega_2}) = \mathrm{id}_{\mathbb{R}^m}.$$

Wir folgern, dass $n = m$ gelten muss und für $y = f(x)$ die Abbildungen $Dg(y)^{-1} \in \mathcal{L}(\mathbb{R}^n)$ und $Df(x) \in \mathcal{L}(\mathbb{R}^n)$ zueinander inverse Isomorphismen sein müssen. Insbesondere ist also die Invertierbarkeit von $Df(x_0) \in \mathcal{L}(\mathbb{R}^n)$ eine *notwendige* Bedingung für die Existenz einer stetig differenzierbaren Umkehrfunktion von f in x_0.

c) Diese für die Existenz einer stetig differenzierbaren Umkehrfunktion notwendige Bedingung ist für surjektive und stetig differenzierbare Funktionen $f : I \to J$ eines offenen Intervalls $I \subset \mathbb{R}$ auf ein offenes Intervall $J \subset \mathbb{R}$ auch hinreichend. In diesem

Fall besitzt f' ein einheitliches Vorzeichen, f ist also streng monoton, und f besitzt nach dem Umkehrsatz der eindimensionalen Situation (Satz IV.1.9) eine stetig differenzierbare Umkehrfunktion. Dieses Monotonieargument steht uns in der mehrdimensionalen Situation jedoch nicht mehr zur Verfügung.

Satz über die Umkehrabbildung

Der folgende Satz über die Umkehrabbildung besagt, dass eine stetig differenzierbare Funktion, deren Differential an einem Punkt invertierbar ist, in einer gewissen Umgebung dieses Punktes eine Umkehrung besitzt, die ebenfalls stetig differenzierbar ist.

1.2 Theorem. (Satz über die Umkehrabbildung). *Es seien $\Omega \subset \mathbb{R}^n$ offen und $f \in C^1(\Omega; \mathbb{R}^n)$ eine Funktion, für welche $Df(a) \in \mathcal{L}(\mathbb{R}^n)$ für ein $a \in \Omega$ invertierbar ist. Dann existiert eine offene Umgebung U von a und eine offene Umgebung V von $b := f(a)$ derart, dass $f : U \to V$ bijektiv ist und $f^{-1} \in C^1(V; \mathbb{R}^n)$ gilt. Ferner gilt*

$$Df^{-1}(b) = \big(Df(a)\big)^{-1}.$$

Der Satz über die Umkehrfunktion gehört zu den wichtigen Sätzen der Differentialrechnung. Seine Bedeutung liegt darin, dass für die lokale Injektivität einer Abbildung f in einer Umgebung von $a \in U$ nur $Df(a)$ invertierbar sein muss.

Für den Beweis benötigen wir in essentieller Art und Weise den Banachschen Fixpunktsatz, den Schrankensatz (Satz VII.2.11) sowie das folgende Lemma über die Stetigkeit der Inversion.

1.3 Lemma. (Stetigkeit der Inversion). *Die Menge $\mathcal{L}^{iso}(\mathbb{R}^n) := \{A \in \mathcal{L}(\mathbb{R}^n) : A$ stetig invertierbar in $\mathcal{L}(\mathbb{R}^n)\}$ ist offen in $\mathcal{L}(\mathbb{R}^n)$, und die Abbildung*

$$\mathrm{inv} : \mathcal{L}^{iso}(\mathbb{R}^n) \to \mathcal{L}(\mathbb{R}^n), \ A \mapsto A^{-1}$$

ist stetig.

Wegen Beispiel VI.2.18a) ist $A^{-1} \in \mathcal{L}(X)$, wenn A invertierbar ist und somit gilt $\mathcal{L}^{iso}(\mathbb{R}^n) = \{A \in \mathcal{L}(\mathbb{R}^n) : A$ invertierbar in $\mathcal{L}(\mathbb{R}^n)\}$. Identifizieren wir die lineare Abbildung $A \in \mathcal{L}(\mathbb{R}^n)$ mit ihrer Darstellung als $(n \times n)$-Matrix bezüglich der Standardbasis des $\mathbb{R}^n$, so wird die Menge $\mathcal{L}^{iso}(\mathbb{R}^n)$ in der Linearen Algebra meist als $GL(n, \mathbb{R})$ bezeichnet. Für den Beweis der obigen Aussagen verweisen wir auf die Übungsaufgaben.

Beweis von Theorem 1.2. Die zentrale Idee des Beweises besteht darin, die behauptete Bijektivität von $f : U \to V$ als eine Fixpunktgleichung umzuformulieren und diese mittels des Banachschen Fixpunktsatzes zu lösen. Die hierfür benötigte Kontraktionseigenschaft der Fixpunktabbildung erhalten wir aus dem Schrankensatz.

Wir unterteilen den relativ umfangreichen Beweis in sechs Teilschritte und beginnen mit der folgenden Vorbemerkung. Ohne Beschränkung der Allgemeinheit genügt es den Fall

$$a = 0, \quad f(0) = 0 \quad \text{und} \quad Df(0) = \text{id}_{\mathbb{R}^n} \tag{1.1}$$

zu betrachten. Diese Situation erreichen wir, indem wir anstelle von f die Funktion h : $x \mapsto Df(a)^{-1}[f(x + a) - f(a)]$ für $x \in \{y \in \mathbb{R}^n : y + a \in \Omega\}$ betrachten.

Schritt 1:   Unser Ziel besteht darin, Umgebungen U und V von 0 derart zu finden, dass für jedes $y \in V$ die Gleichung $f(x) = y$ eine eindeutig bestimmte Lösung $x \in U$ besitzt und $f(U) \subset V$ gilt. Wir suchen also Umgebungen U und V von 0, so dass die Funktion $\Phi_y : U \to \mathbb{R}^n$, gegeben durch

$$\Phi_y(x) := x + \big(y - f(x)\big),$$

für jedes $y \in V$ genau einen Fixpunkt besitzt.

Schritt 2:   Wir wenden den Banachschen Fixpunktsatz auf die obige Gleichung an. Zunächst ist $\Phi_0 \in C^1(U; \mathbb{R}^n)$, und die Skalierung (1.1) impliziert, dass $D\Phi_0(0) = \text{id}_{\mathbb{R}^n} - \text{id}_{\mathbb{R}^n} = 0$ gilt. Aufgrund der Stetigkeit von $D\Phi_0$ existiert ein $r > 0$ derart, dass

$$\|D\Phi_0(x)\| \le \frac{1}{2}, \quad x \in \overline{B}_{2r}(0) \tag{1.2}$$

gilt. Da $D\Phi_y = D\Phi_0$, folgt aus dem Schrankensatz (Korollar VII.2.11)

$$|\Phi_y(x_1) - \Phi_y(x_2)| \le \frac{1}{2}|x_1 - x_2|, \quad x_1, x_2 \in \overline{B}_{2r}(0), \tag{1.3}$$

und somit gilt für $y \in \overline{B}_r(0)$

$$|\Phi_y(x)| \le |\Phi_y(x) - \Phi_y(0)| + |\Phi_y(0)| \le \frac{1}{2}|x| + |y| \le 2r, \quad x \in \overline{B}_{2r}(0). \tag{1.4}$$

Dies bedeutet, dass für jedes $y \in \overline{B}_r(0)$ die Abbildung

$$\Phi_y : \overline{B}_{2r}(0) \to \overline{B}_{2r}(0)$$

sowohl eine Selbstabbildung als auch eine strikte Kontraktion auf $\overline{B}_{2r}(0)$ ist. Da $\overline{B}_{2r}(0)$ als abgeschlossene Teilmenge von $\mathbb{R}^n$ ein vollständiger metrischer Raum ist (vgl. Übungsaufgabe VI.2.9) impliziert der Banachsche Fixpunktsatz für jedes $y \in \overline{B}_r(0)$ die Existenz eines eindeutig bestimmten Fixpunktes $x \in \overline{B}_{2r}(0)$ von Φ_y mit $\Phi_y(x) = x$. Setzen wir $V := B_r(0)$ und $U := f^{-1}(V) \cap B_{2r}(0)$, so ist die Einschränkung von f auf U bijektiv. Die Abschätzung (1.3) impliziert $|\Phi_0(x)| < r$ für alle $x \in B_r(0)$, und daher gilt

$f\big(B_r(0)\big) \subset B_{2r}(0)$ sowie $B_{r/2}(0) \subset U$. Insbesondere ist U eine offene Umgebung des Nullpunktes.

Schritt 3: Wir zeigen als Nächstes, dass $f^{-1} : V \to \mathbb{R}^n$ stetig ist. Für jedes $x \in U$ gilt $x = \Phi_0(x) + f(x)$, und wegen (1.3) gilt

$$|x_1 - x_2| \le \frac{1}{2}\,|x_1 - x_2| + |f(x_1) - f(x_2)|, \quad x_1, x_2 \in U$$

und somit

$$|f^{-1}(y_1) - f^{-1}(y_2)| \le 2\,|y_1 - y_2|, \quad y_1, y_2 \in V. \tag{1.5}$$

Dies bedeutet, dass $f^{-1} : V \to \mathbb{R}^n$ sogar Lipschitz-stetig ist.

Schritt 4: Wir zeigen, dass $Df(x) \in \mathcal{L}(\mathbb{R}^n)$ für jedes $x \in U$ invertierbar ist. Zunächst gilt

$$f(x) = x - \Phi_0(x) \quad \text{und} \quad Df(x) = \mathrm{id}_{\mathbb{R}^n} - D\Phi_0(x), \quad x \in U.$$

Gilt $Df(x)v = 0$ für ein $v \in \mathbb{R}^n$, so folgt $v = [D\Phi_0(x)]v$, und wegen (1.2) gilt

$$|v| \le \|D\Phi_0(x)\|\,|v| \le \frac{1}{2}\,|v|.$$

Also gilt $v = 0$, und somit ist $Df(x)$ injektiv. Die Dimensionsformel der Linearen Algebra impliziert, dass $Df(x)$ auch surjektiv ist, und somit ist $Df(x)$ für alle $x \in U$ invertierbar.

Schritt 5: Wir zeigen, dass $f^{-1} : V \to U$ differenzierbar ist und dass $Df^{-1}(y) = [Df(x)]^{-1}$ für $x = f^{-1}(y)$ gilt. Hierzu seien $y, y_0 \in V$, $x = f^{-1}(y)$ und $x_0 = f^{-1}(y_0)$. Da f in x_0 stetig differenzierbar ist, gilt

$$f(x) - f(x_0) = Df(x_0)(x - x_0) + r(x, x_0)$$

für eine Funktion r mit $\lim_{x \to x_0} \frac{r(x, x_0)}{|x - x_0|} = 0$. Somit erhalten wir

$$
\begin{aligned}
f^{-1}(y) - f^{-1}(y_0) - [Df(x_0)]^{-1}(y - y_0) &= x - x_0 - [Df(x_0)]^{-1}(f(x) - f(x_0)) \\
&= -[Df(x_0)]^{-1} r(x, x_0).
\end{aligned}
$$

Nach Definition ist f^{-1} in y_0 differenzierbar, wenn $\lim_{y \to y_0} \frac{[Df(x_0)]^{-1} r(x, x_0)}{|y - y_0|} = 0$ gilt. Schritt 4 impliziert $[Df(x_0)]^{-1} \in \mathcal{L}(\mathbb{R}^n)$ und somit genügt es, $\lim_{y \to y_0} \frac{r(x, x_0)}{|y - y_0|} = 0$ zu zeigen. Wegen (1.5) gilt $2|y - y_0| \ge |x - x_0|$, und somit folgt aus $y \to y_0$ auch $x \to x_0$ und daher

$$0 \le \lim_{y \to y_0} \frac{|r(x, x_0)|}{|y - y_0|} \le \lim_{x \to x_0} 2\,\frac{|r(x, x_0)|}{|x - x_0|} = 0,$$

aufgrund der Differenzierbarkeit von f in x_0. Daher ist f^{-1} in y_0 differenzierbar, und es gilt $Df^{-1}(y_0) = [Df(x_0)]^{-1}$. Wählen wir $x_0 = a$ und $y_0 = b$, so folgt $Df^{-1}(b) = [Df(a)]^{-1}$.

Schritt 6:   Es bleibt zu zeigen, dass $f^{-1} \in C^1(V; \mathbb{R}^n)$ gilt. Anwenden der Kettenregel liefert $Df^{-1}(y) = [Df(f^{-1}(y))]^{-1}$. Da $f^{-1} \in C(V; \mathbb{R}^n)$ und nach Voraussetzung $Df \in C(U; \mathcal{L}(\mathbb{R}^n))$ gilt, impliziert Lemma 1.3, dass

$$Df^{-1} : V \to \mathcal{L}(\mathbb{R}^n), \quad Df^{-1} = (Df \circ f^{-1})^{-1} = \mathrm{inv} \circ Df \circ f^{-1}$$

als Verknüpfung stetiger Funktionen wiederum stetig ist. Der Satz ist nun vollständig bewiesen.   □

Offene Abbildungen und Diffeomorphismen

Theorem 1.2 über die lokale Umkehrbarkeit hat zahlreiche Konsequenzen. Als unmittelbare Folgerung notieren wir den Satz über die offene Abbildung.

1.4 Korollar. (Satz von der offenen Abbildung).   *Es seien $\Omega \subset \mathbb{R}^n$ offen, und für $f \in C^1(\Omega; \mathbb{R}^n)$ sei $Df(x) \in \mathcal{L}(\mathbb{R}^n)$ für jedes $x \in \Omega$ invertierbar. Dann ist $f(\Omega)$ offen in $\mathbb{R}^n$.*

Beweis.   Nach dem Umkehrsatz existiert zu jedem $x \in \Omega$ eine offene Umgebung $U_x \subset \Omega$ von x so, dass $f(U_x) \subset \mathbb{R}^n$ offen ist. Wegen $f(\Omega) = \bigcup_{x \in \Omega} f(U_x)$ und da beliebige Vereinigungen offener Mengen wiederum offen sind, ist auch $f(\Omega)$ offen.   □

1.5 Bemerkung.   Eine Abbildung $f : \Omega \to \mathbb{R}^n$ mit der Eigenschaft, dass $f(O)$ offen ist für alle offenen Mengen $O \subset \Omega$, heißt *offene Abbildung*.

Wir führen nun den Begriff des Diffeomorphismus ein.

1.6 Definition.   Sind $U, V \subset \mathbb{R}^n$ nichtleere und offene Mengen, so heißt eine Abbildung $f : U \to V$ *Diffeomorphismus von U auf V*, wenn sie bijektiv ist und $f \in C^1(U; \mathbb{R}^n)$ und $f^{-1} \in C^1(V; \mathbb{R}^n)$ gelten. Die Menge aller Diffeomorphismen $f : U \to V$ wird mit

$$\mathrm{Diff}\,(U, V) := \{f : U \to V : f \text{ ist Diffeomorphismus von } U \text{ auf } V\}$$

bezeichnet.

Ist $f : U \to V$ ein Diffeomorphismus, so ist $Df(x)$ für alle $x \in U$ invertierbar. Die Umkehrung dieses Sachverhalts gilt, wie in Bemerkung 1.1a) gezeigt, im Allgemeinen jedoch nicht.

1.7 Korollar. *Ist in der Situation des Satzes von der offenen Abbildung die Funktion f zusätzlich injektiv, so ist f ein Diffeomorphismus von Ω auf die offene Menge $f(\Omega) \subset \mathbb{R}^n$.*

Beweis. Die Umkehrabbildung $f^{-1} : f(\Omega) \to \Omega$ ist stetig, da für jede offene Menge $O \subset \Omega$ das Urbild $(f^{-1})^{-1}(O) = f(O)$ nach dem Satz über die offene Abbildung offen ist. Nach dem Satz über die Umkehrabbildung ist f sogar ein Diffeomorphismus von Ω auf $f(\Omega)$. $\qquad\qquad\square$

1.8 Bemerkung. Der Satz über die Umkehrabbildung wird häufig verwendet, um nichtlineare Gleichungssysteme zu lösen. Wir erhalten dann die folgende Aussage: Es sei $\Omega \subset \mathbb{R}^n$ offen, $f = (f_1, \ldots, f_n) \in C^1(\Omega; \mathbb{R}^n)$ und $x_0 \in \Omega$. Gilt $\det Df(x_0) \neq 0$ für ein $x_0 \in \Omega$, so existieren Umgebungen U von x_0 und V von $f(x_0)$ derart, dass das Gleichungssystem

$$f_1(x_1, \ldots, x_n) = y_1$$
$$\vdots \qquad\qquad \vdots$$
$$f_n(x_1, \ldots, x_n) = y_n$$

für jeden Wert $(y_1, \ldots, y_n) \in V$ genau eine Lösung

$$x_1 = x_1(y_1, \ldots, y_n), \ldots, x_n = x_n(y_1, \ldots, y_n)$$

in U besitzt. Ferner gilt $x_i \in C^1(V; \mathbb{R})$ für alle $i = 1, \ldots, n$.

Koordinatentransformationen

Wir können einen Diffeomorphismus $f : U \to V$, $x \mapsto f(x) =: y$ auch als eine *Koordinatentransformation* auffassen, die in V mit Koordinaten y neue Koordinaten x aus U einführt. Solche Koordinatentransformationen stellen oft ein wichtiges Hilfsmittel bei der Untersuchung konkreter Probleme dar. Wir stellen hier wichtige, spezielle Koordinatensysteme, wie etwa die *Polar-, Zylinder-* und *Kugelkoordinaten*, vor.

a) Ebene Polarkoordinaten

In $\mathbb{R}^2$ können wir jeden Punkt durch seinen Abstand r zum Nullpunkt und durch den Winkel φ seines Ortsvektors zur positiven x-Achse darstellen. Definieren wir umgekehrt die Abbildung $f : [0, \infty) \times \mathbb{R}$ durch $f(r, \varphi) := (r \cos \varphi, r \sin \varphi)$, so gilt

$$\det J_f(r, \varphi) = \begin{vmatrix} \cos \varphi & -r \sin \varphi \\ \sin \varphi & r \cos \varphi \end{vmatrix} = r.$$

Daher ist $Df(r, \varphi)$ für $r > 0$ invertierbar, und f definiert nach dem Satz über die Umkehrfunktion dort einen lokalen Diffeomorphismus. Setzen wir

$$x := r \cos \varphi, \quad y := r \sin \varphi \quad \text{mit} \quad r = (x^2 + y^2)^{1/2},$$

so sind $U := (0, \infty) \times (-\pi/2, \pi/2)$ und $V := (0, \infty) \times \mathbb{R}$ Umgebungen von (r, φ) bzw. (x, y), und $f : U \to V$ ist bijektiv. Für $f^{-1} : V \to U$ gilt dann

$$f^{-1}(x, y) := \left(\sqrt{x^2 + y^2}, \arctan \frac{y}{x} \right).$$

Für $r > 0$ ist f nicht global injektiv, da $f(r, \varphi + 2k\pi) = f(r, \varphi)$ für alle $k \in \mathbb{Z}$ gilt. Für $r = 0$ ist f wegen $f(0, \varphi) = (0, 0)$ für alle $\varphi \in \mathbb{R}$ ebenfalls nicht injektiv.

b) Kugelkoordinaten

Jeder Punkt in $\mathbb{R}^3$ lässt sich durch den Abstand r zum Nullpunkt sowie durch Winkel θ und φ beschreiben, den *Azimutwinkel* θ seines Ortsvektors zur z-Achse und den *Polarwinkel* φ seiner Projektion auf die $(x\text{-}y)$-Ebene.

Die Abbildung $f : [0, \infty) \times \mathbb{R} \times \mathbb{R} \to \mathbb{R}^3$, definiert durch

$$f(r, \theta, \varphi) := (r \sin \theta \cos \varphi, r \sin \theta \sin \varphi, r \cos \theta),$$

ordnet jedem Koordinatentripel (r, θ, φ) den entsprechenden Punkt $(x, y, z) \in \mathbb{R}^3$ zu. Für die Jacobi-Matrix von f gilt dann

$$J_f(r, \theta, \varphi) = \begin{pmatrix} \sin \theta \cos \varphi & r \cos \theta \cos \varphi & -r \sin \theta \sin \varphi \\ \sin \theta \sin \varphi & r \cos \theta \sin \varphi & r \sin \theta \cos \varphi \\ \cos \theta & -r \sin \theta & 0 \end{pmatrix},$$

und wir verifizieren in den Übungsaufgaben, dass

$$\det J_f(r, \theta, \varphi) = r^2 \sin \theta$$

gilt. Die Jacobi-Determinante ist also genau dann ungleich null, wenn der beschriebene Punkt nicht auf der z-Achse liegt.

c) Zylinderkoordinaten

Bei dieser Koordinatentransformation wird ein Punkt $(x, y, z) \in \mathbb{R}^3$ durch den Abstand r der Projektion auf die $(x\text{-}y)$-Ebene zum Nullpunkt sowie durch seine z-Komponente und einen Winkel φ beschrieben. Dieser ist wiederum der *Polarwinkel* seiner Projektion auf die $(x\text{-}y)$-Ebene.

Die Abbildung $f : [0, \infty) \times \mathbb{R} \times \mathbb{R} \to \mathbb{R}^3$, definiert durch

$$f(r, \varphi, z) := (r \cos \varphi, r \sin \varphi, z),$$

ordnet jedem Koordinatentripel (r, φ, z) den entsprechenden Punkt $(x, y, z) \in \mathbb{R}^3$ zu. Für die Jacobi-Matrix von f gilt dann

$$J_f(r, \varphi, z) = \begin{pmatrix} \cos \varphi & -r \sin \varphi & 0 \\ \sin \varphi & r \cos \varphi & 0 \\ 0 & 0 & 1 \end{pmatrix}$$

sowie

$$\det J_f(r, \varphi, z) = r.$$

Die Jacobi-Determinate ist also ungleich null, wenn der beschriebene Punkt nicht auf der z-Achse liegt.

1.9 Beispiel. Wir beschreiben ein typisches Anwendungsbeispiel von ebenen Polarkoordinaten und möchten alle rotationssymmetrischen harmonischen Funktionen u in $\mathbb{R}^2$ bestimmen. Harmonische Funktionen wurden bereits in Abschnitt VII.3 eingeführt, und es soll also

$$\Delta u = u_{xx} + u_{yy} = 0$$

gelten. Die Rotationssymmetrie von u bedeutet in Polarkoordinaten, dass

$$v(r, \varphi) = u(r \cos \varphi, r \sin \varphi)$$

unabhängig von φ sein soll, d. h., dass $v_\varphi = 0$ gelten soll. Wir verifizieren in den Übungsaufgaben, dass

$$u_{xx} + u_{yy} = v_{rr} + \frac{1}{r}\, v_r + \frac{1}{r^2}\, v_{\varphi\varphi}$$

gilt, und somit ist also eine Lösung der Gleichung

$$v_{rr} + \frac{1}{r}\, v_r = 0$$

gesucht. Die allgemeine Lösung dieser Gleichung lautet $v(r) = a + b \log r$, und v ist in 0 genau dann differenzierbar, wenn $b = 0$ gilt. Die einzigen rotationssymmetrischen und auf ganz $\mathbb{R}^2$ harmonischen Funktionen sind daher die konstanten Funktionen.

Als weitere Anwendung des Satzes über die Umkehrfunktion betrachten wir den *komplexen Logarithmus*.

Komplexer Logarithmus

Die komplexe Zahl $z \in \mathbb{C}$ besitze die Darstellung $z = x + iy$. Beschränken wir z auf den Streifen $S = \mathbb{R} \times (-\pi, \pi]$ und setzen $w := e^z$, so folgt $|w| = e^x$ und $\arg w = y$. Dies bedeutet, dass die Exponentialfunktion den Streifen S bijektiv auf $\mathbb{C}\backslash\{0\}$ abbildet. Ihre Umkehrabbildung ist durch

$$(x, y) \mapsto (\log|w|, \arg w), \quad y \in (-\pi, \pi]$$

gegeben. Die Periodizität der Exponentialfunktion, d. h., $e^z = e^{z+2\pi ik}$ für $k \in \mathbb{Z}$, impliziert, dass auch jeder um $2\pi ki$ verschobene Streifen $S_k = 2\pi ki + S$ mit $k \in \mathbb{Z}$ bijektiv auf $\mathbb{C}\backslash\{0\}$ abgebildet wird. Die obige Umkehrformel bleibt gültig mit dem Zusatz, dass jetzt $(2k - 1)\pi < y \leq (2k + 1)\pi$ gefordert werden muss.

Bezeichnen wir für gegebenes $w \neq 0$ jede die Gleichung $e^z = w$ erfüllende komplexe Zahl z als Logarithmus von w, so sehen wir dass es in jedem Streifen S_k genau einen Logarithmus von w gibt. Die verschiedenen Logarithmen unterscheiden sich lediglich um Vielfache von $2\pi i$ und sind durch

$$\log w = \log |w| + i \arg w$$

gegeben. Wird das Argument durch $\arg w \in (-\pi, \pi)$ eingeschränkt, so sprechen wir vom *Hauptzweig* des Logarithmus. In der Sprache des Umkehrsatzes dreht es sich bei $w = e^z$ um die Funktion $f = (f_1, f_2)$ mit

$$f_1(x, y) = e^x \cos y, \quad f_2(x, y) = e^x \sin y$$

und

$$\det J_f(x, y) = \begin{vmatrix} e^x \cos y & e^x \sin y \\ e^x \sin y & e^x \cos y \end{vmatrix} = e^{2x} \neq 0.$$

Beschränken wir (x, y) auf den Streifen $S = \mathbb{R} \times (-\pi, \pi)$, so beschreibt $f = (f_1, f_2)$ einen Diffeomorphismus mit dem Bildbereich $\mathbb{R}^2_- = \mathbb{R}^2 \setminus \{(x, y) : x \leq 0, y = 0\}$. Die Umkehrabbildung ist dann der Hauptzweig des Logarithmus, gegeben durch

$$x = \frac{1}{2} \log (f_1^2 + f_2^2), \quad y = \arg(f_1, f_2) \in (-\pi, \pi).$$

Aufgaben

1. Man beweise Lemma 1.3.

2. Stellt man in Lemma 1.3 die Abbildung $A \in \mathcal{L}(\mathbb{R}^n)$ durch eine invertierbare Matrix dar, so zeige man die Offenheit der Menge aller invertierbaren $n \times n$-Matrizen in $\mathbb{R}^{n^2}$ mittels der Stetigkeit der Determinate, angewandt auf die Menge $\{x \in \mathbb{R} : x \neq 0\}$.

3. Man zeige, dass eine Umgebung von $(1, 1)$ existiert, die durch

$$f : \mathbb{R}^2 \to \mathbb{R}^2, \quad f(x, y) = (x^3 + xy + 1, x + y + y^3 + 1)$$

   bijektiv auf eine Umgebung von $(3, 4)$ abgebildet wird, und berechne die Ableitung der Umkehrfunktion f^{-1} in $(3, 4)$.

4. Gibt es einen Diffeomorphismus $f : \mathbb{R}^2 \to \mathbb{R}$?

5. Man berechne die Determinante der Jacobi-Matrix J_h von

$$h : (0, \infty) \times (0, \pi) \times (0, 2\pi) \longrightarrow \mathbb{R}^3, \quad \begin{pmatrix} r \\ \theta \\ \varphi \end{pmatrix} \longmapsto \begin{pmatrix} r \cos \varphi \sin \theta \\ r \sin \varphi \sin \theta \\ r \cos \theta \end{pmatrix}.$$

   Man zeige ferner, dass h injektiv ist, und bestimme das Bild von h.

6.   Gegeben sei die Abbildung $f\colon \mathbb{R}^2 \longrightarrow \mathbb{R}^2$, welche für $(x, y) \in \mathbb{R}^2$ durch

$$f(x, y) = \big(\cos(x)\cosh(y), \sin(x)\sinh(y)\big)$$

definiert ist. Man untersuche f auf lokale Umkehrbarkeit.

7.   Man vervollständige den Beweis von Beispiel 1.9.

8.   Es seien $\Omega \subset \mathbb{R}^n$ offen und $f \in C^1(\Omega; \mathbb{R}^n)$ mit $|f(x)| + |\det f'(x)| \neq 0$ für alle $x \in \Omega$.

   a)   Man zeige, dass für alle kompakten Teilmengen $K \subset \Omega$ die Menge $N(f) \cap K$ endlich ist, wobei $N(f)$ die Menge der Nullstellen von f bezeichnet.

   b)   Gilt diese Aussage auch, wenn K nur beschränkt ist?

9.   Es seien $f : \mathbb{R}^n \to \mathbb{R}^n$ ein Diffeomorphismus von $\mathbb{R}^n$ auf sich und $g \in C^1(\mathbb{R}^n; \mathbb{R}^n)$ eine Funktion, welche außerhalb einer kompakten Menge $K \subset \mathbb{R}^n$ verschwindet. Man zeige: Es existiert ein $\varepsilon > 0$ derart, dass für jedes $\alpha \in (-\varepsilon, \varepsilon)$ die Abbildung $f + \alpha g : \mathbb{R}^n \to \mathbb{R}^n$ ein Diffeomorphismus ist.

10. Man zeige: Sind $\Omega \subset \mathbb{R}^n$ ein Gebiet und $f \in C^1(\Omega; \mathbb{R}^n)$ eine Funktion mit $Df(x) \in O(n, \mathbb{R})$ für alle $x \in \Omega$, wobei $O(n, \mathbb{R})$ die in Beispiel VI.4.7 eingeführte Gruppe der orthogonalen $n \times n$-Matrizen bezeichnet, so gilt $Df(x) = \text{const}$ für jedes $x \in \Omega$, und somit existieren $T \in O(n, \mathbb{R})$ und $b \in \mathbb{R}$ mit $f(x) = Tx + b$ für alle $x \in \Omega$.

2   Satz über implizite Funktionen

Sind $\Omega_1 \subset \mathbb{R}^n$ und $\Omega_2 \subset \mathbb{R}$ offene Mengen und $f \in C^1(\Omega_1 \times \Omega_2; \mathbb{R})$ eine Funktion, so interessieren wir uns in diesem Abschnitt für die folgende Frage: Existiert für gegebenes $c \in \mathbb{R}$ und $(a, b) \in \Omega_1 \times \Omega_2$ mit $f(a, b) = c$ eine Funktion $x \mapsto \varphi(x)$, welche, zumindest lokal, also in einer Umgebung von (a, b), die Gleichung

$$f\big(x, \varphi(x)\big) = c$$

erfüllt? Weiter sollte φ dieselbe Regularität wie f besitzen, und in dieser Umgebung sollte $\varphi(x)$ für jedes x die eindeutige Lösung der obigen Gleichung sein. Dies bedeutet, dass wir die „Höhenlinien" von f lokal als Funktionen von x darstellen möchten.

   Betrachten wir speziell die Funktion $f : \mathbb{R} \times \mathbb{R} \to \mathbb{R}$, $f(x, y) = x^2(1 - x^2) - y^2$ und $c = 0$, so können wir die Nullstellenmenge von f graphisch wie folgt darstellen:

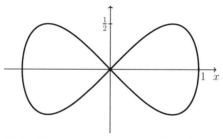

Nullstellenmenge von $f(x, y) = x^2 - x^4 - y^2$

Für jedes $x \in (-1, 1)$ mit $x \neq 0$ existieren y_1 und y_2 mit $y_1 \neq y_2$ und $f(x, y_1) = 0 = f(x, y_2)$. Ferner existieren zu jedem $y \in (-1/2, 1/2)$ mit $y \neq 0$ sogar vier verschiedene Punkte $x_1, \ldots, x_4$ mit $f(x_i, y) = 0$ für $i = 1, \ldots, 4$. Daher existiert keine Umgebung von $(0, 0)$, in welcher wir obige Gleichung nach $y = \varphi(x)$ bzw. nach $x = \psi(y)$ für Funktionen φ bzw. ψ auflösen können. In dieser Situation gilt $\partial_x f(0, 0) = \partial_y f(0, 0) = 0$.

Wir sehen weiter, dass wir die Gleichung $f(x, y) = 0$ in keiner Umgebung von $(1, 0)$ in der Form $y = \varphi(x)$ für eine Funktion φ auflösen können; hingegen gibt es in einer Umgebung von $(1, 0)$ Auflösungen der Form $x = \psi(y)$. Wir verifizieren, dass $f_y(1, 0) = 0$, aber $f_x(1, 0) \neq 0$ gilt.

Für die Beschreibung der allgemeinen Situation verwenden wir die folgende Notation: Sind $\Omega_1 \subset \mathbb{R}^n$ und $\Omega_2 \subset \mathbb{R}^m$ offene Mengen und ist $f : \Omega_1 \times \Omega_2 \to \mathbb{R}^m$ in (x_0, y_0) differenzierbar, so sind auch die Funktionen $f(\cdot, y_0) : \Omega_1 \to \mathbb{R}^m$ und $f(x, \cdot) : \Omega_2 \to \mathbb{R}^m$ in x_0 bzw. in y_0 differenzierbar, und wir schreiben $D_1 f(x_0, y_0)$ bzw. $D_2 f(x_0, y_0)$ für die Ableitungen von $f(\cdot, y_0)$ in x_0 bzw. von $f(x_0, \cdot)$ in y_0.

Satz über implizite Funktionen

Der folgende Satz über implizite Funktionen stellt das Hauptergebnis dieses Abschnitts dar.

2.1 Theorem. (Satz über implizite Funktionen). *Es seien $\Omega = \Omega_1 \times \Omega_2 \subset \mathbb{R}^n \times \mathbb{R}^m$ eine offene Menge, $f \in C^1(\Omega; \mathbb{R}^m)$ eine Funktion und $(a, b) \in \Omega_1 \times \Omega_2$ derart, dass*

$$f(a, b) = 0 \quad und \quad D_2 f(a, b) \quad invertierbar$$

ist. Dann existieren offene Umgebungen $U_1 \times U_2$ von (a, b) in $\mathbb{R}^n \times \mathbb{R}^m$ und V von a in $\mathbb{R}^n$ und eine eindeutig bestimmte Funktion $\varphi \in C^1(V; \mathbb{R}^m)$ mit

$$\big((x, y) \in U_1 \times U_2 \quad und \quad f(x, y) = 0\big) \Leftrightarrow \big(x \in V \quad und \quad y = \varphi(x)\big).$$

Ferner gilt

$$D\varphi(x) = -[D_2 f(x, \varphi(x))]^{-1} D_1 f(x, \varphi(x)), \quad x \in V.$$

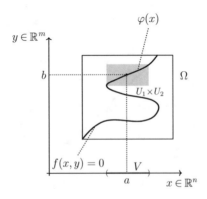

2.2 Bemerkungen. a) Wir können die Aussage des Satzes über implizite Funktionen auch wie folgt formulieren: Sind die Voraussetzungen von Theorem 2.1 erfüllt, so existieren offene Umgebungen $U := U_1 \times U_2$ von (a, b) in $\mathbb{R}^n \times \mathbb{R}^m$ und V von a in $\mathbb{R}^n$ und eine eindeutig bestimmte Funktion $\varphi \in C^1(V; \mathbb{R}^m)$ mit $\varphi(a) = b$, $(x, \varphi(x)) \in \Omega$ für alle $x \in V$ sowie

$$f\big(x, \varphi(x)\big) = 0 \quad \text{für alle } x \in V$$

und

$$f^{-1}(\{0\}) \cap U = \text{Graph}\,(\varphi) = \{(x, \varphi(x)) : x \in V\}.$$

b) Die Ableitung $D\varphi$ von φ in $x \in V$ lässt sich, wie in Theorem 2.1 angegeben, *ohne* explizite Kenntnis von φ bestimmen.

c) Versehen wir $\mathbb{R}^n$ und $\mathbb{R}^m$ mit den Standardbasen, so besitzen $D_1 f$ und $D_2 f$ für $f = (f_1, \ldots, f_m)$ die Darstellungen

$$[D_1 f] = \begin{pmatrix} \frac{\partial f_1}{\partial x_1} & \cdots & \frac{\partial f_1}{\partial x_n} \\ \vdots & & \vdots \\ \frac{\partial f_m}{\partial x_1} & \cdots & \frac{\partial f_m}{\partial x_n} \end{pmatrix}_{m \times n} \qquad [D_2 f] = \begin{pmatrix} \frac{\partial f_1}{\partial y_1} & \cdots & \frac{\partial f_1}{\partial y_m} \\ \vdots & & \vdots \\ \frac{\partial f_m}{\partial y_1} & \cdots & \frac{\partial f_m}{\partial y_m} \end{pmatrix}_{m \times m}.$$

Die Invertierbarkeit von $D_2 f(a, b)$ ist dann äquivalent dazu, dass $\det[D_2 f(a, b)] \neq 0$ gilt.

d) Die Aussage des Satzes über implizite Funktionen lautet im Spezialfall $m = n = 1$ wie folgt: Betrachten wir eine Funktion $f : \mathbb{R}^2 \to \mathbb{R}$, die in einer Umgebung von $(x_0, y_0) \in \mathbb{R}^2$ stetig differenzierbar ist und $f(x_0, y_0) = 0$ sowie

$$D_2 f(x_0, y_0) \neq 0$$

erfüllt, so existiert nach dem Satz über implizite Funktionen ein $\delta > 0$ und eine auf dem Intervall $I := (x_0 - \delta, x_0 + \delta)$ eindeutig bestimmte Funktion $\varphi \in C^1(I; \mathbb{R})$ mit $\varphi(x_0) = y_0$ und

$$f\big(x, \varphi(x)\big) = 0 \quad \text{für alle } x \in I.$$

Beweis von Theorem 2.1. Da nach Voraussetzung $D_2 f(a, b)$ invertierbar ist, gilt für die durch $g := \big(D_2 f(a, b)\big)^{-1} f$ definierte Funktion g

$$g(a, b) = 0 \quad \text{und} \quad D_2 g(a, b) = \text{id}_{\mathbb{R}^m},$$

und somit können wir ohne Beschränkung der Allgemeinheit annehmen, dass $D_2 f(a, b) = \text{id}_{\mathbb{R}^m}$ gilt. Wir betrachten nun die Abbildung $F : \Omega_1 \times \Omega_2 \to \mathbb{R}^n \times \mathbb{R}^m$, definiert durch

$$F(x, y) := \big(x, f(x, y)\big).$$

Dann ist F stetig differenzierbar, und es gilt

$$DF(a,b) = \begin{pmatrix} \mathrm{id}_{\mathbb{R}^n} & 0 \\ D_1 f(a,b) & \mathrm{id}_{\mathbb{R}^m} \end{pmatrix}.$$

Da die Inverse von $DF(a,b)$ durch

$$\begin{pmatrix} \mathrm{id}_{\mathbb{R}^n} & 0 \\ -D_1 f(a,b) & \mathrm{id}_{\mathbb{R}^m} \end{pmatrix}$$

gegeben ist, folgt, dass $DF(a,b)$ bijektiv ist. Ferner gilt $F(a,b) = (a,0)$. Wir können also den Satz über die Umkehrabbildung (Theorem 1.2) auf F anwenden und erhalten die Existenz von offenen Umgebungen $U_1 \times U_2 \subset \mathbb{R}^n \times \mathbb{R}^m$ von (a,b) und $W \subset \mathbb{R}^n \times \mathbb{R}^m$ von $(a,0)$ mit der Eigenschaft, dass $F|_{U_1 \times U_2} \to W$ ein Diffeomorphismus ist.

Wir setzen dann $G := \left(F|_{U_1 \times U_2}\right)^{-1}$. Da F in der ersten Koordinate wie die Identität wirkt, gilt dies auch für G, und es existiert eine Funktion $g \in C^1(W; \mathbb{R}^m)$ mit

$$G(\xi, \eta) = \big(\xi, g(\xi, \eta)\big) \quad \text{für alle } (\xi, \eta) \in W.$$

Für $(x, y) \in U_1 \times U_2$ gilt somit

$$f(x, y) = 0 \iff F(x, y) = (x, 0) \iff (x, y) = G(x, 0) = (x, g(x, 0))$$
$$\iff y = g(x, 0) \tag{2.1}$$

und insbesondere $b = g(a, 0)$. Setzen wir $V := \{x \in \mathbb{R}^n : (x, 0_{\mathbb{R}^m}) \in W\}$, so ist V eine Umgebung von a. Definieren wir die Funktion

$$\varphi : V \to \mathbb{R}^m, \quad \varphi(x) := g(x, 0),$$

so folgt wegen (2.1) die behauptete lokale Auflösung der Gleichung $f(x, y) = 0$ nach y in einer Umgebung des Punktes (a, b).

Die Ableitung der Funktion φ lässt sich mittels der Kettenregel wie folgt bestimmen: Da $f\big(x, \varphi(x)\big) = 0$ für alle $x \in V$ gilt, folgt

$$D_1 f\big(x, \varphi(x)\big) \, \mathrm{id}_{\mathbb{R}^n} + D_2 f\big(x, \varphi(x)\big) D\varphi(x) = 0, \quad x \in V.$$

Aufgrund von Lemma 1.3 ist $D_2 f(x, y)$ auch in einer Umgebung von (a, b) invertierbar, und es gilt

$$D\varphi(x) = -\big(D_2 f\big(x, \varphi(x)\big)\big)^{-1} D_1 f\big(x, \varphi(x)\big)$$

für alle x in einer geeigneten Verkleinerung von V. $\qquad \square$

2.3 Beispiel. (Höhenlinien). Sind $\Omega \subset \mathbb{R}^2$ eine offene Menge, $f \in C^1(\Omega)$ und $c \in \mathbb{R}$, so bezeichnet

$$N_f(c) = \{(x, y) \in \Omega : f(x, y) = c\}$$

die *Niveaumenge* von f. Die Niveaumenge wird des Öfteren auch als *Höhenlinie* bezeichnet, wobei im Allgemeinen die Niveaumenge keine „Linie" sein muss. Der Satz über implizite Funktionen im Fall $n = m = 1$, angewandt auf die Funktion

$$f^c : \Omega \to \mathbb{R}, \ f^c(x, y) := f(x, y) - c,$$

liefert dann folgendes Resultat: Ist $(a, b) \in U$ mit $f(a, b) = c$ und gilt

$$\nabla f(a, b) = \big(f_x(a, b), f_y(a, b)\big) \neq (0, 0), \tag{2.2}$$

so können wir die Gleichung $f(x, y) = c$
   a) in einer Umgebung von a nach y auflösen, wenn $f_y(a, b) \neq 0$ gilt, und
   b) in Umgebung von b nach x auflösen, wenn $f_x(a, b) \neq 0$ gilt.
Mit anderen Worten bedeutet dies, dass sich Niveaumengen für Punkte (a, b), die (2.2) lokal erfüllen, als stetig differenzierbare Abbildungen der Form $x \mapsto \big(x, \varphi(x)\big)$ in Fall a) bzw. $y \mapsto \big(\psi(y), y\big)$ in Fall b) darstellen lassen. Die Niveaumengen werden in diesem Fall tatsächlich durch *Höhenlinien* beschrieben.

2.4 Beispiel. (Auflösbarkeit von Gleichungssystemen). Der Satz über implizite Funktionen liefert uns ein Kriterium für die Lösbarkeit von Gleichungssystemen, bei welchen mehr Variablen als Gleichungen vorliegen. Betrachten wir Systeme von m Gleichungen für $n + m$ Unbekannte, also Systeme der Form

$$\begin{aligned} f_1(x_1, \ldots, x_n, y_1, \ldots, y_m) &= 0 \\ &\vdots \qquad\qquad\qquad \vdots \\ f_m(x_1, \ldots, x_n, y_1, \ldots, y_m) &= 0 \end{aligned} \tag{2.3}$$

für Funktionen $f = (f_1, \ldots, f_n) \in C^1(\Omega_1 \times \Omega_2; \mathbb{R}^m)$ mit $\Omega_1 \subset \mathbb{R}^n$, $\Omega_2 \subset \mathbb{R}^m$, $f(a, b) = 0$ und

$$\det \big(\partial_{n+k} f_j(a, b)\big)_{1 \leq j, k \leq m} \neq 0,$$

so existiert eine Umgebung V von a derart, dass das System (2.3) für jedes $x \in V$ genau eine Lösung

$$\begin{aligned} y_1 &= \varphi_1(x_1, \ldots, x_n) \\ &\vdots \qquad\quad \vdots \\ y_m &= \varphi_m(x_1, \ldots, x_n) \end{aligned}$$

in einer Umgebung von $b \in \mathbb{R}^m$ besitzt. Betrachten wir für $n = 1$ und $m = 2$ speziell das Gleichungssystem

$$f_1(x, y_1, y_2) = x^3 + y_1^3 + y_2^3 - 7 \quad\;\; = 0,$$
$$f_2(x, y_1, y_2) = xy_1 + y_1 y_2 + xy_2 + 2 = 0$$

mit $f_1(2, -1, 0) = f_2(2, -1, 0) = 0$, so gilt für $f = (f_1, f_2)$

$$[D_2 f(2, -1, 0)] = \begin{pmatrix} 3y_1^2 & 3y_2^2 \\ x + y_2 & x + y_1 \end{pmatrix}_{|(2,-1,0)} = \begin{pmatrix} 3 & 0 \\ 2 & 1 \end{pmatrix}.$$

Da die Matrix auf der rechten Seite invertierbar ist, existieren nach dem Satz über implizite Funktionen in einer Umgebung V von $a = 2$ zwei Funktionen $\varphi_1, \varphi_2 \in C^1(V; \mathbb{R})$ mit $\big(\varphi_1(2), \varphi_2(2)\big) = (-1, 0)$ und

$$f_1\big(x, \varphi_1(x), \varphi_2(x)\big) = 0 \quad \text{sowie} \quad f_2\big(x, \varphi_1(x), \varphi_2(x)\big) = 0.$$

Reguläre Punkte und reguläre Werte

Unsere Formulierung des Satzes über implizite Funktionen geht davon aus, dass wir bereits eine geeignete Zerlegung der Koordinaten derart vorliegen haben, dass $(a, b) \in \Omega \subset \mathbb{R}^n \times \mathbb{R}^m$ und $\det[D_2 f(a, b)] \neq 0$ gilt. Im Allgemeinen ist dies jedoch nicht der Fall, und wir formulieren daher den Satz über implizite Funktionen noch einmal, jedoch ohne auf spezielle Koordinaten Bezug zu nehmen. Von zentraler Bedeutung in diesem Zusammenhang ist der Begriff des regulären Punktes einer stetig differenzierbaren Funktion f.

Wir erinnern zunächst an die folgende Situation der Linearen Algebra: Ist $f : \mathbb{R}^n \to \mathbb{R}^m$ eine reguläre, d. h., surjektive und lineare Abbildung, so ist für jedes $c \in \mathbb{R}^m$ der Lösungsraum der Gleichung $f(x) = c$ ein affiner Unterraum des $\mathbb{R}^n$ der Dimension $n - m$. Im Folgenden verallgemeinern wir dieses Ergebnis auf den Fall einer Gleichung $f(x) = c$ für eine stetig differenzierbare Funktion f und einen sogenannten regulären Wert c.

2.5 Definition. Ist $\Omega \subset \mathbb{R}^n$ offen und $f \in C^1(\Omega; \mathbb{R}^m)$ eine Funktion, so heißt $x \in \Omega$ *regulärer Punkt* von f, wenn $Df(x) \in \mathcal{L}(\mathbb{R}^n, \mathbb{R}^m)$ surjektiv ist. Ferner heißt $y \in \mathbb{R}^m$ *regulärer Wert* von f, wenn $f^{-1}(y)$ nur aus regulären Punkten von f besteht.

2.6 Bemerkungen. Es sei $f : \mathbb{R}^n \to \mathbb{R}^m$ eine Funktion.

a) Gilt $n < m$, so besitzt f keine regulären Punkte.

b) Gilt $n \geq m$, so ist $x \in \Omega$ genau dann ein regulärer Punkt von f, wenn $Df(x)$ den Rang m besitzt. Hierbei ist der Rang von $T \in \mathcal{L}(\mathbb{R}^n, \mathbb{R}^m)$ definiert als $\dim \operatorname{im}(T)$.

c) Gilt $m = 1$, so ist $x \in \Omega$ genau dann ein regulärer Punkt von f, wenn $\nabla f(x) \neq 0$ gilt.

d) Ein Punkt $y \in \mathbb{R}^m$ ist genau dann ein regulärer Wert von f, wenn $Df(x)$ in allen Punkten $x \in f^{-1}(y)$ den Rang m besitzt. Gilt $m = 1$, so impliziert dies $\nabla f(x) \neq 0$ in allen solchen Punkten.

e) Ist $a \in \Omega$ ein regulärer Punkt einer Funktion $f \in C^1(\Omega; \mathbb{R}^m)$, so existieren nach dem Satz über implizite Funktionen und nach einer möglichen orthogonalen Transformation des $\mathbb{R}^m$, m Variablen, so dass das Gleichungssystem

$$f_1(x_1, \ldots, x_n) = 0$$
$$\vdots \qquad \vdots$$
$$f_m(x_1, \ldots, x_n) = 0$$

in einer Umgebung von a eindeutig nach diesen Variablen als stetig differenzierbare Funktion der übrigen $n - m$ Variablen aufgelöst werden kann.

f) Kombinieren wir Aussage e) mit Bemerkung 2.2, so erhalten wir zusammenfassend den *Niveaumengensatz*.

2.7 Satz. (Niveaumengensatz). *Sind $\Omega \subset \mathbb{R}^n$ offen und $0 \in \mathrm{im}(f)$ ein regulärer Wert einer Funktion $f \in C^1(\Omega; \mathbb{R}^m)$, so existiert zu jedem $a \in f^{-1}(0)$ eine Umgebung V in $\mathbb{R}^n$, so dass sich $f^{-1}(0) \cap V$ als Graph einer stetig differenzierbaren Funktion in $(n - m)$ Variablen darstellen lässt.*

Aufgaben

1. Man zeige, dass durch $x^3 + y^2 - 2xy = 0$ in einer Umgebung von $(x, y) = (1, 1)$ eine differenzierbare Funktion $x = \varphi(y)$ mit $\varphi(1) = 1$ implizit definiert ist, und berechne $\varphi'(1)$.

2. Die Funktion f sei definiert durch

$$f : \mathbb{R}^3 \to \mathbb{R}, \quad (t, x, y) \mapsto e^{x - ty} - y.$$

Man zeige, dass die Gleichung $f(t, x, y) = 0$ für jedes $x_0 \in \mathbb{R}$ in einer Umgebung von $(0, x_0, e^{x_0})$ nach y auflösbar ist und dass die Auflösungsfunktion $u : V_{x_0} \to \mathbb{R}$, $(t, x) \mapsto u(t, x)$, wobei $V_{x_0} \subset \mathbb{R}^2$ eine geeignete Umgebung von $(0, x_0)$ bezeichnet, eine Lösung der *Burgers-Gleichung*

$$\partial_t u(t, x) + \frac{1}{2} \partial_x \big(u(t, x)^2 \big) = 0$$

ist.

3. Man untersuche, ob durch die Gleichungen für $x, y, u \in \mathbb{R}$
   a) $x - \sin y + u(u + 1) = 0, \qquad -x^3 + 2e^y + u(u - 2) = 2$,
   b) $x - \sin y + u(u + 1) = 0, \qquad -x^3 + 2e^u + u(u - 2) = 2$
   in einer Umgebung von $u = 0$ zwei Funktionen $u \mapsto x(u)$, $u \mapsto y(u)$ mit $x(0) = y(0) = 0$ definiert werden.

4. Für $p, q \in \mathbb{R}$ sei $t \mapsto t^2 + pt + q$ ein Polynom vom Grad 2.

   a) Man zeige, dass die einfachen Nullstellen der Funktion $f_{p,q}(t) := t^2 + pt + q$ stetig differenzierbar von den Parametern p und q abhängen.

   b) Aussage a) gilt für doppelte Nullstellen im Allgemeinen nicht, d. h., man zeige, dass es einen Punkt (t_0, p_0, q_0) mit $f(t_0, p_0, q_0) := f_{p_0,q_0}(t) = 0$ derart gibt, dass sich die Nullstellen von f in Umgebungen von (t_0, p_0, q_0) *nicht* durch eine stetige Funktion g mit

$$f(t, p, q) = 0 \iff t = g(p, q)$$

   beschreiben lassen.

   c) Für $n \in \mathbb{N}$, $x \in \mathbb{R}^n$ und $t > 0$ sei $f(t, x) := t^n + t^{n-1}x_1 + \cdots + x_n$, und es gelte $f(t_0, x_0) = 0$ für ein (t_0, x_0) mit $t_0 > 0$ und $x_0 \in \mathbb{R}^n$. Man zeige: Ist (t_0, x_0) eine einfache Nullstelle von f, so lässt sich die Gleichung $f(t, x) = 0$ stetig differenzierbar in einer Umgebung von (t_0, x_0) nach t auflösen.

   d) Man zeige, dass die einfachen reellen Eigenwerte einer Matrix $T \in \mathbb{R}^{n \times n}$ stetig von den Einträgen der Matrix abhängen.

5. Es seien $X = \mathbb{R}^{n \times n}$ und $f : X \times \mathbb{R} \to \mathbb{R}$ gegeben durch

$$f(A, s) = \det(A - s \, \mathrm{id}).$$

   Weiter sei $s \in \mathbb{R}$ so, dass $f(A, s) = 0$ und $D_2\big(f(A, s)\big) \neq 0$ gilt. Man zeige: Es existiert eine Umgebung U von A in X und eine Funktion $\lambda \in C^\infty(U; \mathbb{R})$ derart, dass $\lambda(B)$ für jedes $B \in U$ ein einfacher Eigenwert von B ist.

6. (Wurzeln matrixwertiger Funktionen).
   Es seien $\Omega \subset \mathbb{R}^n$ offen mit $0 \in \Omega$ und $F \in C^1(\Omega; \mathbb{R}^{n \times n})$ mit $F(0) = \mathrm{id}_{\mathbb{R}^n \times \mathbb{R}^n}$. Man zeige: Es existiert eine Umgebung $U \subset \Omega$ von 0 und eine Abbildung $S : U \to \mathbb{R}^{n \times n}$ mit $S(0) = \mathrm{id}$ und

$$S^2(x) = F(x), \quad x \in U.$$

---

3   Extrema unter Nebenbedingungen

In vielen Problemen der Mathematik tritt das Problem auf, nicht nur Extremwerte einer Funktion $f : \mathbb{R}^n \to \mathbb{R}$ zu bestimmen, sondern gleichzeitig auch eine Anzahl von Nebenbedingungen in Form von Gleichungen einhalten zu müssen. Ein typisches Beispiel ist die Aufgabe, das Maximum einer gegebenen Funktion $f : \mathbb{R}^2 \to \mathbb{R}$ auf der Sphäre $S = \{(x, y) \in \mathbb{R}^2 : x^2 + y^2 = 1\}$ zu bestimmen.

Allgemeiner seien $\Omega \subset \mathbb{R}^{n+m}$ eine offene Menge, $f : \Omega \to \mathbb{R}$ und $g = (g_1, \ldots, g_m) : \Omega \to \mathbb{R}^m$ gegebene Funktionen und

$$M := \{x \in \Omega : g(x) = 0\}.$$

Gesucht sind Punkte $x_0 \in M$ mit

$$f(x_0) \leq f(x) \quad \text{für alle } x \in M \cap U(x_0)$$

oder

$$f(x_0) \geq f(x) \quad \text{für alle } x \in M \cap U(x_0)$$

in einer Umgebung $U(x_0) \subset \Omega$ von x_0. Ein solcher Punkt heißt *lokales Extremum* von f unter der *Nebenbedingung $g = 0$*.

Multiplikatorenregel von Lagrange

Die Multiplikatorenregel von Lagrange beschreibt ein *notwendiges* Kriterium für das Vorliegen von solchen Extremwerten unter Nebenbedingungen.

3.1 Satz. (Multiplikatorenregel von Lagrange). *Es seien $\Omega \subset \mathbb{R}^n \times \mathbb{R}^m$ offen, $f : \Omega \to \mathbb{R}$ eine differenzierbare sowie $g = (g_1, \ldots, g_m) : \Omega \to \mathbb{R}^m$ eine stetig differenzierbare Funktion. Ist $D_2 g(z_0) \in \mathcal{L}(\mathbb{R}^m)$ invertierbar für ein $z_0 \in \Omega$ und besitzt f in z_0 unter der Nebenbedingung $g = 0$ ein lokales Extremum, so existieren $\lambda_1, \ldots, \lambda_m \in \mathbb{R}$ mit*

$$Df(z_0) = \sum_{j=1}^{m} \lambda_j \, D g_j(z_0).$$

Beweis. Es seien $z_0 = (a, b) \in \mathbb{R}^n \times \mathbb{R}^m$ und $M := \{z \in \Omega : g(z) = 0\}$. Der Satz über implizite Funktionen, angewandt auf g, impliziert die Existenz einer offenen Umgebung V von a in $\mathbb{R}^n$, einer Umgebung U von (a, b) in $\mathbb{R}^n \times \mathbb{R}^m$ und einer Funktion $\varphi \in C^1(V; \mathbb{R}^m)$ mit

$$(x, y) \in M \cap U \Leftrightarrow y = \varphi(x), \quad x \in V.$$

Da nach Voraussetzung f in z_0 unter der Nebenbedingung $g = 0$ ein lokales Extremum hat, besitzt die Funktion

$$h : V \to \mathbb{R}, \quad h(x) := f\big(x, \varphi(x)\big)$$

in a ein lokales Minimum ohne Nebenbedingung. Somit folgt aus Satz VII.5.2 und der Kettenregel (Satz VII.2.1)

$$Dh(a) = D_1 f(z_0) + D_2 f(z_0) D\varphi(a) = 0.$$

Gemäß dem Satz über implizite Funktionen gilt $D\varphi(a) = -[D_2 g(z_0)]^{-1} D_1 g(z_0)$ und daher

$$D_1 f(z_0) - D_2 f(z_0)[D_2 g(z_0)]^{-1} D_1 g(z_0) = 0.$$

Bezeichnen wir mit $L : \mathbb{R}^m \to \mathbb{R}$ die lineare Abbildung $Lv := D_2 f(z_0)[D_2 g(z_0)]^{-1} v$, $v \in \mathbb{R}^m$, dargestellt durch $L := (\lambda_1, \ldots, \lambda_m)$, so gilt

$$D_1 f(z_0) = L \, D_1 g(z_0) \quad \text{und} \quad D_2 f(z_0) = L \, D_2 g(z_0),$$

und somit die Behauptung. $\qquad\square$

3.2 Bemerkungen. a) Die reellen Zahlen $\lambda_1, \ldots, \lambda_m$ heißen *Lagrange-Multiplikatoren*.

b) Im speziellen Fall $m = 1$ gilt für $\Omega \subset \mathbb{R}^{n+1}$ offen und $f, g \in C^1(\Omega; \mathbb{R})$: Ist $D_2 g(z_0) \neq 0$ und besitzt f in z_0 ein lokales Extremum unter der Nebenbedingung $g = 0$, so existiert ein $\lambda \in \mathbb{R}$ mit

$$Df(z_0) = \lambda \cdot Dg(z_0).$$

Um dies einzusehen, nummerieren wir die Koordinaten so, dass

$$Dg(x_0) = \Big(\underbrace{(\xi_1, \ldots, \xi_n)}_{D_1 g(z_0)}, \underbrace{\eta}_{D_2 g(z_0)} \Big) \quad \text{mit } \eta \neq 0$$

gilt, und wenden Satz 3.1 an.

c) Die Lagrangesche Multiplikatorenregel führt das Problem der Bestimmung von Extremwerten für $f : \Omega \to \mathbb{R}$ unter der Nebenbedingung $g = (g_1, \ldots, g_m) = 0$ zurück auf die Situation, kritische Punkte der Funktion $F : \Omega \times \mathbb{R}^m \to \mathbb{R}$, gegeben durch

$$F(x, \lambda) := f(x) - \sum_{j=1}^m \lambda_j g_j(x),$$

ohne Nebenbedingungen zu finden. Besitzt also f in z_0 ein Extremum unter der Nebenbedingung $g = 0$, so existiert ein $\lambda_0 \in \mathbb{R}^m$ mit $\nabla F(z_0, \lambda_0) = 0$.

3.3 Beispiel. Wir kehren zu dem schon eingangs erwähnten Beispiel der Bestimmung der Extremwerte einer gegebenen Funktion $f : \mathbb{R}^2 \to \mathbb{R}$ auf der Sphäre $S = \{(x, y) \in \mathbb{R}^2 : x^2 + y^2 = 1\}$ zurück und betrachten die Funktion $f : \mathbb{R}^2 \to \mathbb{R}$, definiert durch

$$f(x, y) := x(1 + y).$$

Die Multiplikatorenregel von Lagrange ergibt als notwendige Bedingung für die Existenz einer Extremalstelle von f in (x_0, y_0) unter der Nebenbedingung

$$g(x, y) = x^2 + y^2 - 1 = 0 \tag{3.1}$$

die Gleichung

$$(1 + y_0, x_0) = 2\lambda(x_0, y_0)$$

mit einer noch zu bestimmenden Zahl $\lambda \in \mathbb{R}$. Die obige Gleichung ist äquivalent zu dem Paar von Gleichungen

$$1 + y_0 - 2\lambda x_0 = 0 \quad \text{und} \quad x_0 - 2\lambda y_0 = 0.$$

Nehmen wir $y_0 = 0$ an, so folgt $x_0 = 0$ und $g(x_0, y_0) = -1$. Dies steht im Widerspruch zur Nebenbedingung $g(x_0, y_0) = 0$. Es ist also $y_0 \neq 0$ und daher $\lambda = \frac{x_0}{2y_0}$ sowie $1 + y_0 - \frac{x_0^2}{y_0} = 0$. Die Nebenbedingung (3.1) impliziert daher die Gleichung

$$0 = y_0^2 + y_0 - x_0^2 = 2y_0^2 + y_0 - 1,$$

und wir erhalten $y_0 = \frac{1}{2}$, $x_0 = \pm\frac{\sqrt{3}}{2}$, $f(x_0, y_0) = \pm\frac{3\sqrt{3}}{4}$ oder $y_0 = -1$, $x_0 = 0$, $f(x_0, y_0) = 0$. Die Funktion f nimmt daher auf S ihr Maximum im Punkt $(\sqrt{3}/2, 1/2)$ und ihr Minimum im Punkt $(-\sqrt{3}/2, 1/2)$ an.

Anwendungen in der Linearen Algebra

Im Matrizenkalkül ist es üblich, Vektoren als Spaltenvektoren darzustellen, und daher sei in diesem Abschnitt $x := (x_1, \ldots, x_n)^T$ immer ein Spaltenvektor, wobei ^{T} die Transposition bezeichnet.

Es sei $A \in \mathbb{R}_{\mathrm{sym}}^{n \times n}$ eine symmetrische $(n \times n)$-Matrix,

$$f : \mathbb{R}^n \to \mathbb{R}, \quad f(x) := x^T A x$$

und $S := \{x \in \mathbb{R}^n : |x| = 1\}$ die $(n-1)$-Sphäre. Da S eine kompakte Menge und f auf S eine stetige Funktion ist, nimmt f sein Maximum auf S an. Wir bestimmen die Maximalstelle x_0 mittels der Multiplikatorenregel von Lagrange. Hierzu notieren wir zunächst, dass $S = g^{-1}(0)$ gilt für

$$g : \mathbb{R}^n \to \mathbb{R}, \quad g(x) = x^T x - 1.$$

Unsere Aufgabe besteht also darin, f unter der Nebenbedingung $g = 0$ zu maximieren. Nach Beispiel VII.1.3 sind die Funktionen f und g stetig differenzierbar, und es gilt

$$Df(x_0) = 2(Ax_0)^T, \quad Dg(x_0) = 2x_0^T \neq 0, \quad x_0 \in S.$$

Nach der Lagrangeschen Multiplikatorenregel existiert also ein $\lambda \in \mathbb{R}$ mit

$$Ax_0 = \lambda x_0,$$

d. h., x_0 ist ein Eigenvektor der Matrix A. Da $|x_0| = 1$ gilt, folgt $x_0^T A x_0 = x_0^T \lambda x_0 = \lambda$, und wir haben damit den folgenden Satz aus der Linearen Algebra bewiesen.

3.4 Satz. *Ist $A \in \mathbb{R}_{\mathrm{sym}}^{n \times n}$ eine symmetrische $(n \times n)$-Matrix, so ist*

$$\lambda_{\max} := \max_{|x|=1} x^T A x \in \mathbb{R}$$

ein Eigenwert von A, und jedes $x_0 \in \mathbb{R}^n$ mit $|x_0| = 1$ und $x_0^T A x_0 = \lambda_{\max}$ ist ein zu $\lambda_{\max}$ gehöriger Eigenvektor.

Als weitere Anwendung beweisen wir den Spektralsatz für symmetrische Matrizen aus der Linearen Algebra.

3.5 Satz. (Spektralsatz für symmetrische Matrizen). *Ist $A \in \mathbb{R}_{\mathrm{sym}}^{n \times n}$ eine symmetrische $(n \times n)$-Matrix, so existieren*

$$\lambda_1 \geq \lambda_2 \geq \ldots \geq \lambda_n, \quad \lambda_j \in \mathbb{R} \quad \text{und} \quad x_1, \ldots, x_n \in S^{n-1}$$

mit $Ax_j = \lambda x_j$ für alle $j = 1, \ldots, n$. Ferner bilden die Vektoren $x_1, \ldots, x_n$ eine Orthonormalbasis des $\mathbb{R}^n$, bezüglich derer die Matrix A Diagonalgestalt besitzt.

Beweis. Nach Satz 3.4 existieren $x_1 \in S$ und $\lambda_1 \in \mathbb{R}$ mit $Ax_1 = \lambda_1 x_1$. Wir konstruieren einen weiteren Vektor $x_2 \in S$ wie folgt: Definieren wir die Funktion $g := (g_0, g_1)$ durch

$$g_0(x) := |x|^2 - 1, \quad g_1(x) = 2x_1^T x,$$

so ist $g^{-1}(0) = S \cap \{x_1\}^\perp =: K$ eine kompakte Menge. Für die Funktion

$$f : \mathbb{R}^n \to \mathbb{R}, \; x \mapsto x^T A x$$

existiert nach Theorem III.3.10 ein $x_2 \in K$ mit $f(x) \leq f(x_2)$ für alle $x \in K$. Ferner ist $Dg(x)$ invertierbar für alle $x \in K$. Nach der Multiplikatorenregel von Lagrange (Satz 3.1) existieren daher $\mu_0, \mu_1 \in \mathbb{R}$ mit

$$\nabla f(x_2) = 2(Ax_2)^T = \mu_0 \nabla g_0(x_2) + \mu_1 \nabla g_1(x_2) = \mu_0 2x_2^T + \mu_1 2x_1^T. \tag{3.2}$$

Da nach Konstruktion $x_2^T x_1 = 0$ gilt, folgt aufgrund von Satz 3.4

$$(Ax_2)^T x_1 = x_2^T A x_1 = x_2^T \lambda x_1 = \lambda x_2^T x_1 = 0.$$

Zusammen mit Gleichung (3.2) liefert dies

$$0 = (Ax_2)^T x_1 = \mu_0 \underbrace{(x_2 | x_1)}_{=0} + \mu_1 \underbrace{(x_1 | x_1)}_{=1} = \mu_1.$$

Gleichung (3.2) impliziert daher $Ax_2 = \mu_0 x_2$, was bedeutet, dass μ_0 ein Eigenwert von A zum Eigenvektor x_2 ist. Der Wert von μ_0 berechnet sich schließlich zu $\mu_0 = \mu_0 x_2^T x_2 = (Ax_2)^T x_2 = f(x_2)$. Iterieren wir dieses Verfahren, so folgt die Behauptung. $\qquad \square$

Aufgaben

1. Es sei $q > 0$ und $\Omega = \{x \in \mathbb{R}^3 : x_1 > 0, x_2 > 0, x_3 > 0\}$. Man zeige, dass die Funktion f, definiert durch

    $$f(x) := (1 + x_1)(1 + x_2)(1 + x_3)$$

    unter der Nebenbedingung $x_1 x_2 x_3 = q^3$ ein Minimum besitzt, und folgere die Ungleichung

    $$(1 + x_1)(1 + x_2)(1 + x_3) \geq (1 + q)^3.$$

2. Man bestimme die Extremwerte der Funktion $f : \mathbb{R}^2 \to \mathbb{R}, \; x \mapsto xy$, auf der Einheitskreislinie $\{(x, y) \in \mathbb{R}^2 : x^2 + y^2 = 1\}$.

3. Man bestimme die Extremwerte der Funktion $f : \mathbb{R}^4 \to \mathbb{R}, \; x \mapsto x_1 x_4 - x_2 x_3$ auf der dreidimensionalen Sphäre S^3 in $\mathbb{R}^4$.

4. Man bestimme das Rechteck größten Umfangs, welches innerhalb der durch $\frac{x^2}{2} + \frac{y^2}{4} = 1$ beschriebenen Ellipse liegt.

5.   Man finde die Extremwerte der Funktion $f : \mathbb{R}^3 \to \mathbb{R}$, definiert durch $f(x, y, z) = x^2 - y^2$, auf dem Ellipsoid $x^2 + 2y^2 + 3z^2 = 1$.

6.   Die Funktion $f : (0, \infty)^n \to \mathbb{R}$ sei definiert durch $f(x_1, \dots, x_n) := \prod_{i=1}^n x_i$.

   a) Man bestimme die Extremwerte von f unter der Nebenbedingung $\sum_{i=1}^n x_i = 1$.

   b) Man beweise mit Hilfe von a) für $y_i > 0, i = 1, \dots, n$ die Ungleichung

$$\left(\prod_{i=1}^n y_i \right)^{1/n} \leq \frac{1}{n} \sum_{i=1}^n y_i.$$

7.   Es sei die für eine Erbschaft E zu entrichtende Steuer gegeben durch $S(E)$, wobei $S(E) > 0$ für alle $E > 0$ und $S(0) = 0$ gelte und S' auf $(0, \infty)$ streng monoton wachsend sei. Man verteile ein Vermögen V so unter n Erben, dass die Gesamterbschaftssteuer minimiert wird.

4   Geometrische Deutung und Untermannigfaltigkeiten

Der Satz über implizite Funktionen führt aus geometrischer Sicht in natürlicher Weise zum Begriff der differenzierbaren Mannigfaltigkeit. Dieser spielt in der modernen Mathematik eine wichtige Rolle, und wir wollen hier erste Eigenschaften aufzeigen.

Untermannigfaltigkeiten

Wir beginnen diesen Abschnitt mit der folgenden Definition einer Untermannigfaltigkeit des $\mathbb{R}^n$.

4.1 Definition. Es seien $d, n \in \mathbb{N}$ mit $d \leq n$. Eine nichtleere Menge $M \subset \mathbb{R}^n$ heißt d-dimensionale *Untermannigfaltigkeit* des $\mathbb{R}^n$, wenn zu jedem $p \in M$ eine in $\mathbb{R}^n$ offene Umgebung U von p und ein Diffeomorphismus $\varphi : U \to V$ auf eine offene Teilmenge V des $\mathbb{R}^n$ existieren mit

$$\varphi(U \cap M) = V \cap \left(\mathbb{R}^d \times \{0\} \right).$$

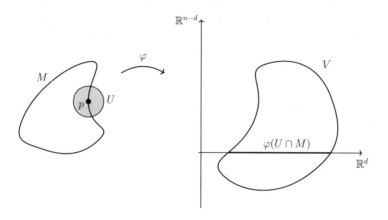

Ein- bzw. zweidimensionale Untermannigfaltigkeiten des $\mathbb{R}^n$ heißen auch in $\mathbb{R}^n$ *eingebettete Kurven* bzw. *Flächen*. Differenzierbare Untermannigfaltigkeiten des $\mathbb{R}^n$ der Dimension $(n-1)$ heißen auch *Hyperflächen*.

Beispiele von Mannigfaltigkeiten lassen sich relativ einfach, wie Satz 4.2 zeigt, durch Graphen stetig differenzierbarer Funktionen erhalten.

4.2 Satz. *Sind $\Omega \subset \mathbb{R}^n$ offen und $f \in C^1(\Omega; \mathbb{R}^m)$ eine Funktion, so ist der Graph (f) von f eine n-dimensionale Untermannigfaltigkeit des $\mathbb{R}^{n+m}$.*

Beweis. Setzen wir $U := \Omega \times \mathbb{R}^m$ und

$$\varphi : U \to \mathbb{R}^{n+m} = \mathbb{R}^n \times \mathbb{R}^m, \quad (x, y) \mapsto \big(x, y - f(x)\big),$$

so ist φ stetig differenzierbar mit $\mathrm{im}\,(\varphi) = U$. Ferner ist $\varphi : U \to U$ bijektiv mit $\varphi^{-1}(x, z) = \big(x, z + f(x)\big)$, also ein C^1-Diffeomorphismus von U auf sich, und es gilt

$$\varphi\big(U \cap \mathrm{Graph}\,(f)\big) = \Omega \times \{0\} = U \cap \big(\mathbb{R}^n \times \{0\}\big). \qquad \square$$

Der folgende Satz vom regulären Wert besagt, dass die Niveaumenge $f^{-1}(c)$ eines regulären Wertes c einer stetig differenzierbaren Funktion eine Untermannigfaltigkeit des $\mathbb{R}^n$ definiert. Er ist daher ein sehr wichtiges Kriterium, um festzustellen, ob eine gegebene Teilmenge des $\mathbb{R}^n$ eine Mannigfaltigkeit darstellt.

4.3 Theorem. (Satz vom regulären Wert). *Sind $\Omega \subset \mathbb{R}^n$ eine offene Menge und c ein regulärer Wert einer Funktion $f \in C^1(\Omega; \mathbb{R}^m)$, so ist $M := f^{-1}(c)$ eine $(n-m)$-dimensionale Untermannigfaltigkeit des $\mathbb{R}^n$.*

Beweis. Der Beweis ist einfach und folgt direkt aus dem Niveaumengensatz (Satz 2.7) und Satz 4.2. Genauer gesagt können wir den im Beweis des Satzes über implizite Funktionen konstruierten Diffeomorphismus $F : U \to W$ betrachten, wobei $U \subset \mathbb{R}^n$ eine genügend kleine Umgebung von $p \in f^{-1}(c)$ bezeichnet und $W = f(U) \subset \mathbb{R}^{n+m}$ gilt. Dieser Diffeomorphismus erfüllt dann $F(U \cap M) = W \times (\mathbb{R}^n \times \{0\})$, und die Behauptung folgt unmittelbar aus der Definition. $\qquad \square$

Kombinieren wir den Satz vom regulären Wert (Theorem 4.3) mit Bemerkung 2.6c), so erhalten wir unmittelbar das folgende Korollar.

4.4 Korollar. *Es seien $\Omega \subset \mathbb{R}^n$ eine offene Menge und $f \in C^1(\Omega; \mathbb{R})$. Gilt $\nabla f(x) \neq 0$ für $x \in f^{-1}(c)$, so ist die Niveaumenge $f^{-1}(c)$ von f eine Hyperfläche des $\mathbb{R}^n$.*

4.5 Beispiele. a) Die euklidische $(n-1)$-*Sphäre*

$$S^{n-1} := \{x \in \mathbb{R}^n : |x| = 1\}$$

ist eine $(n-1)$-dimensionale Untermannigfaltigkeit des $\mathbb{R}^n$. Um dies einzusehen, betrachten wir die stetig differenzierbare Funktion

$$f : \mathbb{R}^n \to \mathbb{R}, \ x \mapsto |x|^2.$$

Da $\nabla f(x) = 2x$ für alle $x \in \mathbb{R}^n$ gilt, ist 1 ein regulärer Wert von f. Weiter, da $S^{n-1} = f^{-1}(1)$, folgt die Behauptung unmittelbar aus dem Satz vom regulären Wert.

b) Wir betrachten auf $\Omega = \mathbb{R}^3 \backslash (\{0\} \times \{0\} \times \mathbb{R})$ die Funktion $f \in C^1(\Omega; \mathbb{R})$, definiert durch

$$f(x_1, x_2, x_3) := \left(\sqrt{x_1^2 + x_2^2} - 2 \right)^2 + x_3^2.$$

Da 1 ein regulärer Wert von f ist, definiert $T^2 := f^{-1}(1)$ eine zweidimensionale Untermannigfaltigkeit des $\mathbb{R}^3$. Genauer ist T^2 der zweidimensionale *Rotationstorus*, welcher durch Rotation des in der $(x_1$-$x_3)$-Ebene liegenden Kreises mit der Gleichung $(x_1 - 2)^2 + x_3^2 = 1$ um die x_3-Achse entsteht.

c) Ist $A \in \mathbb{R}_{\text{sym}}^{n \times n}$ eine symmetrische $(n \times n)$-Matrix mit $\det A \neq 0$ und $x \in \mathbb{R}^n$, so ist die *Quadrik*

$$Q := \{x \in \mathbb{R}^n : x A x^T = 1\}$$

eine $(n-1)$-dimensionale Untermannigfaltigkeit des $\mathbb{R}^n$. Für den Beweis dieser Aussage setzen wir

$$f : \mathbb{R}^n \to \mathbb{R}, \quad f(x) := x A x^T$$

und verifizieren, dass $Q = f^{-1}(1)$ gilt. Da $Df(x) = 2(Ax^T)^T \neq 0$ für alle $x \in \mathbb{R}^n \setminus \{0\}$ gilt, ist 1 ein regulärer Wert von f, und die Behauptung folgt wiederum aus dem Satz vom regulären Wert.

d) Wir verifizieren in den Übungsaufgaben, dass die orthogonale Gruppe $O(n, \mathbb{R}) = \{A \in \mathbb{R}^{n \times n} : A^T A = \text{id}_{\mathbb{R}^{n \times n}}\}$ eine $n(n-1)/2$-dimensionale Untermannigfaltigkeit des $\mathbb{R}^{n \times n}$ ist.

Tangential- und Normalenraum

Möchten wir die Konzepte der Differentialrechnung auf Abbildungen zwischen Untermannigfaltigkeiten übertragen, so erweist es sich als sehr nützlich, lineare Strukturen, wie etwa die Tangential- und Normalenräume, einzuführen.

4.6 Definition. Es seien M eine d-dimensionale Untermannigfaltigkeit des $\mathbb{R}^n$, $p \in M$, $\varepsilon > 0$ und $\gamma \in C^1\big((-\varepsilon, \varepsilon); \mathbb{R}^n\big)$ eine Abbildung mit $\text{im}(\gamma) \subset M$ und $\gamma(0) = p$. Dann heißt

$$T_p M := \{\gamma'(0) : \gamma \in C^1\big((-\varepsilon, \varepsilon); \mathbb{R}^n\big) \text{ mit } \text{im}(\gamma) \subset M, \gamma(0) = p\}$$

Tangentialraum an M in p.

Der folgende Satz zeigt, dass die Bezeichnung Tangential*raum* in der Tat gerechtfertigt ist.

4.7 Satz. *Ist M eine d-dimensionale Untermannigfaltigkeit des $\mathbb{R}^n$ und $p \in M$, so ist $T_p M$ ein Vektorraum der Dimension d.*

Beweis. Wir betrachten eine Umgebung U von p und einen Diffeomorphismus $\varphi : U \to V = \varphi(U)$ mit $\varphi(p) = 0$ und

$$\varphi(M \cap U) = V \cap (\mathbb{R}^d \times \{0\}) = W \subset \mathbb{R}^d \times \{0\} \cong \mathbb{R}^d$$

sowie seine Umkehrabbildung $\psi := (\varphi^{-1})_{|W} \in C^1(W; \mathbb{R}^n)$. Die Aussage des Satzes folgt dann unmittelbar aus der Darstellung des Tangentialraumes $T_p M$ als

$$T_p M = D\psi(0)(\mathbb{R}^d). \tag{4.1}$$

Um diese Darstellung von $T_p M$ einzusehen, betrachten wir für $x \in \mathbb{R}^d$ die Abbildung $\gamma \in C^1((-\varepsilon, \varepsilon); \mathbb{R}^n)$, definiert durch $\gamma(t) = \psi(tx)$, mit $\gamma(0) = \psi(0) = p$ und $\gamma'(0) = (D\psi)(0)x$. Es gilt also $D\psi(0)(\mathbb{R}^d) \subset T_p M$.

Umgekehrt sei $\gamma \in C^1((-\varepsilon, \varepsilon); \mathbb{R}^n)$ eine Abbildung mit $\operatorname{im}(\gamma) \subset M$ und $\gamma(0) = p$. Es gilt dann $\varphi \circ \gamma \in C^1((-\varepsilon, \varepsilon); \mathbb{R}^n)$, $\operatorname{im}(\varphi \circ \gamma) \subset W$ und

$$\frac{d}{dt}(\varphi \circ \gamma)(0) = D\varphi(p)\gamma'(0) =: x \in \mathbb{R}^d.$$

Wegen $\varphi \circ \psi = \operatorname{id}$ gilt insbesondere $D\varphi(p)D\psi(0) = \operatorname{id}$, und wir erhalten

$$D\psi(0)x = \big(D\varphi(p)\big)^{-1}D\varphi(p)D\psi(0)x = \big(D\varphi(p)\big)^{-1}x = \gamma'(0).$$

Damit gilt (4.1) und somit die Aussage des Satzes. $\qquad\qquad\square$

Betrachten wir speziell eine Untermannigfaltigkeit M, welche durch den Graphen einer stetig differenzierbaren Funktion gegeben ist, so erhalten wir die in Korollar 4.8 formulierte Charakterisierung ihres Tangentialraumes.

4.8 Korollar. *Es seien $\Omega \subset \mathbb{R}^d$ offen, $f \in C^1(\Omega; \mathbb{R}^n)$, $x_0 \in \Omega$, $M = \operatorname{Graph}(f)$ und $p = \big(x_0, f(x_0)\big) \in M$. Dann gilt*

$$T_p M = \{\big(\xi, Df(x_0)\xi\big) \in \mathbb{R}^d \times \mathbb{R}^n : \xi \in \mathbb{R}^d\}.$$

Setzen wir $\psi(x) = \big(x, f(x)\big)$ für $x \in \Omega$, so folgt die obige Aussage direkt aus (4.1).

4.9 Beispiel. Sind $\Omega \subset \mathbb{R}$ und $f \in C^1(\Omega; \mathbb{R})$, so besitzt die Tangente t an den Graphen Graph (f) im Punkt $p = (x_0, f(x_0))$ die Darstellung

$$t(s) = p + (s, f'(x_0)s), \quad s \in \mathbb{R}.$$

Der Tangentialraum ist also von der Form

$$T_p(\text{Graph}\,(f)) = \{(s, f'(x_0)s) : s \in \mathbb{R}\}.$$

Ist M als Niveaumenge eines regulären Wertes gegeben, so können wir den Tangentialraum von M, wie in Satz 4.10 beschrieben, charakterisieren.

4.10 Satz. *Sind $\Omega \subset \mathbb{R}^{d+n}$ offen, $f \in C^1(\Omega; \mathbb{R}^n)$, $c \in \mathbb{R}^n$ ein regulärer Wert von f und $M = f^{-1}(c)$, so gilt für $p \in M$*

$$T_p M = \ker Df(p) = \{v \in \mathbb{R}^{n+d} : Df(p)v = 0\}.$$

Beweis. Wir können ohne Beschränkung der Allgemeinheit annehmen, dass $c = 0$ gilt. Für $p = (a, b) \in M$ betrachten wir dann die Funktion $F : V \to \mathbb{R}^{d+n}$, gegeben durch $F(x) := (x, \varphi(x))$, wobei $\varphi : V \to \mathbb{R}^n$ die implizit definierte Funktion aus Theorem 2.1 und V eine Umgebung von a in $\mathbb{R}^d$ bezeichnet. Dann ist $F \in C^1(V; \mathbb{R}^{d+n})$, und es gilt $F(a) = (a, \varphi(a)) = (a, b) = p$ sowie $(f \circ F)(x) = f(x, \varphi(x)) = 0$ für alle $x \in V$. Daher folgt

$$D(f \circ F)(a) = Df(p)DF(a) = 0,$$

und wegen Satz 4.7 und (4.1) gilt

$$\mathbb{R}^d \cong T_p M = DF(a)(\mathbb{R}^d) \subset \ker Df(p).$$

Da nach Voraussetzung $\dim\left(\text{im}\,(Df(p))\right) = n$ gilt, folgt mit der Dimensionsformel der Linearen Algebra

$$\dim\left(\ker Df(p)\right) = (n + d) - n = d.$$

Daher ist $T_p M$ kein echter Unterraum von $\ker Df(p)$, und somit folgt die Behauptung. □

Im Folgenden sei $\mathbb{R}^n$ mit dem Standardskalarprodukt versehen. Unter einem *Normalenvektor* einer Untermannigfaltigkeit $M \subset \mathbb{R}^n$ im Punkt $p \in M$ verstehen wir einen Vektor $v \in \mathbb{R}^n$, der senkrecht zum Tangentialraum $T_p M$ steht; der *Normalenraum* $N_p M$ ist dann definiert als das orthogonale Komplement zu $T_p M$, d. h., als

$$N_p M := (T_p M)^\perp.$$

Satz 4.10 über den Tangentialraum impliziert dann das folgende Korollar.

4.11 Korollar. *Es seien* $\Omega \subset \mathbb{R}^{d+n}$ *offen und* $M = f^{-1}(c)$ *die Niveaumenge einer Funktion* $f = (f_1, \ldots, f_n) \in C^1(\Omega; \mathbb{R}^n)$ *zu einem regulären Wert* $c \in \mathbb{R}^n$. *Dann bilden die Gradienten* $\nabla f_1(p), \ldots, \nabla f_n(p)$ *in* $p \in M$ *eine Basis des Normalenraumes, d. h., es gilt*

$$N_p M = [\nabla f_1(p), \ldots, \nabla f_n(p)].$$

Beweis. Stellen wir $Df(p)$ durch die Jacobi-Matrix $J_f(p)$ dar, so werden die Zeilen von $J_f(p)$ durch die obigen Gradienten beschrieben. Nach Satz 4.10 liegt $v \in \mathbb{R}^n$ genau dann in $T_p M$, wenn $(\nabla f_i(p)|v) = 0$ für $i = 1, \ldots, n$ gilt; daher stehen die Vektoren $\nabla f_i(p)$ für $i = 1, \ldots, n$ senkrecht auf $T_p M$. Da $J_f(p)$ nach Voraussetzung den Rang n besitzt, sind die Vektoren $\nabla f_i(p)$ für $i = 1, \ldots, n$ linear unabhängig und bilden eine Basis von $N_p M$. $\qquad\square$

4.12 Beispiele. a) Für die Sphäre S^{n-1} in $\mathbb{R}^n$ gilt $S^{n-1} = f^{-1}(1)$ für $f : \mathbb{R}^n \to \mathbb{R}$, $x \mapsto |x|^2$. Wegen $\nabla f(p) = 2p$ gilt

$$N_p S^{n-1} = \{\lambda p : \lambda \in \mathbb{R}\}, \quad p \in S^{n-1}.$$

b) Ein Normalenvektor an die in Beispiel 4.5b) beschriebene Torusfläche T^2 im Punkt $p = (p_1, p_2, p_3)$ ist gegeben durch $2(p - h)$ mit

$$h = \left(\frac{2p_1}{(p_1^2 + p_2^2)^{1/2}}, \frac{2p_2}{(p_1^2 + p_2^2)^{1/2}}, 0 \right).$$

c) Ist $\Omega \subset \mathbb{R}^n$ offen und $f \in C^1(\Omega)$, so ist eine *Einheitsnormale* $\nu(x)$, d. h., ein Normalenvektor der Länge 1, an die Mannigfaltigkeit $M = \text{Graph}(f)$ im Punkt $p = (x, f(x))$ gegeben durch

$$\nu(x) = \frac{(-\nabla f(x), 1)}{(1 + |\nabla f(x)|^2)^{1/2}}.$$

d) Es seien M eine Untermannigfaltigkeit des $\mathbb{R}^n$ und $a \in \mathbb{R}^n \setminus M$. Ist $p \in M$ ein Punkt minimalen Abstands von a, so steht die Gerade durch p und a senkrecht auf M. Dies folgt unmittelbar aus der Lagrangeschen Multiplikatorenregel und Korollar 4.11, denn da p eine Minimalstelle der Funktion $f : \mathbb{R}^n \to \mathbb{R}$, $f(x) = |x - a|^2$ ist, folgt $\nabla f(p) = 2(p - a) \in N_p M$.

4.13 Bemerkung. Die obige Darstellung des Normalenraumes erlaubt es uns, einen weiteren und eleganten Beweis der Lagrangeschen Multiplikatorenregel zu geben. In der Tat ist $M = g^{-1}(0)$ unter den Voraussetzungen der Lagrangeschen Multiplikatorenregel nach dem Satz vom regulären Wert eine n-dimensionale Untermannigfaltigkeit des $\mathbb{R}^{n+m}$, und es gibt zu $v \in T_p M$ eine Abbildung $\gamma \in C^1((-\varepsilon, \varepsilon); \mathbb{R}^{n+m})$ mit $\text{im}(\gamma) \subset M$, $\gamma(0) = p$ und $\gamma'(0) = v$. Die durch $F : (-\varepsilon, \varepsilon) \to \mathbb{R}$, $F(t) := f(\gamma(t))$ definierte Funktion hat in $t = 0$ ein lokales Extremum. Daher gilt $F'(0) = 0$, was $(\nabla f(p)|v) = 0$ und somit $\nabla f(p) \in N_p M$ bedeutet. Nach Korollar 4.11 gibt es daher eindeutig bestimmte $\lambda_1, \ldots, \lambda_m \in \mathbb{R}$ mit der behaupteten Eigenschaft.

Aufgaben

1. Man entscheide, welche der folgenden Mengen Untermannigfaltigkeiten sind, und bestimme gegebenfalls ihre Dimension:

   a) $M_1 = \{(x, y) \in \mathbb{R}^n \times \mathbb{R} : |x|^2 = y^2\}$,

   b) $M_2 = \{(x, y) \in M_1 : y > 0\}$,

   c) $M_3 = M_1 \setminus \{(0,0)\}$,

   d) $M_4 = \mathbb{Q} \subset \mathbb{R}$,

   e) $M_5 = \{(x, y) \in \mathbb{R}^2 : x^2 + y^2 = 1\} \subseteq \mathbb{R}^2$,

   f) $M_6 = \{x \in \mathbb{R}^n : \exists t \in \mathbb{R} : x = y_1 + t y_2\} \subseteq \mathbb{R}^n$, mit gegebenen $y_1 \in \mathbb{R}^n$, $y_2 \in \mathbb{R}^n \setminus \{0\}$,

   g) $M_7 = \{x \in \mathbb{R}^n : \exists t \in (0, 1) : x = y_1 + t y_2\} \subseteq \mathbb{R}^n$, mit gegebenen $y_1 \in \mathbb{R}^n$, $y_2 \in \mathbb{R}^n \setminus \{0\}$,

   h) $M_8 = [0, 1] \times \{0\} \subseteq \mathbb{R}^2$.

2. Die Funktion $g \colon \mathbb{R}^2 \to \mathbb{R}$ sei gegeben durch $g(x, y) = (x^2 + y^2)^2 - 4(x^2 - y^2)$.

   a) Man stelle $g^{-1}(0) \subset \mathbb{R}^2$ graphisch dar.

   b) Man zeige, dass $g^{-1}(0) \setminus \{(0,0)\} \subset \mathbb{R}^2$ eine Untermannigfaltigkeit ist.

   c) Warum ist $g^{-1}(0)$ keine Untermannigfaltigkeit?

3. a) Es sei $A \colon \mathbb{R}^n \to \mathbb{R}^m$ eine lineare und surjektive Abbildung. Man zeige, dass $A^{-1}(0)$ eine C^1-Untermannigfaltigkeit des $\mathbb{R}^n$ ist. Welche Dimension besitzt $A^{-1}(0)$?

   b) Der Torus $T_{r,R} \subset \mathbb{R}^3$ wird für $0 < r < R$ beschrieben durch

   $$T_{r,R} := \left\{(x, y, z) \in \mathbb{R}^3 : \left(\sqrt{x^2 + y^2} - R\right)^2 + z^2 = r^2\right\}.$$

   Man zeige, dass $T_{r,R}$ eine Untermannigfaltigkeit des $\mathbb{R}^3$ ist.

4. Es sei $f : \mathbb{R}^3 \to \mathbb{R}$ gegeben durch $f(x, y, z) := x^2 + y^2 + z^2 - c$ für ein $c \in \mathbb{R}$.

   a) Man zeige, dass für $c \neq 0$ die Menge

   $$H_c := \{(x, y, z) \in \mathbb{R}^3 : x^2 + y^2 - z^2 = c\}$$

   eine zweidimensionale Untermannigfaltigkeit des $\mathbb{R}^3$ ist und dass H_c für $c > 0$ ein sogenanntes *einschaliges* und für $c < 0$ ein *zweischaliges Hyperboloid* darstellt.

   b) Man zeige, dass H_c für $c = 0$ keine Untermannigfaltigkeit ist, sondern ein Kegel.

   c) Man skizziere H_c für $c < 0, c > 0$ und $c = 0$.

5. Für $h > 0$ und $\Omega := (0, \infty) \times \mathbb{R}$ betrachte man die Funktion $f : \Omega \to \mathbb{R}^3$, gegeben durch

   $$f(r, \theta) := (r \cos \theta, r \sin \theta, h\theta).$$

   Man zeige, dass $f(\Omega)$ eine Untermannigfaltigkeit des $\mathbb{R}^3$ definiert, die sogenannte *Wendelfläche*.

6. Es sei $O(n) := \{A \in \mathbb{R}^{n \times n} : A^T A = \mathrm{id}\}$ die orthogonale Gruppe. Man zeige:

   a) $O(n)$ ist eine $\frac{1}{2} n(n-1)$-dimensionale Untermannigfaltigkeit des $\mathbb{R}^{n \times n}$.

   b) $T_{\mathrm{id}} O(n) = \{A \in \mathbb{R}^{n \times n} : A + A^T = 0\}$, d.h., der Tangentialraum $T_{\mathrm{id}} O(n)$ von $O(n)$ stimmt mit dem Raum aller schiefsymmetrischen Matrizen überein.

7. (Vivianisches Fenster). Man zeige, dass das *Vivianische Fenster* V, definiert durch

$$V := \{(x, y, z) \in \mathbb{R}^3 : x^2 + y^2 + z^2 = 1 \quad \text{und} \quad (x - 1/2)^2 + y^2 = 1/4\},$$

eine Untermannigfaltigkeit des $\mathbb{R}^3$ definiert.

---

5 Anmerkungen und Ergänzungen

1 Historisches

Mit der Einführung der Funktionalmatrix bzw. deren Determinate, einer Abbildung $f \in C^1(\Omega; \mathbb{R}^n)$, $\Omega \subset \mathbb{R}^n$ offen, bereitete Carl Jacobi den Weg zu präzisen Formulierungen des Umkehrsatzes und des Satzes über implizite Funktionen. Erste rigorose Beweise dieser Sätze finden sich in den Lehrbüchern von Dini (1878), Peano (1893) und Jordan (1893).

Die in diesem Abschnitt formulierten Beweise des Umkehrsatzes bzw. des Satzes über implizite Funktionen behalten ihre Gültigkeit sinngemäß auch für Banach-Raum-wertige Funktionen. Für weitere Informationen verweisen wir auf [KP03].

Neben der in Abschnitt 3 beschriebenen Rolle der Lagrangeschen Multiplikatorenregel in der Extremwertbestimmung unter Nebenbedingungen ist ihre Bedeutung insbesondere in der klassischen Mechanik gut sichtbar (vgl. Abschnitt IX.3). Bemerkungen zu J. Lagrange finden sich bereits in Abschnitt IV.5.

Untermannigfaltigkeiten sind Spezialfälle der abstrakten Mannigfaltigkeiten; diese wurden von Bernhard Riemann (1826–1866) im Jahre 1854 in seinem Habilitationsvortrag skizziert. Abstrakte Mannigfaltigkeiten müssen nicht in einem Vektorraum eingebettet sein. Henri Poincaré (1854–1912) initiierte die Untersuchung von dreidimensionalen Mannigfaltigkeiten und stellte im Jahre 1904 die berühmte Poincaré-Vermutung auf. Sie besagt, dass jede einfach-zusammenhängende, kompakte dreidimensionale Mannigfaltigkeit homöomorph zur 3-Sphäre ist. Diese Vermutung wurde von Grigori Perelman (geboren 1966 in Leningrad) im Jahre 2002 bewiesen. Die heute übliche Definition einer Mannigfaltigkeit scheint von Hermann Weyl (1885–1955) im Jahre 1913 eingeführt worden zu sein.

2 Brouwerscher Umkehrsatz

Der Satz über die Umkehrabbildung (Theorem 1.2) besagt, dass die lokale Injektivität einer Abbildung $f \in C^1(\Omega; \mathbb{R}^n)$ in einer Umgebung von $a \in \Omega$ gegeben ist, wenn nur $Df(a)$ invertierbar ist. Ist die lokale Injektivität von f jedoch bekannt, so folgt aus der Stetigkeit von f auch die Stetigkeit seiner Umkehrfunktion nach dem folgenden *Brouwerschen Umkehrsatz*.

Satz. (Brouwerscher Umkehrsatz). *Ist* $\Omega \subset \mathbb{R}^n$ *offen und* $f \in C(\Omega; \mathbb{R}^m)$ *injektiv, so ist* $f(\Omega)$ *offen und die Umkehrabbildung* $f^{-1} : f(\Omega) \to \Omega$ *stetig.*

3 Singuläre Werte und der Satz von Sard

Sind $\Omega \subset \mathbb{R}^n$ offen und $f \in C^1(\Omega; \mathbb{R}^m)$ eine Funktion, so haben wir $y \in \mathbb{R}^m$ einen *regulärer Wert* von f genannt, wenn $f^{-1}(y)$ nur aus regulären Punkten von f besteht. Ein nicht regulärer Wert y wird auch als *singulärer Wert* von f bezeichnet.

Es stellt sich dann die Frage nach der „Größe" der Menge der singulären Werte einer Funktion. Der folgende Satz beschäftigt sich mit dieser Frage.

Satz. (Satz von Sard). *Sind $\Omega \subset \mathbb{R}^n$ offen, $f \in C^k(\Omega; \mathbb{R}^m)$ eine Funktion und gilt $k \geq n-m+1$, so ist die Menge der singulären Werte von f eine Nullmenge in $\mathbb{R}^m$. Insbesondere liegt die Menge der regulären Werte von f dicht in $\mathbb{R}^m$.*

Hierbei verstehen wir unter einer Nullmenge eine Menge vom Maß 0, definiert wie in Abschnitt 2 der Anmerkungen zu Kapitel V.

4 Hinreichende Bedingungen für Extremwerte mit Nebenbedingungen

Neben der in der Lagrangeschen Multiplikatorenregel beschriebenen notwendigen Bedingung für die Existenz von Extremwerten unter der Nebenbedingung $g = 0$ gibt es, in Analogie zu Extremwertbestimmung ohne Nebenbedingung, auch hinreichende Bedingungen für Extrema in einem kritischen Punkt von f auf $M = g^{-1}(\{0\})$.

Satz. *Es seien $\Omega \subset \mathbb{R}^{n+1}$ offen, $f, g \in C^2(\Omega)$, $x_0 \in M = g^{-1}(\{0\})$ regulär und x_0 ein kritischer Punkt von f unter der Nebenbedingung $g = 0$ mit zugehörigem Lagrange-Multiplikator $\lambda \in \mathbb{R}^m$ und $F := f + \lambda g$. Ist die Hesse-Matrix $H_F(x_0)$ positiv definit, so besitzt f auf M in x_0 ein striktes lokales Minimum.*

5 Phillips-Kurve

In vielen anwendungsorientierten Situationen ist es möglich, ein gegebenes Gleichungssystem explizit aufzulösen. Ein Beispiel hierfür ist die auf den britischen Ökonom Alban Phillips (1914–1975) zurückgehende *Philipps-Kurve*, die den in Großbritannien in den Jahren 1861–1957 beobachteten Zusammenhang zwischen der Zuwachsrate der Nominallöhne und der Arbeitslosenquote beschreibt. Die Wirtschaftsnobelpreisträger Paul Samuelson und Robert Solow bezogen diese Kurve auf die Inflationsrate und gaben ihr dadurch eine wirtschaftspolitische Bedeutung. Die Phillips-Kurve ist definiert durch die Gleichung

$$1{,}39x(y + 0{,}9) = 9{,}64$$

wobei x die Arbeitslosenquote und y die Zuwachsrate der Nominallöhne bezeichnet. In diesem Fall kann x leicht in Termen von y und auch y in Termen von x ausgedrückt werden.

6 Immersionssatz

Der folgende Immersionssatz impliziert, dass jede Untermannigfaltigkeit lokal als Graph einer Immersion dargestellt werden kann. Wir definieren zunächst diesen Begriff.

Ist $\Omega \subset \mathbb{R}^n$ offen, so heißt $f \in C^1(\Omega; \mathbb{R}^m)$ *Immersion*, wenn $Df(x) \in \mathcal{L}(\mathbb{R}^n, \mathbb{R}^m)$ für jedes $x \in \Omega$ injektiv ist.

Satz. *Sind $\Omega \subset \mathbb{R}^n$ offen und $f \in C^1(\Omega; \mathbb{R}^m)$ eine Immersion, so existiert zu jedem $a \in \Omega$ eine offene Umgebung $U \subset \Omega$ von a derart, dass $f(U)$ eine n-dimensionale Untermannigfaltigkeit des $\mathbb{R}^m$ ist.*

7 Tangentialebene und Tangentialbündel

Es seien $\Omega \subset \mathbb{R}^n$ eine offene Menge, 0 ein regulärer Wert einer Funktion $f \in C^1(\Omega; \mathbb{R})$ und $M := f^{-1}(0)$ eine (n-1)-dimensionale Untermannigfaltigkeit des $\mathbb{R}^n$. Die affine Ebene

$$E_x := x + T_x M := \{x + v : v \in T_x M\}$$

in $x \in M$ heißt *Tangentialebene an M in x*. Sie wird durch

$$E_x = \{y \in \mathbb{R}^n : (\nabla f(x)|y - x) = 0\}$$

beschrieben. Ein Tangentialvektor v an M wurde im vorigen Abschnitt 4 bezüglich eines Punktes $x \in M$ definiert und ist deswegen an x „gebunden". Der Begriff des Tangentialbündels TM präzisiert diese Formulierung.

Ist M eine Untermannigfaltigkeit des $\mathbb{R}^n$, so ist das *Tangentialbündel TM* definiert als

$$TM := \{(x, v) : x \in M, v \in T_x M\},$$

das *Kotangentialbündel $T^* M$* als

$$T^* M := \{(x, v) : x \in M, v \in T_x^* M\},$$

wobei $T_x^* M$ den Dualraum von $T_x M$ bezeichnet. Weiter ist das *Normalenbündel $T^\perp M$* definiert als

$$T^\perp M := \{(x, w) : x \in M, w \in T_x^\perp M\}.$$

Diese Begriffe spielen in der „Globalen Analysis" eine wichtige Rolle.

8 Lorentz-Gruppe der speziellen Relativitätstheorie

Es sei $D \in \mathbb{R}^{4 \times 4}$ die Diagonalmatrix, gegeben durch $D = \text{diag}(1, 1, 1, -1)$. Die *Lorentz-Gruppe* ist definiert als

$$O(3, 1) := \{A \in \mathbb{R}^{4 \times 4} : A^T D A = D\}$$

und stellt eine sechsdimensionale Untermannigfaltigkeit des $\mathbb{R}^{4 \times 4}$ dar.

Kurven, Wege und Vektorfelder

In diesem Kapitel beginnen wir mit der Untersuchung von Kurven in $\mathbb{R}^n$ und lassen uns hierbei von einem Kurvenbegriff, der aus der Physik, genauer aus der Kinematik herrührt, leiten. Er beschreibt die Abstraktion der Bewegung eines Punktes im Raum, die durch die Angabe des Ortes $\gamma(t)$ zum Zeitpunkt t gegeben ist. Dieser Ansatz geht auf Camille Jordan (1838–1922) zurück. Kurven in diesem Sinn können sehr überraschende Eigenschaften besitzen. Zum Beispiel überdeckt die von Giuseppe Peano (1858–1932) konstruierte Kurve vollständig ein Quadrat.

Eine der ersten Aufgaben der Kurventheorie ist die Bestimmung der Länge einer Kurve. Eng verbunden mit dieser Problematik sind Funktionen von beschränkter Variation. Da eine Kurve auf unterschiedliche Weise parametrisiert werden kann, untersuchen wir Umparametrisierungen von Kurven und führen daraus resultierend den Begriff des Weges ein. Von besonderer Bedeutung ist die Parametrisierung γ eines regulären C^1-Weges nach der Bogenlänge, eine Parametrisierung, für welche $|\gamma'(t)| = 1$ für alle t des Parameterintervalls gilt. Eine Diskussion der klassischen Begriffe der Krümmung und Torsion eines Weges schließen sich an.

In Abschnitt 2 diskutieren wir Vektorfelder und Wegintegrale. Letztere sind Integrale, welche sich nicht nur über Intervalle, sondern über Wege erstrecken. Diese Erweiterung des Integralbegriffs hat viele wichtige Konsequenzen. Zum Beispiel lassen sich hiermit Gradientenfelder F als diejenigen Vektorfelder charakterisieren, für welche das Wegintegral von F wegunabhängig ist. Im Lemma von Poincaré zeigen wir, dass für sternförmige Mengen Ω des $\mathbb{R}^3$ ein C^1-Vektorfeld F genau dann ein Gradientenfeld ist, also ein Potential besitzt, wenn rot $F = 0$ in Ω gilt. Abschließende Bemerkungen zu einem weiteren grundlegenden Begriff der Vektorfelder, nämlich ihrer Divergenz, runden diesen Abschnitt ab.

Abschnitt 3 widmet sich ersten Variationsprinzipien. Diese werden häufig angewandt, um zum Beispiel die Bahn, längs derer sich ein System bewegt, als Extremalstelle eines Variationsproblems zu berechnen. Dies führt uns auf die Eulerschen Differentialgleichungen. Betrachten wir ein physikalisches System, so implizieren diese die Lagrangeschen

© Springer-Verlag GmbH Deutschland, ein Teil von Springer Nature 2019
M. Hieber, *Analysis II*, https://doi.org/10.1007/978-3-662-57542-0_4

Bewegungsgleichungen der klassischen Mechanik, die es zum Beispiel erlauben, die Bewegung eines Massenpunktes unter dem Einfluss eines Potentials zu beschreiben.

1   Kurven und Wege

Wir beginnen mit der Definition des Kurvenbegriffs. Im Folgenden bezeichnet $I \subset \mathbb{R}$ immer ein Intervall, welches mehr als einen Punkt enthält.

1.1 Definition. Eine stetige Abbildung $\gamma : I \to \mathbb{R}^n$ auf einem Intervall $I \subset \mathbb{R}$ heißt *Kurve in $\mathbb{R}^n$*. Ist $k \in \mathbb{N}_0$, so heißt die Kurve γ *k-mal stetig differenzierbar* oder *C^k-Kurve*, wenn γ k-mal stetig differenzierbar ist. Das Bild $\gamma(I)$ von I unter γ wird die *Spur* von γ genannt und mit spur(γ) bezeichnet.

Nach Definition 1.1 ist eine Kurve also nicht nur eine Punktmenge in $\mathbb{R}^n$, sondern zu ihr gehört auch der durch γ übermittelte Ablaufplan des Durchlaufens der Spur. Eine Kurve γ ist dann durch ein n-Tupel $\gamma = (\gamma_1, \ldots, \gamma_n)$ stetiger Abbildungen $\gamma_j : I \to \mathbb{R}$ für $j = 1, \ldots, n$ gegeben.

Ist $\gamma \in C([a, b]; \mathbb{R}^n)$ eine Kurve, so heißt $\gamma(a)$ der *Anfangspunkt* und $\gamma(b)$ der *Endpunkt* von γ. Gilt $\gamma(a) = \gamma(b)$, so heißt γ *geschlossene Kurve*.

Wir definieren nun den Tangentialvektor an eine differenzierbare Kurve auf natürliche Art und Weise.

1.2 Definition. Ist $\gamma = (\gamma_1, \ldots, \gamma_n) : I \to \mathbb{R}^n$ eine differenzierbare Kurve, so heißt

$$\gamma'(t) = \left(\gamma_1'(t), \ldots, \gamma_n'(t)\right) \in \mathbb{R}^n$$

der *Tangentialvektor* der Kurve zur Parameterstelle γ in $t \in I$.

Der Vektor $\gamma'(t)$ lässt sich als die *Geschwindigkeit der Kurve γ* im Punkt t interpretieren und besitzt den Betrag

$$|\gamma'(t)| = \left(|\gamma_1'(t)|^2 + \ldots + |\gamma_n'(t)|^2\right)^{\frac{1}{2}}.$$

1.3 Beispiele. a) Ist $f : I \to \mathbb{R}$ eine stetige Funktion, so definiert

$$\gamma : I \to \mathbb{R}^2, \quad \gamma(t) := \left(t, f(t)\right)$$

eine Kurve. Die Spur von γ ist der Graph von f. Ist f differenzierbar, so ist auch γ differenzierbar, und es gilt $\gamma'(t) = \left(1, f'(t)\right)$ für alle $t \in I$.

b) Für $r > 0$ beschreibt

$$\gamma : [0, 2\pi] \to \mathbb{R}^2, \quad \gamma(t) := (r \cos t, r \sin t)$$

eine Kreisbewegung um $0 \in \mathbb{R}^2$ mit Radius r. Da γ differenzierbar ist mit der Ableitung $\gamma'(t) = (-r \sin t, r \cos t)$, gilt $|\gamma'(t)| = r$ für alle $t \in [0, 2\pi]$.

c) Für $a \in \mathbb{R}^n$ und $v \in \mathbb{R}^n \backslash \{0\}$ beschreibt

$$\gamma : \mathbb{R} \to \mathbb{R}^n, \quad \gamma(t) := a + tv$$

eine geradlinige Bewegung von a in Richtung v mit Geschwindigkeit $\gamma'(t) = v$.

d) Für $r > 0$ und $c \neq 0$ beschreibt

$$\gamma : \mathbb{R} \to \mathbb{R}^3, \quad \gamma(t) := (r \cos t, r \sin t, ct)$$

eine *Schraubenlinie* oder eine *Helix*. Ihre Spur liegt auf dem Zylinder $\{(x, y, z) \in \mathbb{R}^3 : x^2 + y^2 = r^2\}$, und wir nennen $2\pi c$ die *Ganghöhe* von γ.

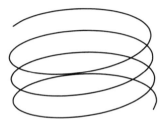

e) Sind $\alpha > 0$ und $\lambda \in \mathbb{R} \setminus \{0\}$, so heißt $\gamma : \mathbb{R} \to \mathbb{R}^2$, $\gamma(t) = (\alpha e^{\lambda t} \cos t, \alpha e^{\lambda t} \sin t)$ *logarithmische Spirale*.

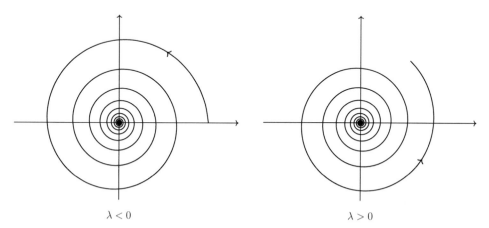

$\lambda < 0$ $\lambda > 0$

f) Die *Neilsche Parabel* ist gegeben durch

$$\gamma : [-1, 1] \to \mathbb{R}^2, \quad \gamma(t) := (t^2, t^3).$$

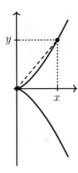

g) Die *Zykloide* wird beschrieben durch die Kurve

$$\gamma : \mathbb{R} \to \mathbb{R}^2, \quad \gamma(t) = (t - \sin t, 1 - \cos t).$$

Sie beschreibt die Bewegung eines Randpunktes der Einheitskreisscheibe, welche auf der x-Achse abrollt:

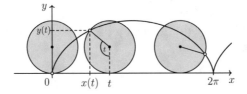

h) Ist $f \in C^1(I; \mathbb{R})$ eine Funktion, so verstehen wir unter dem *parametrisierten Graph* von f die Kurve

$$\gamma_f : I \to \mathbb{R}^2, \quad \gamma_f(t) := (t, f(t)).$$

Es gilt dann $\gamma_f'(t) = (1, f'(t))$ für alle $t \in I$.

1.4 Bemerkung. Eine Kurve $\gamma : I \to \mathbb{R}^n$ ist nicht notwendigerweise eine injektive Abbildung. Existiert ein $x \in \mathbb{R}^n$ mit $\gamma(t_1) = \gamma(t_2) = x$ für $t_1, t_2 \in I$ mit $t_1 \neq t_2$, so heißt x *Doppelpunkt* der Kurve γ. Für die Kurve

$$\gamma : \mathbb{R} \to \mathbb{R}^2, \quad \gamma(t) = (t^2 - 1, t^3 - t)$$

gilt $\gamma(1) = \gamma(-1) = (0, 0)$, und $(0, 0)$ ist somit ein Doppelpunkt von γ. Die Tangentialvektoren $\gamma'(1) = (2, 2)$ für $t_1 = 1$ und $\gamma'(-1) = (-2, 2)$ für $t_2 = -1$ sind jedoch verschieden.

Rektifizierbare Kurven

Unser nächstes Ziel besteht darin, die Länge einer gegebenen Kurve γ, welche auf $I = [a, b]$ mit $a, b \in \mathbb{R}$ und $a < b$ definiert ist, zu berechnen. Unsere Idee besteht darin, ihre Länge durch geeignete Polygonzüge zu approximieren.

Betrachten wir eine Partition P des Intervalls $[a, b]$, d. h., wählen wir $t_0, \ldots, t_k$ mit $a = t_0 < t_1 < \ldots < t_k = b$, so definieren wir die Länge eines Polygonzugs mit den Ecken $\gamma(t_0), \ldots, \gamma(t_k)$ als

$$L_{P,\gamma} := \sum_{j=1}^{k} |\gamma(t_j) - \gamma(t_{j-1})|.$$

Beispiel mit $k = 5$

1.5 Definition. Eine Kurve $\gamma : [a, b] \to \mathbb{R}^n$ heißt *rektifizierbar*, wenn

$$L(\gamma) := \sup_P L_{P,\gamma} < \infty$$

gilt. Die Zahl $L(\gamma)$ heißt die *Länge* von γ.

1.6 Satz. *Ist $\gamma : [a, b] \to \mathbb{R}^n$ eine stetig differenzierbare Kurve, so ist γ rektifizierbar, und es gilt*

$$L(\gamma) = \int_a^b |\gamma'(t)| \, dt = \int_a^b \left(|\gamma_1'(t)|^2 + \ldots + |\gamma_n'(t)|^2 \right)^{\frac{1}{2}} dt.$$

Insbesondere hat der Graph einer C^1-Funktion $f : [a, b] \to \mathbb{R}$ die Länge

$$L(\gamma_f) = \int_a^b \sqrt{1 + |f'(t)|^2} \, dt.$$

Zum Beweis verwenden wir das Integral eines n-Tupels stetiger Funktionen. Setzen wir wie in Bemerkung VII.6.2

$$\int_a^b \gamma(t) \, dt = \left(\int_a^b \gamma_1(t) \, dt, \ldots, \int_a^b \gamma_n(t) \, dt \right),$$

so gilt

$$\left| \int_a^b \gamma(t)\, dt \right| \leq \int_a^b |\gamma(t)|\, dt,$$

denn für $v = \int_a^b \gamma(t)\, dt \in \mathbb{R}^n$ gilt $\left| \int_a^b \gamma(t)\, dt \right|^2 = \left(\int_a^b \gamma(t)dt \middle| v \right) = \int_a^b (\gamma(t)|v)\, dt \leq \int_a^b |\gamma(t)|\, dt \, |v|$.

Beweis. Ist eine Partition P von $[a, b]$ durch $P : a = t_0 < t_1 < \ldots < t_k = b$ gegeben, so impliziert der Fundamentalsatz der Differential- und Integralrechnung und die obige Bemerkung

$$L_{P,\gamma} = \sum_{j=1}^{k} |\gamma(t_j) - \gamma(t_{j-1})| = \sum_{j=1}^{k} \left| \int_{t_{j-1}}^{t_j} \gamma'(t)\, dt \right| \leq \sum_{j=1}^{k} \int_{t_{j-1}}^{t_j} |\gamma'(t)| dt$$

$$= \int_a^b |\gamma'(t)| dt =: L.$$

Daher ist γ rektifizierbar, und es gilt $L_\gamma \leq L$.

In einem zweiten Schritt zeigen wir, dass $L_\gamma = L$ gilt. Hierzu genügt es zu zeigen, dass für jedes $\varepsilon > 0$ eine Partition $P : a = t_0 < \ldots < t_k = b$ von $[a, b]$ existiert mit

$$L_{P,\gamma} \geq L - \varepsilon.$$

Nach Theorem V.1.6 existiert ein n-Tupel $\varphi = (\varphi_1, \ldots, \varphi_n)$ von Treppenfunktionen mit

$$|\gamma'(t) - \varphi(t)| \leq \frac{\varepsilon}{2(b-a)} \quad \text{für alle} \quad t \in [a, b].$$

Wählen wir nun eine Partition $P : a = t_0 < t_1 < \ldots < t_k = b$ von $[a, b]$ derart, dass jedes $\varphi_1, \ldots, \varphi_n$ auf den Intervallen (t_{j-1}, t_j) für $j = 1, \ldots, k$ konstant ist, so gilt für dieses P die Behauptung, denn für alle $j = 1, \ldots, k$ gilt

$$\left| \int_{t_{j-1}}^{t_j} \gamma'(t)\, dt \right| \geq \left| \int_{t_{j-1}}^{t_j} \varphi(t)\, dt \right| - \left| \int_{t_{j-1}}^{t_j} (\gamma'(t) - \varphi(t))\, dt \right|$$

$$\geq \int_{t_{j-1}}^{t_j} |\varphi(t)|\, dt - \int_{t_{j-1}}^{t_j} |\gamma'(t) - \varphi(t)|\, dt$$

$$\geq \int_{t_{j-1}}^{t_j} |\varphi(t)|\, dt - \frac{\varepsilon}{2(b-a)} (t_j - t_{j-1}).$$

Aufsummieren über $j = 1, \ldots, k$ ergibt wegen den obigen Abschätzungen für $L_{P,\gamma}$ und $|\gamma'(t) - \varphi(t)|$

$$L_{P,\gamma} \geq \int_a^b |\varphi(t)| \, dt - \frac{\varepsilon}{2} \geq \int_a^b |\gamma'(t)| \, dt - \int_a^b |\varphi(t) - \gamma'(t)| \, dt - \frac{\varepsilon}{2}$$

$$\geq \int_a^b |\gamma'(t)| dt - \frac{\varepsilon}{2} - \frac{\varepsilon}{2} = L - \varepsilon. \qquad \square$$

1.7 Beispiele. a) Wir berechnen die Länge eines Bogens der in Beispiel 1.3g) betrachteten Zykloide

$$\gamma : \mathbb{R} \to \mathbb{R}^2, \ \gamma(t) = (t - \sin t, 1 - \cos t)$$

wie folgt. Da γ stetig differenzierbar ist mit Ableitung $\gamma'(t) = (1 - \cos t, \sin t)$, gilt

$$|\gamma'(t)|^2 = 1 - 2\cos t + \underbrace{\cos^2 t + \sin^2 t}_{=1} = 2 - 2\cos t = 4\sin^2(t/2).$$

Daher gilt

$$L(\gamma_{|[0,2\pi]}) = \int_0^{2\pi} 2|\sin(t/2)| \, dt = -4\cos(t/2)\Big|_0^{2\pi} = 8.$$

b) Ein Beispiel einer nicht rektifizierbaren Kurve ist durch

$$\gamma : [0,1] \to \mathbb{R}^2, \quad \gamma(0) = 0 \quad \text{und} \quad \gamma(t) = \left(t, t^2 \cos^2(\pi/t^2)\right), \quad 0 < t \leq 1$$

gegeben. Klarerweise ist γ stetig. Wir definieren dann eine Partition P_n von $[0,1]$ durch $P_n : 0 = t_0, n^{-1/2}, (n-1)^{-1/2}, \ldots, 2^{-1/2}, 1 = t_{n+1}$ und verifizieren, dass $\gamma(n^{-1/2}) = \left(\frac{1}{n^{1/2}}, \frac{(-1)^n}{n}\right)$ gilt. Daher folgt $L_{P_n,\gamma} \geq 1 + 1/2 + \ldots + 1/n$, und es gilt $L(\gamma) = \infty$. Wir bemerken, dass γ auf $[0,1]$ differenzierbar, jedoch nicht stetig differenzierbar ist.

Funktionen von beschränkter Variation

Der Begriff der rektifizierbaren Kurve ist sehr eng mit dem Konzept der Funktionen von beschränkter Variation verwandt. Genauer gesagt definieren wir für Funktionen $f : I = [a,b] \to \mathbb{R}$ mit $a, b \in \mathbb{R}$ und $a < b$ sowie zu Zerlegungen $P : a = t_0 < t_1 \ldots < t_n = b$ von I die *Variation* von f bzgl. P durch

$$\mathrm{var}_P(f) := \sum_{j=1}^n \left| f(t_j) - f(t_{j-1}) \right|.$$

Das Supremum über alle Zerlegungen, d. h.,

$$V_a^b(f) := \sup_P \mathrm{var}_P(f)$$

heißt die *Totalvariation* von f über $[a,b]$. Gilt $V_a^b(f) < \infty$, so heißt f von *beschränkter Variation* auf I. Die Klasse aller dieser Funktionen bezeichnen wir mit $BV(I)$.

Ist $f : [a, b] \to \mathbb{R}$ eine Kurve, so gilt also $L(f) = V_a^b(f)$. Wir stellen nun grundlegende Eigenschaften von Funktionen mit beschränkter Variation bereit.

1.8 Lemma. *Für eine Funktion $f \in BV[a, b]$ gelten die folgenden Aussagen:*

a) $BV[a, b] \subset B[a, b]$, *und es gilt* $|f(a) - f(b)| \leq V_a^b(f)$.

b) *Der Raum $BV[a, b]$ ist ein Vektorraum und sogar eine Algebra, und es gelten die Ungleichungen*

$$V_a^b(\alpha f + \beta g) \leq |\alpha| V_a^b(f) + |\beta| V_a^b(g), \quad \alpha, \beta \in \mathbb{R}, \ f, g \in BV[a, b],$$
$$V_a^b(fg) \leq \|f\|_\infty V_a^b(g) + \|g\|_\infty V_a^b(f), \quad f, g \in BV[a, b].$$

c) *Für $a < c < b$ gilt $V_a^b(f) = V_a^c(f) + V_c^b(f)$.*

d) *Ist f monoton in $[a, b]$, so gilt $V_a^b(f) = |f(b) - f(a)|$.*

e) *Ist $f \in C^1([a, b])$, so gilt $V_a^b(f) = \int_a^b |f'(t)| dt$.*

Den nicht sehr schwierigen Beweis überlassen wir dem Leser als Übungsaufgabe.

Wir charakterisieren nun Funktionen von beschränkter Variation als diejenigen Funktionen, welche sich als Differenz zweier monoton wachsender Funktionen darstellen lassen.

1.9 Satz. *Eine Funktion $f : [a, b] \to \mathbb{R}$ ist genau dann von beschränkter Variation, wenn $f = g - h$ für zwei auf $[a, b]$ monoton wachsende Funktionen g und h gilt.*

Beweis. Für $f \in BV[a, b]$ und $t \in [a, b]$ setzen wir $g(t) := V_a^t(f)$. Für $a \leq c < d \leq b$ gilt dann nach Lemma 1.8c)

$$0 \leq V_c^d(f) = V_a^d(f) - V_a^c(f) = g(d) - g(c),$$

was bedeutet, dass g monoton wachsend ist. Weiter gilt nach Lemma 1.8a)

$$f(d) - f(c) \leq V_c^d(f) = g(d) - g(c),$$

und somit gilt für $h := g - f$ die Ungleichung $h(c) \leq h(d)$. Also ist auch h monoton wachsend. Die umgekehrte Richtung folgt direkt aus Lemma 1.8d) und b). $\qquad\square$

Betrachten wir Funktionen $f = (f_1, \ldots, f_n) : I \to \mathbb{R}^n$, so gilt

$$V_a^b(f_j) \leq L(f) \leq V_a^b(f_1) + \ldots + V_a^b(f_n), \quad j = 1, \ldots, n.$$

Somit erhalten wir den zuvor beschriebenen Zusammenhang zwischen Funktionen mit beschränkter Variation und rektifizierbaren Kurven.

1.10 Satz. *Eine Kurve* $\gamma : [a, b] \to \mathbb{R}^n$ *ist genau dann rektifizierbar, wenn jede ihrer Komponentenfunktionen* γ_i *von beschränkter Variation auf* I *ist.*

Umparametrisierungen und Wege

Da wir die Spur einer Kurve γ auf unterschiedliche Weise parametrisieren können, stellt sich die Frage, ob die Länge einer Kurve γ von ihrer Parametrisierung abhängt und ob es möglich ist, der Spur einer Kurve eine Länge zuzuordnen, ohne auf eine Parametrisierung Bezug nehmen zu müssen. Von einem übergeordneten maßtheoretischen Standpunkt aus gesehen, führt uns die Beantwortung dieser Frage auf den Begriff des Hausdorff-Maßes. Dieser „Längenbegriff" orientiert sich nur an der gegebenen Punktmenge und ist unabhängig von einer möglichen Parametrisierung.

Wir wollen diesen Zugang an dieser Stelle jedoch nicht weiter verfolgen, sondern interessieren uns hier für die einfachere Frage, welche Änderungen einer gegebenen Parametrisierung die Länge einer Kurve unverändert lassen.

1.11 Definition. Es seien $I, J \subset \mathbb{R}$ Intervalle und $k \in \mathbb{N}_0$.

a) Eine Abbildung $\varphi : J \to I$ heißt C^k-*Parametertransformation*, wenn φ bijektiv ist und $\varphi \in C^k(J; \mathbb{R})$ und $\varphi^{-1} \in C^k(I; \mathbb{R})$ gelten.

b) Eine C^k-Parametertransformation $\varphi : J \to I$ heißt *orientierungserhaltend* bzw. *orientierungsumkehrend*, wenn φ auf J streng monoton wachsend, bzw. wenn φ auf J streng monoton fallend ist.

c) Sind $\gamma_1 : I \to \mathbb{R}^n$ und $\gamma_2 : J \to \mathbb{R}^n$ zwei C^k-Kurven, so heißt γ_2 eine C^k-*Umparametrisierung von* γ_1, wenn eine C^k-Parametertransformation $\varphi : J \to I$ existiert mit $\gamma_2 = \gamma_1 \circ \varphi$.

Ist $\varphi : J \to I$ eine C^1-Parametertransformation, so gilt $\varphi'(t) \neq 0$ für alle $t \in J$, denn aus $\varphi^{-1} \circ \varphi = \text{id}$ folgt aus der Kettenregel $(\varphi^{-1})'(\varphi(t))\varphi'(t) = 1$ für $t \in J$. In diesem Fall ist φ genau dann orientierungserhaltend bzw. orientierungsumkehrend, wenn $\varphi'(t) > 0$ bzw. $\varphi'(t) < 0$ für alle $t \in J$ gilt.

Auf der Menge aller C^k-Kurven definieren wir nun eine Relation $\sim$ durch

$$\gamma_1 \sim \gamma_2 :\Leftrightarrow \gamma_1 \text{ ist eine orientierungserhaltende } C^k\text{-Umparametrisierung von } \gamma_2.$$

Wir verifizieren in den Übungsaufgaben, dass $\sim$ eine Äquivalenzrelation definiert. Die zugehörigen Äquivalenzklassen heißen C^k-*Wege* in $\mathbb{R}^n$. Jeder Repräsentant eines C^k-Weges Γ heißt C^k-*Parametrisierung* des Weges Γ. Ein C^0-Weg wird auch als stetiger Weg und ein C^1-Weg als stetig differenzierbarer Weg bezeichnet.

Wir nennen eine C^1-Parametrisierung $\gamma : I \to \mathbb{R}^n$ von Γ *regulär*, wenn $\gamma'(t) \neq 0$ für alle $t \in I$ gilt. Besitzt Γ eine reguläre Parametrisierung, so heißt Γ *regulärer Weg*.

Ist Γ ein stetiger Weg und sind $\gamma_1 : [a_1, b_1] \to \mathbb{R}^n$ und $\gamma_2 : [a_2, b_2] \to \mathbb{R}^n$ äquivalente Parametrisierungen, so ist $\text{spur}\,\Gamma := \text{spur}(\gamma_1) = \text{spur}(\gamma_2)$ wohldefiniert, und es gilt $\gamma_1(a_1) = \gamma_2(a_2)$ und $\gamma_1(b_1) = \gamma_2(b_2)$. Somit sind dann auch der Anfangspunkt $A_\Gamma := \gamma_1(a_1)$ bzw. der Endpunkt $E_\Gamma := \gamma_1(b_1)$ von Γ wohldefiniert. Wir nennen Γ *geschlossen*, wenn A_Γ und E_Γ übereinstimmen.

1.12 Bemerkungen. a) Ist $\gamma \in C^k(I; \mathbb{R}^n)$ eine Parametrisierung von Γ und I kompakt, so hat jede Parametrisierung von Γ ebenfalls einen kompakten Definitionsbereich. Ist ferner γ regulär, so ist auch jede andere Parametrisierung von Γ regulär. Dies ergibt sich aus der Tatsache, dass stetige Bilder kompakter Mengen wiederum kompakt sind (Theorem III.3.8) und aus der Kettenregel. Wir verifizieren dies im Detail in den Übungsaufgaben.

b) Es seien Γ_1 und Γ_2 stetige Wege derart, dass $A_{\Gamma_2} = E_{\Gamma_1}$ gilt und $\gamma_1 \in C([a_1, b_1]; \mathbb{R}^n)$ sowie $\gamma_2 \in C([a_2, b_2]; \mathbb{R}^n)$ jeweils Parametrisierungen von Γ_1 und Γ_2 sind. Ohne Beschränkung der Allgemeinheit gilt $b_1 = a_2$. Definieren wir eine Kurve $\gamma \in C([a_1, b_2]; \mathbb{R}^n)$ durch $\gamma(t) = \gamma_1(t)$ für $t \in [a_1, b_1]$ und $\gamma(t) = \gamma_2(t)$ für $t \in [a_2, b_2]$, so sei Γ der Weg, bestehend aus der Äquivalenzklasse aller zu γ äquivalenten Kurven. Wir setzen dann

$$\Gamma_1 + \Gamma_2 := \Gamma.$$

Allgemeiner definieren wir $\Gamma_1 + \ldots + \Gamma_k := (\Gamma_1 + \ldots + \Gamma_{k-1}) + \Gamma_k$, falls $A_{\Gamma_{j+1}} = E_{\Gamma_j}$ für $1 \le j \le k - 1$ und $k \ge 3$.

c) Es sei Γ ein Weg mit einer Parametrisierung $\gamma_1 \in C([a, b]; \mathbb{R}^n)$, und $\gamma_2 \in C([a, b]; \mathbb{R}^n)$ sei definiert durch $\gamma_2(t) := \gamma_1(a + b - t)$. Definieren wir die orientierungsumkehrende Parametertransformation $\varphi : [a, b] \to [a, b]$ durch $\varphi(t) := a + b - t$, so gilt $\gamma_1 = \gamma_2 \circ \varphi$, aber γ_1 und γ_2 sind keine äquivalenten Kurven. Wir bezeichnen mit $-\Gamma$ den Weg, definiert durch die Äquivalenzklasse aller zu γ_2 äquivalenten Kurven, und sagen, dass $-\Gamma$ durch *Umkehrung der Orientierung aus Γ* hervorgeht.

Das folgende Lemma zeigt, dass wir rektifizierbare Wege und deren Länge sinnvoll definieren können.

1.13 Lemma. *Es seien $\gamma_1 : I \to \mathbb{R}^n$ und $\gamma_2 : J \to \mathbb{R}^n$ Kurven und γ_2 eine orientierungserhaltende Umparametrisierung von γ_1. Ist I kompakt und γ_1 rektifizierbar, so auch γ_2, und es gilt $L(\gamma_1) = L(\gamma_2)$.*

Beweis. Nach Voraussetzung existiert eine orientierungserhaltende Parametertransformation $\varphi : J \to I$ mit $\gamma_2 = \gamma_1 \circ \varphi$. Ist $P_1 := (t_0, \ldots, t_n)$ eine Partition von J, so ist $P_2 := (\varphi(t_0), \ldots, \varphi(t_n))$ eine Partition von I. Wegen $|\gamma_2(t_j) - \gamma_2(t_{j-1})| = |\gamma_1(\varphi(t_j)) - \gamma_1(\varphi(t_{j-1}))|$ für alle $j = 1, \ldots, n$ folgt $L_{P_1}(\gamma_2) = L_{P_2}(\gamma_1) \le L(\gamma_1)$. Also ist γ_2 rektifizierbar, und es gilt $L(\gamma_2) \le L(\gamma_1)$. Vertauschen wir die Rollen von γ_1 und γ_2, so folgt die Behauptung. $\qquad\square$

Da mit einer Parametrisierung auch jede dazu äquivalente Parametrisierung rektifizierbar ist und alle Längen gleich sind, ist die folgende Definition sinnvoll: Ein stetiger Weg Γ heißt *rektifizierbar*, wenn er eine rektifizierbare Parametrisierung $\gamma \in C([a,b];\mathbb{R}^n)$ besitzt. In diesem Fall definieren wir die *Länge* des Weges Γ durch

$$L(\Gamma) := L(\gamma). \tag{1.1}$$

Parametrisierung nach der Bogenlänge

In diesem Abschnitt sei $I = [a,b]$ mit $a < b$ ein kompaktes Intervall. Betrachten wir eine Parametrisierung $\gamma : I \to \mathbb{R}^n$ eines regulären C^1-Weges Γ mit

$$|\gamma'(t)| = 1 \quad \text{für alle} \quad t \in I,$$

so gilt $L(\Gamma) = \int_I 1\,dt$, und die Länge des Intervalls I stimmt mit der Länge von Γ überein. In diesem Fall heißt der Weg Γ *nach der Bogenlänge parametrisiert*. Wir beweisen nun, dass jeder reguläre C^1-Weg nach der Bogenlänge parametrisiert werden kann.

1.14 Satz. *Jeder reguläre C^1-Weg kann orientierungserhaltend nach der Bogenlänge parametrisiert werden. Diese Parametrisierung ist bis auf den Parameterwechsel $t \mapsto t + c$ für $c \in \mathbb{R}$ eindeutig bestimmt.*

Beweis. Wir bezeichnen mit $\gamma \in C^1(I;\mathbb{R}^n)$ eine reguläre Parametrisierung von Γ und definieren die Funktion

$$\varphi : I \to [0, L(\Gamma)], \quad \varphi(t) := \int_a^t |\gamma'(\tau)|\,d\tau.$$

Nach Voraussetzung und dem Hauptsatz gilt $\varphi \in C^1(I)$ und $\varphi'(t) = |\gamma'(t)| > 0$ für alle $t \in I$. Daher ist φ eine orientierungserhaltende C^1-Parametertransformation von I auf $[0, L(\Gamma)]$. Die Kettenregel und der Satz über die Ableitung der Umkehrfunktion (Satz IV.1.9) implizieren dann

$$|(\gamma \circ \varphi^{-1})'(s)| = |\gamma'(\varphi^{-1}(s))(\varphi^{-1})'(s)| = |\gamma'(\varphi^{-1}(s))| \frac{1}{|\varphi'(\varphi^{-1}(s))|} = 1, \; s \in [0, L(\Gamma)].$$

Somit ist $\gamma \circ \varphi^{-1}$ eine orientierungserhaltende Parametrisierung von Γ nach der Bogenlänge. Ist $\tilde{\gamma} \in C^1(\tilde{I};\mathbb{R}^n)$ eine weitere solche Parametrisierung von Γ nach der Bogenlänge und gilt $\gamma = \tilde{\gamma} \circ \psi$ für eine orientierungserhaltende C^1-Parametertransformation ψ, so folgt $\psi'(s) = 1$ für alle $s \in I$ und somit $\psi(s) = s + c$ für ein $c \in \mathbb{R}$. $\qquad\square$

Krümmung und Torsion

Im Folgenden sei Γ ein regulärer C^2-Weg und $\gamma : I \to \mathbb{R}^n$ bezeichne seine Parametrisierung nach der Bogenlänge. Dann ist $\gamma \in C^2(I; \mathbb{R}^n)$, und es gilt $|\gamma'(s)| = 1$ für alle $s \in I$. Für $s \in I$ bezeichnen wir den *Tangentialvektor* von γ zur Parameterstelle s mit $t(s) := \gamma'(s)$. Weiter nennen wir

$$\kappa(s) := |t'(s)| = |\gamma''(s)|, \quad s \in I$$

die *Krümmung* des Weges Γ zur Parameterstelle s. Ist $\kappa(s) \neq 0$ für alle $s \in I$, so heißt

$$n(s) := \frac{t'(s)}{\kappa(s)}$$

Hauptnormalenvektor zur Parameterstelle s. Da $\big(t(s)|n(s)\big) = 0$ für alle $s \in I$ gilt, sind $t(s)$ und $n(s)$ zueinander senkrechte Vektoren. Für $\kappa(s) \neq 0$ heißt

$$\varrho(s) := \frac{1}{\kappa(s)}$$

der *Krümmungsradius* von Γ zur Parameterstelle s.

Der Fall $n = 2$ ist ein Sonderfall: Ist Γ ein regulärer C^2-Weg mit der Parametrisierung $\gamma : [a, b] \to \mathbb{R}^2$ nach der Bogenlänge und $t(s) = \big(\gamma_1'(s), \gamma_2'(s)\big)$, so setzen wir $N(s) := \big(-\gamma_2'(s), \gamma_1'(s)\big)$. Wegen $\big(t(s)|t'(s)\big) = 0$ ist $t'(s)$ ein skalares Vielfaches von $N(s)$ und wir nennen den Proportionalitätsfaktor $\kappa(s)$ in der Gleichung $t'(s) = \kappa(s)N(s)$ die *Krümmung* (mit Vorzeichen) des Weges Γ an der Parameterstelle s. In diesem Fall gilt

$$\kappa(s) = \big(t'(s)|N(s)\big) \quad \text{und} \quad |\kappa(s)| = |t'(s)|.$$

Ist $\kappa(s) \neq 0$ für alle $s \in [a, b]$, so gilt $t(s) = \big(\gamma_1'(s), \gamma_2'(s)\big)$ und $N(s) = \big(-\gamma_2'(s), \gamma_1'(s)\big)$ für alle $s \in [a, b]$. Da $t(s)$ und $N(s)$ für alle $s \in [a, b]$ zueinander senkrecht stehen, existieren Funktionen $a_1, \dots, a_4 : [a, b] \to \mathbb{R}$ mit

$$t'(s) = a_1(s)t(s) + a_2(s)N(s) \quad \text{und} \quad N'(s) = a_3(s)t(s) + a_4N(s), \quad s \in [a, b].$$

Diese Funktionen lassen sich leicht berechnen, und wir erhalten $a_1(s) = a_4(s) = 0$ sowie $a_2(s) = -a_3(s) = \kappa(s)$ für $s \in [a, b]$. Daher gilt

$$\begin{pmatrix} t'(s) \\ N'(s) \end{pmatrix} = \begin{pmatrix} 0 & \kappa(s) \\ -\kappa(s) & 0 \end{pmatrix} \begin{pmatrix} t(s) \\ N(s) \end{pmatrix}$$

für $s \in [a, b]$. Diese Gleichungen werden *Frenetsche Gleichungen* in $\mathbb{R}^2$ genannt.

Im Fall $n = 3$ betrachten wir einen regulären C^3-Weg Γ mit der Parametrisierung $\gamma : [a, b] \to \mathbb{R}^3$ nach der Bogenlänge, also mit $|\gamma'(s)| = 1$ für alle $s \in I := [a, b]$.

Ist wiederum $\kappa(s) \neq 0$ für alle $s \in [a, b]$, so sind $t(s) := \gamma'(s)$ und $n(s) := \frac{t'(s)}{|t'(s)|}$ die Tangente und die Hauptnormale an γ im Punkt $s \in [a, b]$, und wiederum gilt $(t(s)|n(s)) = 0$ für alle $s \in [a, b]$. Um eine Basis des $\mathbb{R}^3$ zu erhalten, bestimmen wir eine weitere Funktion $b : I \to \mathbb{R}^3$, welche für alle $s \in [a, b]$ die folgenden Eigenschaften erfüllt:

a) $(t(s)|b(s)) = 0$ und $(n(s)|b(s)) = 0$,

b) $\det[t(s), n(s), b(s)] = 1$,

c) $|b(s)| = 1$.

Eine solche Funktion heißt *Binormale* des Weges Γ und ist durch $b(s) := t(s) \times n(s)$ gegeben, wobei das *Vektor-* oder *Kreuzprodukt* $x \times y$ von $x = (x_1, x_2, x_3) \in \mathbb{R}^3$ und $y = (y_1, y_2, y_3) \in \mathbb{R}^3$ durch

$$(x \times y) := (x_2 y_3 - y_3 x_2, x_3 y_1 - x_1 y_3, x_1 y_2 - x_2 y_1)$$

gegeben ist. Möchten wir $t'(s)$, $n'(s)$ und $b'(s)$ bezüglich der Basis $\{t(s), n(s), b(s)\}$ darstellen, so erhalten wir die *Frenetschen Gleichungen* in $\mathbb{R}^3$:

$$\begin{pmatrix} t'(s) \\ n'(s) \\ b'(s) \end{pmatrix} = \begin{pmatrix} 0 & \kappa(s) & 0 \\ -\kappa(s) & 0 & \tau(s) \\ 0 & -\tau(s) & 0 \end{pmatrix} \begin{pmatrix} t(s) \\ n(s) \\ b(s) \end{pmatrix}.$$

Die Funktion $\tau : [a, b] \to \mathbb{R}$, definiert durch

$$\tau(s) := -(b'(s)|n(s)),$$

heißt die *Torsion* oder *Windung* des Weges Γ zur Parameterstelle s. Es gilt dann

$$\tau = (b|n') = (t \times n|n') = (t|n \times n') = \frac{1}{\kappa^2}(t|t' \times t'') = \frac{1}{\kappa^2}(\gamma'|\gamma'' \times \gamma''')$$
$$= \frac{1}{\kappa^2} \det[\gamma', \gamma'', \gamma'''],$$

wobei wir hier aus Gründen der Übersichtlichkeit auf das Ausschreiben der Variablen s verzichtet haben.

Stückweise stetig differenzierbare Kurven

Viele Kurven sind stetig differenzierbare Abbildungen, jedoch mit Ausnahme von endlich vielen Punkten. Dies motiviert die Einführung von stückweise stetig differenzierbaren Kurven.

1.15 Definition. Eine Kurve $\gamma \in C([a,b];\mathbb{R}^n)$ heißt *stückweise stetig differenzierbar*, wenn es eine Zerlegung $a = t_0 < \ldots < t_N = b$ von $[a,b]$ in Intervalle $I_k = [t_{k-1}, t_k]$ gibt, so dass

$$\gamma_{|I_k} \in C^1(I_k; \mathbb{R}^n) \quad \text{für alle} \quad k = 1, \ldots, N$$

gilt. Die Klasse aller solchen Kurven wird mit $PC^1([a,b];\mathbb{R}^n)$ bezeichnet.

1.16 Bemerkung. Ist $\gamma \in PC^1([a,b];\mathbb{R}^n)$, so ist die Funktion γ' auf $[a,b]$ bis auf endlich viele Ausnahmepunkte stetig. Sie ist also insbesondere integrierbar, und ihre Länge ist dann auch für Kurven $\gamma \in PC^1[a,b]$ durch Definition 1.5 erklärt. Ihre Länge ist unabhängig von der gewählten Unterteilung.

Weiter definieren wir die Begriffe PC^1-*Parametertransformation* sowie PC^1-*Umparametrisierung* einer Kurve $\gamma \in PC^1([a,b];\mathbb{R}^n)$ analog zu Definition 1.11, indem wir dort die Regularitätsklasse C^1 durch PC^1 ersetzen. Auf der Menge aller PC^1-Kurven definieren wir die Äquivalenzrelation $\sim$ durch

$$\gamma_1 \sim \gamma_2 :\Leftrightarrow \gamma_1 \text{ ist eine orientierungserhaltende } PC^1\text{-Umparametrisierung von } \gamma_2.$$

Die zugehörigen Äquivalenzklassen heißen PC^1-*Wege* in $\mathbb{R}^n$. Jeder Repräsentant eines PC^1-Weges Γ heißt PC^1-*Parametrisierung* des Weges Γ. Schließlich nennen wir eine PC^1-Parametrisierung $\gamma : I \to \mathbb{R}^n$ von Γ *regulär*, wenn die Einschränkung $\gamma_{|I_k}$ von γ auf jedes der endlich vielen Differenzierbarkeitsintervalle I_k von γ regulär ist.

Wir verifizieren in den Übungsaufgaben, dass Satz 1.14 auch für PC^1-Wege seine Gültigkeit behält.

Die Sektorformel ebener Kurven

Ist $\gamma : [a,b] \to \mathbb{R}^2$ eine Kurve, so definiert jede Zerlegung $Z : a = t_0 < \ldots < t_N = b$ von $[a,b]$ orientierte Dreiecke, gegeben durch die Ecken $(0,0)$, $\gamma(t_{j-1})$ und $\gamma(t_j)$ für $j = 1, \ldots, N$. Ist $\gamma(t) = \big(x(t), y(t)\big)$ für $t \in [a,b]$ und setzen wir $(x_j, y_j) := \gamma(t_j)$ sowie $dx_j = x_j - x_{j-1}$ und $dy_j := y_j - y_{j-1}$ für $j = 1, \ldots, N$, so hat das durch Z und den Nullpunkt definierte orientierte Polygon den orientierten Flächeninhalt

$$A(Z) := \frac{1}{2} \sum_{j=1}^{N} \big(x_{j-1}\, dy_j - y_{j-1}\, dx_j\big).$$

Wir sagen, dass der Fahrstrahl an die Kurve γ den *orientierten Flächeninhalt* $A = A(\gamma)$ überstreicht, wenn zu jedem $\varepsilon > 0$ ein $\delta > 0$ derart existiert, dass für jede Zerlegung Z von $[a,b]$ der Feinheit $\leq \delta$

$$|A(Z) - A| \leq \varepsilon$$

gilt. Nun können wir den Flächeninhalt $A(\gamma)$ wie in der Leibnizschen Sektorformel formulierten Art und Weise bestimmen.

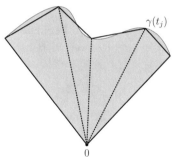

$$\gamma(t_j)$$

$$0$$

Polygonfläche $A(Z)$ und Flächeninhalt A

1.17 Satz. (Sektorformel von Leibniz). *Ist* $\gamma = (x, y) : [a, b] \to \mathbb{R}^2$ *eine stückweise differenzierbare Kurve, so überstreicht der Fahrstrahl an* γ *den orientierten Flächeninhalt*

$$A(\gamma) = \frac{1}{2} \int_a^b \left(x(t)y'(t) - y(t)x'(t) \right) dt.$$

Beweis. Ist $Z := a = t_0, \dots, t_N = b$ eine Zerlegung von $[a, b]$ der Feinheit $\leq \delta$, so gilt $2A_i := x_{i-1} \, dy_i - y_{i-1} \, dx_i = \int_{t_{i-1}}^{t_i} x_{i-1}(t)y'(t) - y_{i-1}(t)x'(t) \, dt$ für jedes $i = 1, \dots, N$. Somit gilt

$$\left| 2A_i - \int_{t_{i-1}}^{t_i} \left(xy' - yx' \right) dt \right| \leq \left| \int_{t_{i-1}}^{t_i} \left(x_{i-1} - x \right) y' \, dt \right| + \left| \int_{t_{i-1}}^{t_i} \left(y_{i-1} - y \right) x' \, dt \right|$$

für jedes $i = 1, \dots, N$. Schätzen wir die beiden obigen Integrale mittels des Schrankensatzes (Satz VII.2.9) ab, so erhalten wir

$$\left| 2 \sum_{i=1}^{n} F_i - \int_a^b (xy' - yx') \, dt \right| \leq \delta(b - a)M^2,$$

wobei M eine obere Schranke für x' und y' auf $[a, b]$ bezeichnet. $\qquad\qquad\square$

Stetig differenzierbare Kurven $\gamma \in C^1([a, b]; \mathbb{R}^n)$ treten in natürlicher Weise auch als Lösungen gewöhnlicher Differentialgleichungen auf.

Kurven als Lösungen gewöhnlicher Differentialgleichungen
In diesem Abschnitt betrachten wir das Anfangswertproblem für Systeme von Differentialgleichungen der Form

$$\begin{cases} y'(t) = f(t, y(t)), & t \in I, \\ y(0) = y_0 \end{cases} \qquad (1.2)$$

mit einer gegebenen stetigen Funktion $f : I \times \mathbb{R}^n \to \mathbb{R}^n$, wobei $I = [0, T] \subset \mathbb{R}$ ein Intervall für ein $T > 0$ und $y_0 \in \mathbb{R}^n$ gilt. In einem ersten Schritt transferieren wir die Differentialgleichung (1.2) in eine Integralgleichung. Unter einer Lösung von (1.2) verstehen wir eine Funktion $u \in C^1(I; \mathbb{R}^n)$, welche $u'(t) = f(t, u(t))$ für alle $t \in I$ sowie $u(0) = y_0$ erfüllt.

1.18 Lemma. *Für eine Kurve $u \in C(I; \mathbb{R}^n)$ sind äquivalent:*

a) $u \in C^1(I; \mathbb{R}^n)$ *und u ist eine Lösung von* (1.2).

b) *Es gilt $u(t) = y_0 + \int_0^t f\big(s, u(s)\big)\, ds$ für jedes $t \in I$.*

Der Beweis ist nicht schwierig. Ist $u \in C^1(I; \mathbb{R}^n)$ eine Lösung von (1.2), so folgt

$$u(t) = y_0 + \int_0^t f\big(s, u(s)\big)\, ds =: (Tu)(t), \ t \in I.$$

Umgekehrt ist $u \in C(I; \mathbb{R}^n)$ eine Lösung von $Tu = u$, so folgt nach dem Hauptsatz der Differential- und Integralrechnung $u \in C^1(I; \mathbb{R}^n)$ und $u'(t) = f(t, u(t))$ für alle $t \in I$ sowie $u(0) = y_0$.

Der Satz von Picard-Lindelöf ist einer der ersten Grundpfeiler der Existenz- und Eindeutigkeitstheorie gewöhnlicher Differentialgleichungen. Von zentraler Bedeutung ist hierbei eine sogenannte Lipschitz-Bedingung für f, welche in Theorem 1.19 präzise formuliert ist.

1.19 Theorem. (Satz von Picard-Lindelöf, globale Version). *Es seien $I = [0, T] \subset \mathbb{R}$ mit $T > 0$ ein Intervall und $y_0 \in \mathbb{R}^n$. Ferner genüge die stetige Funktion $f : I \times \mathbb{R}^n \to \mathbb{R}^n$ einer globalen Lipschitz-Bedingung, d. h., es existiere ein $L \geq 0$ derart, dass*

$$|f(t, y_1) - f(t, y_2)| \leq L \, |y_1 - y_2| \quad \text{für alle } t \in I \text{ und alle } y_1, y_2 \in \mathbb{R}^n$$

gilt. Dann existiert genau eine Lösung $u \in C^1(I; \mathbb{R}^n)$ des Anfangswertproblems (1.2).

Beweis. Der Beweis beruht auf einer Anwendung des Banachschen Fixpunktsatzes. Wir betrachten hierzu den linearen Operator $T : C(I; \mathbb{R}^n) \to C(I; \mathbb{R}^n)$, definiert durch

$$(Tu)(t) := y_0 + \int_0^t f\big(s, u(s)\big)\, ds, \ t \in I.$$

Nach Lemma 1.18 ist die Aussage des Theorems äquivalent dazu, dass T genau einen Fixpunkt besitzt. Um Letzteres einzusehen, versehen wir den Raum $C(I; \mathbb{R}^n)$ mit der Metrik

$$d(u, v) := \sup_{t \in I} |e^{-2Lt}\big(u(t) - v(t)\big)|, \quad u, v \in C(I; \mathbb{R}^n). \tag{1.3}$$

Da $e^{-2LT} \leq e^{-2Lt} \leq e^0$ für jedes $t \in [0, T]$ gilt, ist $(C(I; \mathbb{R}^n), d)$ ein vollständiger metrischer Raum. Somit ist der Banachsche Fixpunktsatz anwendbar, und wir verifizieren, dass T eine strikte Kontraktion in $(C(I; \mathbb{R}^n), d)$ ist: Für $u, v \in C(I; \mathbb{R}^n)$ gilt nach Voraussetzung

$$
\begin{aligned}
d(Tu, Tv) &= \sup_{t \in I} e^{-2Lt} \left| \int_0^t f\big(s, u(s)\big) - f\big(s, v(s)\big) \, ds \right| \\
&\leq \sup_{t \in I} e^{-2Lt} \int_0^t L \big| u(s) - v(s) \big| \, ds \\
&= \sup_{t \in I} L e^{-2Lt} \int_0^t e^{2Ls} \underbrace{e^{-2Ls} \big| u(s) - v(s) \big|}_{\leq d(u,v)} \, ds \\
&\leq \sup_{t \in I} L \, d(u, v) e^{-2Lt} \int_0^t e^{2Ls} \, ds \\
&= \sup_{t \in I} L \, d(u, v) \, e^{-2Lt} \frac{e^{2Lt} - 1}{2L} \\
&\leq \frac{1}{2} \, d(u, v).
\end{aligned}
$$

Die Abbildung $T : (C(I; \mathbb{R}^n), d) \to (C(I; \mathbb{R}^n), d)$ ist daher eine strikte Kontraktion, und nach dem Banachschen Fixpunktsatz existiert genau ein $u \in C(I; \mathbb{R}^n)$ mit $Tu = u$. Nach Lemma 1.18 ist dies die eindeutig bestimmte Lösung des Anfangswertproblems (1.2). □

Die globale Lipschitz-Bedingung in Theorem 1.19 ist für viele Anwendungen eine zu einschränkende Bedingung. In Vorlesungen über gewöhnliche Differentialgleichungen wird gezeigt, dass die Aussage von Theorem 1.19 auch für Funktionen f, welche nur einer lokalen Lipschitz-Bedingung bezüglich der zweiten Variablen genügen, seine Gültigkeit behält. Lokal Lipschitz-stetige Funktionen habe wir bereits in Aufgabe III.3.12 eingeführt.

1.20 Bemerkung. Die in (1.3) eingeführte Metrik garantiert die Existenz und Eindeutigkeit einer Lösung von (1.2) auf dem gesamten Intervall I in einem Schritt. Verzichten wir in (1.3) auf das Gewicht e^{-2Lt}, so liefert der obige Beweis nur eine Lösung auf einem genügend kleinen Teilintervall $[0, \tau]$ von I.

Aufgaben

1. Man beweise Lemma 1.8.

2. Für $a, b \in \mathbb{R}$ mit $a < b$ sei $f : [a, b] \to \mathbb{R}$ eine Funktion.
    a) Man zeige: Ist f Lipschitz-stetig, so ist f von beschränkter Variation.
    b) Man finde ein Beispiel einer Hölder-stetigen Funktion $f : [a, b] \to \mathbb{R}$ vom Grad $\alpha \in (0, 1)$, welche nicht von beschränkter Variation ist.

3. Man berechne die Länge der folgenden Kurven:

    a) $\gamma : [-1, 1] \to \mathbb{R}^2$, $\gamma(t) = (t^2, t^3)$ (Neilsche Parabel),

    b) $\gamma : [0, 10] \to \mathbb{R}^3$, $\gamma(t) = (r \cos t, r \sin t, ct)$ mit $r, c > 0$ (Schraubenlinie).

4. Man beweise im Detail die Aussage von Beispiel 1.7b) über die Existenz einer nicht rektifizierbaren Kurve: Gegeben sei die Kurve $\gamma \colon [0, 1] \longrightarrow \mathbb{R}^2$ mit

$$\gamma(s) := \begin{cases} 0, & \text{falls} & s = 0, \\ \left(s, s^2 \cos\left(\frac{\pi}{s^2}\right)\right), & \text{falls} & s \in (0, 1]. \end{cases}$$

    Dann ist γ auf $[0, 1]$ differenzierbar, aber nicht stetig differenzierbar, und γ ist nicht rektifizierbar.

5. Für jedes $k \in \mathbb{N}$ seien die Kurven $(\gamma_k)_{k \in \mathbb{N}}$ definiert durch

$$\gamma_k : [0, 2\pi] \to \mathbb{R}^2, \quad \gamma_k(t) := \left(\cos(t) + \frac{1}{k}\cos(kt), \sin(t) + \frac{1}{k}\sin(kt)\right).$$

    a) Man untersuche, ob die Folge der Kurven $(\gamma_k)_{k \in \mathbb{N}}$ gegen eine Kurve $\gamma \in C([0, 1]; \mathbb{R}^2)$ bezüglich der $\|\cdot\|_\infty$-Norm bzw. bezüglich der C^1-Norm, d. h. bezüglich der durch $\|f\|_{C^1} := \|f_1\|_\infty + \|f_2\|_\infty + \|f_1'\|_\infty + \|f_2'\|_\infty$ für $f = (f_1, f_2)$ definierten Norm, konvergiert.

    b) Man berechne $L(\gamma_k)$ für $k \in \mathbb{N}$ sowie $L(\gamma)$.

6. Für $k \in \mathbb{N}_0$ sei auf der Menge aller C^k-Kurven eine Relation $\sim$ durch

$$\gamma_1 \sim \gamma_2 :\Leftrightarrow \gamma_1 \text{ ist eine orientierungserhaltende } C^k\text{-Umparametrisierung von } \gamma_2$$

    definiert. Man verifiziere, dass $\sim$ eine Äquivalenzrelation ist.

7. Man beweise die Aussagen von Bemerkung 1.12a).

8. Die Kurve $\gamma : [0, \infty] \to \mathbb{R}^2$ sei durch

$$\gamma(t) := e^{-t}(\cos t, \sin t)$$

    definiert. Man skizziere die Spur spur$(\gamma) \subset \mathbb{R}^2$ und berechne die Länge von γ sowie die Parametrisierung nach der Bogenlänge. Wie viel Prozent der Länge wird bereits in der ersten Umdrehung, d. h. für $t \in [0, 2\pi]$, zurückgelegt?

9. Man verifiziere, dass Satz 1.14 auch für PC^1-Wege seine Gültigkeit behält.

10. Für $r > 0$ und $a > 0$ betrachte man die rechtswindende Helix γ_r, gegeben durch

$$\gamma_r : \mathbb{R} \to \mathbb{R}^3, \quad \gamma_r(t) := (r \cos t, r \sin t, at).$$

    Man zeige:

    a) Für die Krümmung κ von γ_r gilt $\kappa(t) = r(r^2 + a^2) - 1$ für alle $t \in \mathbb{R}$, und insbesondere besitzt γ_r konstante Krümmung.

    b) Die Torsion τ von γ_r ist ebenfalls konstant, und es gilt $\tau_r(t) = a(r^2 + a^2)^{-1}$ für alle $t \in \mathbb{R}$.

c) Bezeichnet

$$\gamma_l : \mathbb{R} \to \mathbb{R}^3, \quad \gamma_l(t) := (r \cos t, r \sin t, -at)$$

die linkswindende Helix, so besitzt γ_l dieselbe Krümmung wie γ_r, aber die entgegengesetzte Torsion, also $\tau_l(t) = -a(r^2 + a^2)^{-1}$ für alle $t \in \mathbb{R}$.

11. a) Es sei $\gamma : [a, b] \to \mathbb{R}^2$, $s \mapsto (x(s), y(s))$ eine C^2-Parametrisierung eines C^2-Weges Γ nach der Bogenlänge. Man zeige, dass

$$\kappa(s) = x'(s)y''(s) - y'(s)x''(s), \quad s \in [a, b]$$

gilt.

b) Ist $\gamma : [a, b] \to \mathbb{R}^2$, $s \mapsto (x(s), y(s))$ eine reguläre C^2-Parametrisierung eines C^2-Weges Γ, so zeige man, dass

$$\kappa(s) = \frac{x'(s)y''(s) - y'(s)x''(s)}{|\gamma'(s)|^3}, \quad s \in [a, b]$$

gilt. Ist insbesondere $f \in C^2([a, b]; \mathbb{R})$, so zeige man, dass die Krümmung des durch $[a, b] \to \mathbb{R}^2$, $x \mapsto (x, f(x))$ parametrisierten Weges in x durch

$$\kappa(x) = \frac{f''(x)}{\left(1 + (f'(x))^2\right)^{3/2}}, \quad x \in [a, b]$$

gegeben ist.

12. Man berechne die Krümmung des Pascalschen Limaçons

$$\gamma : [-\pi, \pi] \to \mathbb{R}^2, \quad t \mapsto (1 + 2\cos t)(\cos t, \sin t).$$

13. (Krümmungskreis). Es sei Γ ein nach der Bogenlänge parametrisierter regulärer C^2-Weg mit Parametrisierung $\gamma : [a, b] \to \mathbb{R}^n$ und der Spur spur(γ).

a) Für $p \in \mathbb{R}^n \setminus \text{spur}(\gamma)$ existiere ein $t_0 \in (a, b)$, welches die Funktion $t \mapsto |p - \gamma(t)|$ minimiert, d.h., dass $|p - \gamma(t_0)| = \text{dist}(\{p\}, \text{spur}(\gamma))$ gilt. Durch welche geometrischen Bedingungen ist $\gamma(t_0)$ gekennzeichnet?
Hinweis: Man untersuche $t \mapsto |p - \gamma(t)|$ auf Extrema und interpretiere das Ergebnis geometrisch unter Verwendung der Begriffe Tangente, Normale und Krümmung.

b) Es sei $t_1 \in [a, b]$ mit $\gamma''(t_1) \neq 0$. Man finde $r > 0$ und $m \in \mathbb{R}^n$ sowie zwei orthonormale Vektoren $v, w \in \mathbb{R}^n$ derart, dass die Kurve $\omega : \mathbb{R} \longrightarrow \mathbb{R}^n$, definiert durch

$$\omega(t) := m + r \left(v \sin \tfrac{t-t_1}{r} + w \cos \tfrac{t-t_1}{r} \right),$$

die Kurve γ im Punkt $\gamma(t_1)$ *in zweiter Ordnung berührt*, d.h., dass γ und ω in t_1 bis zur zweiten Ableitung übereinstimmen.

2   Vektorfelder und Wegintegrale

Sind $\Omega \subset \mathbb{R}^n$ eine offene Menge und $F = (F_1, \ldots, F_n) : \Omega \to \mathbb{R}^n$ eine Funktion, so wird diese Abbildung oft auch als *Vektorfeld* bezeichnet. Wir können uns Vektorfelder veranschaulichen, indem wir uns an jedem Punkt $x \in \Omega$ den Vektor $F(x)$ „angeheftet" denken. Ist $F \in C^k(\Omega; \mathbb{R}^n)$ für $k \in \mathbb{N}_0$, so heißt F auch C^k-Vektorfeld.

Physikalisch wird ein Vektorfeld oft als Geschwindigkeitsfeld einer stationären, d.h. zeitunabhängigen Strömung, interpretiert, wobei $F(x)$ den Geschwindigkeitsvektor in $x \in \Omega$ bezeichnet.

Wichtige Beispiele von Vektorfeldern in der Physik sind sogenannte Kraft- oder Geschwindigkeitsfelder. Wir wollen nun gewisse Klassen von Vektorfeldern genauer untersuchen.

2.1 Beispiele.   a) *Konstante Vektorfelder:* Ist $\Omega \subset \mathbb{R}^n$ offen und $y \in \mathbb{R}^n$, so wird durch

$$F : \Omega \to \mathbb{R}^n, \quad x \mapsto y$$

ein konstantes Vektorfeld definiert.

b) *Zentralfelder:* Sind I ein Intervall, $K := \{x \in \mathbb{R}^n : |x| \in I\}$ eine Kugelschale in $\mathbb{R}^n$ und $g : I \to \mathbb{R}$ eine Funktion, so heißt $F : K \to \mathbb{R}^n$, definiert durch

$$F(x) := g(|x|)x,$$

Zentralfeld. Ist zum Beispiel $I = (0, \infty)$, so ist das Gravitationsfeld eines Massenpunktes in $\mathbb{R}^3 \setminus \{0\}$, gegeben durch

$$F : \mathbb{R}^3 \setminus \{0\} \to \mathbb{R}^3, \quad F(x) = -c\,\frac{x}{|x|^3} \quad \text{für ein geeignetes } c > 0,$$

ein Zentralfeld.

c) *Rotationsfelder:* Ist I ein Intervall, $K := \{x \in \mathbb{R}^2 : |x| \in I\}$ ein Kreisring in $\mathbb{R}^2$ und $g : I \to \mathbb{R}$ eine Funktion, so heißt $F : K \to \mathbb{R}^n$, definiert durch

$$F(x) := g(|x|)(-x_2, x_1),$$

Rotationsfeld.

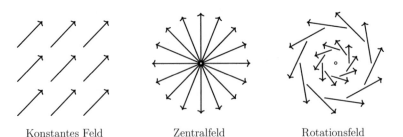

Konstantes Feld   Zentralfeld   Rotationsfeld

Zur Motivation des Begriffs des *Kurven-* bzw. des *Wegintegrals* betrachten wir einen Körper, der eine gegebene stückweise differenzierbare Kurve $\gamma : [a, b] \to \mathbb{R}^n$ unter dem Einfluss eines Kraftfelds F durchläuft. Die geleistete Arbeit ist dann gegeben durch das Integral $\int_a^b F(\gamma(t))\gamma'(t)\, dt$, da für die geleistete Arbeit nur diejenige Komponente der Kraft relevant ist, welche in Richtung der Bewegung zeigt. In Analogie hierzu definieren wir das Kurvenintegral wie folgt. Im gesamten Abschnitt bezeichne $(\cdot|\cdot)$ stets das Standardskalarprodukt des $\mathbb{R}^n$.

2.2 Definition. Sind $\Omega \subset \mathbb{R}^n$ offen, $F \in C(\Omega; \mathbb{R}^n)$ und $\gamma \in PC^1([a, b]; \mathbb{R}^n) \to \mathbb{R}^n$ eine Kurve in Ω, so heißt

$$\int_\gamma F\, dx := \int_\gamma F_1\, dx_1 + \ldots + F_n\, dx_n := \int_a^b (F(\gamma(t))|\gamma'(t))\, dt$$

das *Kurvenintegral von F längs γ*.

Sind in der obigen Situation $\gamma \in PC^1([a, b]; \mathbb{R}^n)$ eine Kurve in Ω, $a = t_0 < \ldots, t_N = b$ eine Zerlegung von $[a, b]$ und $\gamma_k := \gamma_{|[t_{k-1}, t_k]}$ für $k = 1, \ldots, N$, so gilt

$$\int_\gamma F\, dx = \sum_{k=1}^N \int_{\gamma_k} F\, dx.$$

2.3 Beispiele. a) Ist $F : \mathbb{R}^2 \to \mathbb{R}^2$ gegeben durch $F(x_1, x_2) := (x_2, -x_1)$ und integrieren wir F entlang des Halbkreises, d. h., entlang der Kurve γ, gegeben durch $\gamma : [-\pi/2, \pi/2] \to \mathbb{R}$, $\gamma(t) = (\cos t, \sin t)$, so erhalten wir

$$\int_\gamma F\, dx = \int_{-\frac{\pi}{2}}^{\frac{\pi}{2}} \sin t(-\sin t)\, dt + \int_{-\frac{\pi}{2}}^{\frac{\pi}{2}} (-\cos t)\cos t\, dt = -\int_{-\frac{\pi}{2}}^{\frac{\pi}{2}} \underbrace{(\sin^2 t + \cos^2 t)}_{=1}\, dt$$

$$= -\pi.$$

b) Wir berechnen das Kurvenintegral des *Winkelvektorfelds* $F : \mathbb{R}^2 \setminus \{0\} \to \mathbb{R}^2$, gegeben durch

$$F(x, y) := \frac{1}{x^2 + y^2}(-y, x),$$

längs der Kurve $\gamma : [a, b] \to \mathbb{R}^2 \setminus \{0\}$, definiert durch $\gamma(t) := r(t)(\cos \theta(t), \sin \theta(t))$ mit $r, \theta \in C^1[a, b]$. Nach Definition gilt

$$\int_\gamma F\, dx = \int_a^b \left(\frac{1}{r}(-\sin\theta, \cos\theta)\Big| r'(\cos\theta, \sin\theta) + r\theta'(-\sin\theta, \cos\theta)\right) dt = \theta(b) - \theta(a),$$

wobei wir im obigen Integral aus Gründen der Übersichtlichkeit den Parameter t vernachlässigt haben.

2.4 Lemma. *Sind $I_1 = [a_1, b_1]$, $\gamma \in PC^1(I_1; \mathbb{R}^n)$ eine Kurve in Ω und $\varphi : I_2 \to I_1$ eine orientierungserhaltende PC^1-Parametertransformation, so gilt*

$$\int_{\gamma \circ \varphi} F \, dx = \int_{\gamma} F \, dx.$$

Ist $\varphi : I_2 \to I_1$ stückweise stetig differenzierbar und orientierungsumkehrend, so gilt

$$\int_{\gamma \circ \varphi} F \, dx = -\int_{\gamma} F \, dx.$$

Beweis. Wir nehmen zunächst an, dass γ und φ von der Klasse C^1 sind. Ist dann $I_2 = [a_2, b_2]$, so erhalten wir mittels der Substitution $s = \varphi(t)$

$$\int_{\gamma \circ \varphi} F \, dx = \int_{a_2}^{b_2} \Big((F \circ \gamma \circ \varphi)(t) \big| (\gamma \circ \varphi)'(t) \Big) \, dt$$

$$= \int_{a_2}^{b_2} \Big((F \circ \gamma)(\varphi(t)) \big| \gamma'(\varphi(t)) \Big) \varphi'(t) \, dt = \int_{\varphi(a_2)}^{\varphi(b_2)} \Big((F \circ \gamma)(s) \big| \gamma'(s) \Big) \, ds.$$

Ist φ orientierungserhaltend, so gilt $\varphi(a_2) = a_1$ und $\varphi(b_2) = b_1$, und es folgt die Behauptung. Ist φ orientierungsumkehrend, so sind die Integralgrenzen vertauscht, und wir erhalten $\int_{\gamma \circ \varphi} F \, dx = -\int_{\gamma} F \, dx$. Wir verifizieren in den Übungsaufgaben, dass obige Argumente auch für γ und φ aus der Klasse PC^1 richtig bleiben. $\square$

Wegintegrale

Aufgrund von Lemma 2.4 ist der folgende Begriff des Wegintegrals wohldefiniert.

2.5 Definition. Es seien $\Omega \subset \mathbb{R}^n$ offen, $F \in C(\Omega; \mathbb{R}^n)$, Γ ein regulärer PC^1-Weg und $\gamma \in PC^1([a, b]; \mathbb{R}^n)$ eine beliebige reguläre PC^1-Parametrisierung von Γ. Dann heißt

$$\int_{\Gamma} F \, dx := \int_{\gamma} F \, dx$$

das *Wegintegral* von F längs Γ.

Wesentliche Eigenschaften unseres bisherigen Integralbegriffs lassen sich auf das Wegintegral verallgemeinern.

2.6 Lemma. *Es seien* $\Omega \subset \mathbb{R}^n$ *offen,* $F, F_1, F_2 \in C(\Omega; \mathbb{R}^n)$ *und* Γ *ein* PC^1-*Weg in* Ω.

a) *Linearität: Sind* $\alpha, \beta \in \mathbb{R}$, *so gilt*

$$\int_\Gamma (\alpha F_1 + \beta F_2) \, dx = \alpha \int_\Gamma F_1 \, dx + \beta \int_\Gamma F_2 \, dx \quad \text{sowie} \quad \int_{-\Gamma} F \, dx = - \int_\Gamma F \, dx.$$

b) *Standardabschätzung: Ist* $\gamma : [a, b] \to \Omega$ *eine Parametrisierung von* Γ, *so gilt*

$$\left| \int_\Gamma F \, dx \right| \le L(\gamma) \sup_{t \in [a,b]} |F(\gamma(t))|.$$

c) *Additivität: Sind* Γ_1 *und* Γ_2 *zwei* PC^1-*Wege mit* $A_{\Gamma_2} = E_{\Gamma_1}$, *so gilt*

$$\int_{\Gamma_1 + \Gamma_2} F \, dx = \int_{\Gamma_1} F \, dx + \int_{\Gamma_2} F \, dx.$$

Beweis. Aussage a) folgt unmittelbar aus der Linearität und Additivität unseres bisherigen Integralbegriffs. Hinsichtlich Aussage b) implizieren die Standardabschätzung des Integrals, die Cauchy-Schwarzsche Ungleichung sowie Satz 1.5 für eine Parametrisierung $\gamma \in C([a, b]; \mathbb{R}^n)$ von Γ

$$\left| \int_\Gamma F \, dx \right| = \left| \int_a^b \big(F(\gamma(t)) | \gamma'(t) \big) \, dt \right| \le \int_a^b \left| \big(F(\gamma(t)) | \gamma'(t) \big) \right| \, dt$$

$$\le \int_a^b |F(\gamma(t))| \, |\gamma'(t)| \, dt \le \sup_{t \in [a,b]} |F(\gamma(t))| \int_a^b |\gamma'(t) \, dt|$$

$$= \sup_{t \in [a,b]} |F(\gamma(t))| \, L(\gamma).$$

Für den Beweis von Aussage c) verweisen wir auf die Übungsaufgaben. □

In der Analysis spielen Gradientenfelder ein wichtige Rolle.

2.7 Definition. *Ist* $\Omega \subset \mathbb{R}^n$ *offen, so heißt* $F \in C(\Omega; \mathbb{R}^n)$ *Gradientenfeld, wenn eine Funktion* $U \in C^1(\Omega; \mathbb{R})$ *existiert mit*

$$\nabla U(x) = F(x) \quad \text{für alle } x \in \Omega.$$

Die Funktion U *heißt Potential oder Stammfunktion von* F.

Setzen wir $\Omega = \{(x, y) \in \mathbb{R}^2 : x > 0, y > 0\}$, so ist das in Beispiel 2.3b) betrachtete Vektorfeld F ein Gradientenfeld, denn definieren wir $U : \Omega \to \mathbb{R}$ als $U(x, y) = \arctan y/x$, so gilt $\nabla U = F$.

2.8 Lemma. *Ist $\Omega \subset \mathbb{R}^n$ offen und wegzusammenhängend und $F \in C(\Omega; \mathbb{R}^n)$ ein Gradientenfeld, so ist eine Stammfunktion von F bis auf eine additive Konstante eindeutig bestimmt.*

Beweis. Sind $U_1, U_2 \in C^1(\Omega; \mathbb{R})$ Stammfunktionen von F, so folgt $\nabla(U_1 - U_2) = F - F = 0$ auf Ω, und da Ω wegzusammenhängend ist, impliziert Korollar VII.2.8, dass sich U_1 und U_2 nur um eine additive Konstante unterscheiden. $\square$

Wir charakterisieren nun diejenigen Vektorfelder, deren Wegintegrale wegunabhängig sind.

2.9 Theorem. *Ist $\Omega \subset \mathbb{R}^n$ ein Gebiet, so sind für ein Vektorfeld $F \in C(\Omega; \mathbb{R}^n)$ die folgenden Aussagen äquivalent:*

a) *F ist ein Gradientenfeld.*

b) *Für jeden geschlossen Weg Γ der Klasse PC^1 in Ω gilt $\int_\Gamma F\, dx = 0$.*

c) *Für je zwei Wege Γ_1 und Γ_2 der Klasse PC^1 mit denselben Anfangs- und Endpunkten in Ω gilt*

$$\int_{\Gamma_1} F\, dx = \int_{\Gamma_2} F\, dx.$$

Beweis. Ist $F = \nabla U$ für ein $U \in C^1(\Omega)$ und ist $\gamma \in PC^1([a,b]; \mathbb{R}^n)$ eine Parametrisierung eines geschlossenen Weges Γ in Ω, so gilt

$$\int_\Gamma F\, dx = \int_a^b \left(\nabla U(\gamma(t)) \middle| \gamma'(t) \right) dt = \int_a^b (U \circ \gamma)'(t)\, dt = U\left(\gamma(b)\right) - U\left(\gamma(a)\right) = 0.$$

Somit haben wir die Implikation a) $\Rightarrow$ b) bewiesen.

Sind Γ_1, Γ_2 zwei Wege der Klasse PC^1 mit gleichen Anfangs- und Endpunkten, so ist $\Gamma := \Gamma_1 - \Gamma_2$ ein geschlossener Weg der Klasse PC^1 in Ω. Wegen Aussage b) und Lemma 2.6a) und c) gilt daher

$$0 = \int_\Gamma F\, dx = \int_{\Gamma_1 - \Gamma_2} F\, dx = \int_{\Gamma_1} F\, dx + \int_{-\Gamma_2} F\, dx = \int_{\Gamma_1} F\, dx - \int_{\Gamma_2} F\, dx$$

und somit Aussage c).

Um schließlich die Implikation c) $\Rightarrow$ a) zu zeigen, fixieren wir ein $x_0 \in \Omega$. Da Ω zusammenhängend ist, können wir nach Satz VI.4.11 zu einem beliebigen $x \in \Omega$ einen stetigen Streckenzug in Ω wählen, der x_0 mit x verbindet. Es existiert also zu jedem $x \in \Omega$ ein Weg Γ_x der Klasse PC^1 mit Anfangspunkt x_0 und Endpunkt x. Wir definieren die Funktion U durch

$$U : \Omega \to \mathbb{R}, \quad U(x) := \int_{\Gamma_x} F \, dx.$$

Nach Voraussetzung ist U unabhängig vom gewählten Weg der Klasse PC^1 von x_0 nach x, und somit ist U wohldefiniert. Für $x \in \Omega$ wählen wir $h > 0$ so, dass $B_h(x) \subset \Omega$ gilt, und für $j = 1, \ldots, n$ betrachten wir eine Parametrisierung γ_j des Weges Γ_j, gegeben durch $\gamma_j : [0,1] \to \mathbb{R}^n$, $\gamma(t) := x + t h e_j$, wobei e_j den j-ten Einheitsvektor in $\mathbb{R}^n$ bezeichnet. Da $\Gamma_x + \Gamma_j$ und $\Gamma_j = -\Gamma_x + (\Gamma_x + \Gamma_j)$ Wege in Ω sind, gilt

$$U(x + h e_j) - U(x) = \int_{\Gamma_x + \Gamma_j} F \, dx - \int_{\Gamma_x} F \, dx = \int_{\Gamma_j} F \, dx$$

und somit

$$\frac{1}{h} [U(x + h e_j) - U(x)] = \int_0^1 \left(F(x + t h e_j) | e_j \right) dt.$$

Nach dem Mittelwertsatz der Integralrechnung (Satz V.2.7) existiert ein $\theta \in (0,1)$ derart, dass das Integral auf der rechten Seite mit $\left(F(x + \theta h e_j) | e_j \right)$ übereinstimmt. Für $h \to 0$ folgt nun $\frac{\partial}{\partial x_j} U = F_j$ für alle $j = 1, \ldots, n$ aufgrund der Stetigkeit von F. Wegen Satz VII.1.11 ist dann $U \in C^1(\Omega; \mathbb{R}^n)$, und der Beweis ist vollständig. $\qquad\square$

Theorem 2.9 legt die Frage nahe, auf welche Art und Weise wir effizient, d. h., ohne die entsprechenden Wegintegrale zu berechnen, entscheiden können, ob F ein Gradientenfeld ist. Für C^1-Vektorfelder F ist es einfach, hierfür eine notwendige Bedingung anzugeben: Ist nämlich $F \in C^1(\Omega; \mathbb{R}^n)$ von der Form $F = \nabla U$, so folgt $U \in C^2(\Omega)$, und nach dem Satz von Schwarz (Satz VII.3.2) gilt

$$\partial_i F_j = \partial_i \partial_j U = \partial_j \partial_i U = \partial_j F_i, \quad i, j = 1, \ldots, n.$$

Wir haben somit den folgenden Satz bewiesen.

2.10 Satz. *Ist $\Omega \subset \mathbb{R}^n$ offen und $F \in C^1(\Omega; \mathbb{R}^n)$ ein Gradientenfeld, so gelten für alle $i, j = 1, \ldots, n$ die* Integrabilitätsbedingungen

$$\partial_i F_j = \partial_j F_i \quad in \quad \Omega.$$

Ist $F : \mathbb{R}^2 \to \mathbb{R}^2$ definiert durch $F(x, y) = (-y, x)$, so ist F kein Gradientenfeld, da $\partial_x F_2(a) = 1$ aber $\partial_y F_1(b) = -1$ für alle $a, b \in \mathbb{R}$ gilt.

Im Spezialfall $n = 3$ lässt sich die obige Bedingung an F auch mittels der Rotation eines Vektorfeldes beschreiben. Diese ist wie folgt definiert.

2.11 Definition. Ist $\Omega \subset \mathbb{R}^3$ und $F \in C^1(\Omega; \mathbb{R}^3)$, so heißt rot $F : \Omega \to \mathbb{R}^3$, gegeben durch

$$\operatorname{rot} F := \Big(\partial_2 F_3 - \partial_3 F_2, \partial_3 F_1 - \partial_1 F_3, \partial_1 F_2 - \partial_2 F_1\Big),$$

die *Rotation* von F.

Ist also $F \in C^1(\Omega; \mathbb{R}^3)$ ein Gradientenfeld, so besagt Satz 2.10, dass dann notwendigerweise rot $F = 0$ in Ω gilt.

Lemma von Poincaré

Sind die in Satz 2.10 beschriebenen Integrabilitätsbedingungen $\partial_i F_j = \partial_j F_i$ für alle $i, j = 1, \ldots, n$ auch hinreichend dafür, dass F ein Gradientenfeld ist?

Betrachten wir das in Beispiel 2.3b) untersuchte Winkelvektorfeld $F : \mathbb{R}^2 \setminus \{0\} \to \mathbb{R}^2$, so gilt

$$\partial_x F_2(x, y) = \frac{y^2 - x^2}{(x^2 + y^2)^2} = \partial_y F_1(x, y).$$

Die obige notwendige Bedingung für ein Gradientenfeld ist somit für F erfüllt, dennoch ist $\int_\Gamma F\,dx \ne 0$ für gewisse geschlossene Wege der Klasse C^1 in Ω. In der Tat ist für $k \in \mathbb{Z}$ und $r > 0$ die Funktion $\gamma_k : [0, 2\pi] \to \mathbb{R}^2 \setminus \{0\}$, $\gamma_k(t) = r(\cos kt, \sin kt)$ eine Parametrisierung eines geschlossenen Weges Γ_k, und nach Beispiel 2.3b) gilt

$$\int_{\Gamma_k} F\,dx = 2\pi k, \quad k \in \mathbb{Z}.$$

Es ist nicht überraschend, dass die Beantwortung der obigen Frage von der Geometrie der Menge Ω abhängt. Genauer gesagt können wir diese Frage mit ja beantworten, wenn Ω *einfach zusammenhängend* ist. Wir wollen an dieser Stelle auf diesen Begriff nicht genauer eingehen (vgl. hierzu Abschnitt 4.3), sondern begnügen uns mit einem etwas schwächeren Resultat, welches jedoch einfacher zu beweisen ist. Den angemessenen geometrischen Rahmen in diesem Zusammenhang bilden die sternförmigen Mengen.

Wir nennen eine Menge $\Omega \subset \mathbb{R}^n$ *sternförmig* (bezüglich $x_0 \in \Omega$), wenn ein $x_0 \in \Omega$ derart existiert, dass für jedes $x \in \Omega$ die Verbindungsstrecke $[\![x_0, x]\!]$ von x_0 nach x in Ω liegt. Also ist $\Omega \subset \mathbb{R}^n$ sternförmig, wenn ein $x_0 \in \Omega$ existiert mit $(1 - t)x + tx_0 \in \Omega$ für alle $x \in \Omega$ und alle $t \in [0, 1]$.

sternförmig

nicht sternförmig

Insbesondere ist jede konvexe Menge sternförmig bezüglich jedem ihrer Punkte. Ferner ist eine sternförmige Menge immer auch zusammenhängend.

2.12 Satz. (Lemma von Poincaré). *Ist $\Omega \subset \mathbb{R}^n$ sternförmig und erfüllt $F = (F_1, \ldots, F_n) \in C^1(\Omega; \mathbb{R}^n)$ die Integrabilitätsbedingungen*

$$\partial_i F_j = \partial_j F_i \text{ in } \Omega \text{ für alle } i, j = 1, \ldots, n,$$

so ist F ein Gradientenfeld.

Beweis. Ohne Beschränkung der Allgemeinheit sei $x_0 = 0$. Für $x \in \Omega$ definieren wir U als Kurvenintegral von F längs der Kurve $\gamma : [0, 1] \to \mathbb{R}^n$, $\gamma(t) := tx$ von x_0 nach x, also als

$$U(x) := \int_\gamma F \, dx = \int_0^1 \big(F(tx)\big|x\big) \, dt.$$

Differenzieren wir den obigen Integranden partiell nach x_1, so folgt wegen der Integrabilitätsbedingungen $\partial_1 F_j = \partial_j F_1$

$$\frac{\partial}{\partial x_1}\big[(F(tx)|x)\big] = F_1(tx) + \sum_{j=1}^n tx_j \frac{\partial F_j}{\partial x_1}(tx) = F_1(tx) + \big(\nabla F_1(tx)\big|tx\big),$$

und wir verifizieren, dass die Ableitung der Funktion $t \mapsto tF_1(tx)$ nach t auf denselben Ausdruck führt, d. h., dass

$$\frac{d}{dt}[tF_1(tx)] = F_1(tx) + \big(\nabla F_1(tx)|tx\big)$$

gilt. Nach Theorem VII.6.1 über die Differentiation von parameterabhängigen Integralen dürfen wir die partielle Ableitung „unter das Integral ziehen" mit dem Ergebnis, dass

$$\frac{\partial U}{\partial x_1}(x) = \int_0^1 \frac{\partial}{\partial x_1}\big(F(tx)|x\big) \, dt = \int_0^1 \frac{d}{dt}\big(tF_1(tx)\big) \, dt$$

gilt. Der Hauptsatz der Differential- und Integralrechnung impliziert nun, dass das Integral auf der rechten Seite mit $F_1(x)$ übereinstimmt. Verfahren wir analog mit den anderen partiellen Ableitungen nach x_j für $j = 2, \ldots, n$, so erhalten wir $F(x) = \nabla U(x)$ für alle $x \in \Omega$ und $U \in C^1(\Omega; \mathbb{R})$. $\qquad\square$

Für sternförmige Mengen $\Omega \subset \mathbb{R}^3$ erhalten wir daher eine Charakterisierung von Gradientenfeld F durch die Bedingung rot $F = 0$.

2.13 Korollar. *Ist $\Omega \subset \mathbb{R}^3$ offen und sternförmig, so ist $F \in C^1(\Omega; \mathbb{R}^3)$ genau dann ein Gradientenfeld, wenn* rot $F = 0$ *in Ω gilt.*

Neben dem Begriff der Rotation ist auch der Begriff der Divergenz eines Vektorfelds von großer Wichtigkeit.

2.14 Definition. Ist $\Omega \subset \mathbb{R}^n$ offen und $F \in C^1(\Omega; \mathbb{R}^n)$, so heißt

$$(\operatorname{div} F)(x) := \frac{\partial F_1}{\partial x_1}(x) + \ldots + \frac{\partial F_n}{\partial x_n}(x), \quad x \in \Omega$$

die *Divergenz* von F in $x \in \Omega$.

2.15 Bemerkungen. Wir verifizieren die folgenden Aussagen über Vektorfelder in den Übungsaufgaben:

a) Sind $F, G \in C^1(\Omega; \mathbb{R}^n)$ und $h \in C^1(\Omega; \mathbb{R})$, so gelten die Beziehungen

$$\operatorname{div}(F + G) = \operatorname{div} F + \operatorname{div} G \quad \text{und} \quad \operatorname{div}(h \cdot F) = (\nabla h | F) + h \cdot \operatorname{div} F.$$

b) Verwenden wir das Vektorprodukt aus der Linearen Algebra, so können wir formal div und rot auch als

$$. \ \operatorname{rot} F = \nabla \times F \quad \text{und} \quad \operatorname{div} F = \nabla \cdot F$$

schreiben.

Aufgaben

1. Man verifiziere, dass die Argumente im Beweis von Lemma 2.4 auch für γ und φ aus der Klasse PC^1 richtig bleiben.

2. Man beweise Lemma 2.6c).

3. Es sei $\gamma : [a, b] \to \mathbb{R}^n$ eine geschlossene Kurve, die in (a, b) differenzierbar ist und $0 \neq v \in \mathbb{R}^n$. Man zeige: Die Vektoren $\gamma'(t)$ verlassen für $t \in (a, b)$ jeden offenen Halbraum der Form

$$H_v := \{x \in \mathbb{R}^n : (v|x) > 0\}.$$

4. Man berechne die Wegintegrale $\int_\gamma f \, dx$ für

a) $f : \mathbb{R}^2 \to \mathbb{R}^2$, $f(x, y) := \left(x^{90} y^{89}, \frac{1}{1+xy^2}\right)$ und $\gamma : [0, 1] \to \mathbb{R}^2$, $\gamma(t) = (e^t, e^{-t})$,

b) $f : \mathbb{R}^3 \to \mathbb{R}^3$, $f(x, y, z) := \left(e^{x+y+z}, z + e^{x+y+z}, 1 + y + e^{x+y+z}\right)$ und $\gamma : [0, 1] \to \mathbb{R}^3$, $\gamma(t) = \left(\sin(t), t^2, t\right)$.

5. Man zeige, dass $F : \mathbb{R}^n \setminus \{0\} \to \mathbb{R}^n$, gegeben durch

$$F(x) := x \, g\big(|x|^2\big),$$

für eine Funktion $g \in C(0, \infty)$ ein Gradientenfeld ist.

6. Gegeben sei das Vektorfeld

$$F : \mathbb{R}^2 \to \mathbb{R}^2, \quad F(x, y) := \big(\sin(xy) + xy \cos(xy) + y, \, x^2 \cos(xy) + x + 2 \big).$$

   a) Ist F ein Gradientenfeld?

   b) Falls ja, so bestimme man ein Potential U von F.

   c) Man berechne $\int_\gamma F \, dx$ entlang der Kurve $\gamma : [0, \pi] \to \mathbb{R}^2$, gegeben durch $\gamma(t) = (t, 1)$.

7. Es sei $\Omega \subset \mathbb{R}^2$ ein sternförmiges Gebiet und $u \in C^2(\Omega)$ eine harmonische Funktion. Man zeige: Für je zwei Kurven $\gamma_1, \gamma_2 \in PC^1([a, b]; \Omega)$ mit denselben Anfangs- und Endpunkten gilt

$$\int_{\gamma_1} \nabla u \, dx = \int_{\gamma_2} \nabla u \, dx.$$

8. Man beweise die Aussagen von Bemerkung 2.15a).

9. Es seien $\Omega \subset \mathbb{R}^3$ sternförmig und offen sowie $u \in C^1(\Omega; \mathbb{R}^3)$ mit $\operatorname{div} u = 0$ in Ω. Man zeige: Es existiert eine Funktion $v \in C^1(\Omega; \mathbb{R}^3)$ mit $u = \operatorname{rot} v$ in Ω.

10. Man zeige, dass für $F, G \in C^2(\Omega; \mathbb{R}^3)$ und $h \in C^2(\Omega; \mathbb{R})$ die folgenden Beziehungen gelten:
    a) $\operatorname{rot}(h \cdot F) = h \cdot \operatorname{rot} F - F \times \nabla h$,
    b) $\operatorname{div}(F \times G) = G \cdot \operatorname{rot} F - F \cdot \operatorname{rot} G$,
    c) $\operatorname{rot}(\nabla h) = 0$,
    d) $\operatorname{div}(\operatorname{rot} F) = 0$,
    e) $\operatorname{rot}(\operatorname{rot} F) = \nabla(\operatorname{div} F) - \Delta F$.

11. Ist $\gamma \in C^1([a, b]; \mathbb{R}^3)$ eine geschlossene Kurve, so besagt das Gesetz von *Biot-Savart*, dass die magnetische Feldstärke, die ein in einem Leiter γ gemäß der Orientierung von γ fließender Strom der Stärke 1 in $x \in \mathbb{R}^3 \setminus \operatorname{spur}(\gamma)$ erzeugt, durch

$$B_\gamma(x) = \frac{1}{4\pi} \int_a^b \frac{\gamma(t) - x}{|\gamma(t) - x|^3} \times \gamma'(t) \, dt$$

gegeben ist. Man zeige: Es gilt $B_\gamma \in C^1\big(\mathbb{R}^3 \setminus \operatorname{spur}(\gamma)\big)$ sowie $\operatorname{rot} B_\gamma = 0$ in $\mathbb{R}^3 \setminus \operatorname{spur}(\gamma)$.

3   Elemente der Variationsrechnung

In der Physik werden häufig Variationsprinzipien angewandt, um zum Beispiel die Bahn, längs derer sich ein System bewegt, als Extremale eines bestimmten Variationsproblems zu bestimmen. Betrachten wir beispielsweise die Menge aller stetig differenzierbaren Kurven $\gamma : I \to \mathbb{R}^3$, deren Spur auf einer Mannigfaltigkeit S in $\mathbb{R}^3$ verläuft und zwei Punkte $p_1, p_2 \in S$ verbindet, so ist es interessant, nach der kürzesten Verbindung von p_1 und p_2 unter allen obigen Kurven, oder zumindest nach einer hierfür notwendigen Bedingung zu fragen. Für die rigorose Behandlung solcher Variationsprobleme benötigen wir die in Abschnitt VII.6 entwickelten Differenzierbarkeitskriterien für parameterabhängige Integrale.

Wir beginnen mit den Eulerschen Differentialgleichungen.

Eulersche Differentialgleichungen
Wir betrachten eine zweimal stetig differenzierbare Funktion

$$L : [a,b] \times \mathbb{R} \times \mathbb{R} \to \mathbb{R}, \quad (t, y, p) \mapsto L(t, y, p),$$

setzen für $\alpha, \beta \in \mathbb{R}$

$$V := \{ v \in C^2[a,b] : v(a) = \alpha, v(b) = \beta \}$$

und definieren

$$J : V \to \mathbb{R}, \quad J(v) := \int_a^b L\big(t, v(t), v'(t)\big)\, dt.$$

Gesucht wird nun eine Funktion $u \in V$ mit der Eigenschaft, dass

$$J(u) = \inf \big\{ J(v) : v \in V \big\}$$

gilt. Das hier formulierte Extremalproblem ist von besonderer Art, da der Definitionsbereich von J eine Teilmenge des *unendlich-dimensionalen* Vektorraumes $C^2[a,b]$ ist.

Der folgende Satz gibt eine notwendige Bedingung für die Existenz einer Extremalstelle von J an.

3.1 Satz. (Eulersche Differentialgleichung). *Gilt* $J(u) = \inf_{v \in V} J(v)$ *für ein* $u \in V$, *so gelten die Eulerschen Differentialgleichungen*

$$\frac{d}{dt} \frac{\partial L}{\partial p}\big(t, u(t), u'(t)\big) = \frac{\partial L}{\partial y}\big(t, u(t), u'(t)\big), \quad t \in [a,b].$$

Beweis. Es sei $u \in V$ mit $J(u) \leq J(v)$ für alle $v \in V$ und $\varphi \in C^2[a,b]$ eine Funktion mit $\varphi(a) = 0 = \varphi(b)$. Dann ist $u + \varepsilon\varphi \in V$ für alle $\varepsilon \in \mathbb{R}$, und es gilt

$$J(u) \leq J(u + \varepsilon\varphi).$$

Setzen wir $F : \mathbb{R} \to \mathbb{R}$, $F(\varepsilon) := J(u + \varepsilon\varphi)$, so hat F in $\varepsilon = 0$ ein Minimum; es gilt also $\frac{dF}{d\varepsilon}(0) = 0$. Nach Theorem VII.6.1 dürfen wir unter dem Integral differenzieren und erhalten

$$\frac{dF}{d\varepsilon}(\varepsilon) = \int_a^b \frac{d}{d\varepsilon} L(t, u + \varepsilon\varphi, u' + \varepsilon\varphi') \, dt$$

$$= \int_a^b \frac{\partial L}{\partial y}(t, u + \varepsilon\varphi, u' + \varepsilon\varphi')\varphi + \frac{\partial L}{\partial p}(t, u + \varepsilon\varphi, u' + \varepsilon\varphi')\varphi' \, dt.$$

Integrieren wir den zweiten Term auf der rechten Seite partiell, so erhalten wir

$$\int_a^b \frac{\partial L}{\partial p} \varphi' \, dt = \underbrace{\frac{\partial L}{\partial p} \varphi \Big|_a^b}_{=0} - \int_a^b \varphi \frac{d}{dt}\left(\frac{\partial L}{\partial p}\right) dt,$$

und somit gilt

$$0 = \frac{dF}{d\varepsilon}(0) = \int_a^b \left[\frac{\partial L}{\partial y}(t, u, u') - \frac{d}{dt}\left(\frac{\partial L}{\partial p}\right)(t, u, u')\right] \varphi(t) \, dt$$

für jede Funktion $\varphi \in C^2[a,b]$ mit $\varphi(a) = \varphi(b) = 0$. Die Behauptung des Satzes folgt nun aus Lemma 3.2. □

3.2 Lemma. *Ist $f : [a,b] \to \mathbb{R}$ eine stetige Funktion und gilt für jede Funktion $\varphi \in C^2[a,b]$ mit $\varphi(a) = 0 = \varphi(b)$ die Gleichung*

$$\int_a^b f(t)\varphi(t) \, dt = 0,$$

so ist $f \equiv 0$ auf $[a,b]$.

Beweis. Da f stetig ist, genügt es zu zeigen, dass $f \equiv 0$ auf (a,b) ist. Nehmen wir an, dass $f(x) \neq 0$ ist für ein $x \in (a,b)$, also ohne Beschränkung der Allgemeinheit $f(x) = \varepsilon > 0$, so existiert wegen der Stetigkeit von f ein $\delta > 0$ und eine Umgebung $U_\delta(x)$ von x mit $f(t) \geq \varepsilon/2$ für alle $t \in U_\delta(x)$. Wählen wir eine Funktion $\varphi \in C^2[a,b]$ mit $\varphi \geq 0$ und $\varphi(x) > 0$ sowie $\varphi(t) = 0$ für alle $t \in [a,b] \backslash U_\delta(x)$, so gilt

$$0 = \int_a^b f(t)\varphi(t) \, dt = \int_{x-\delta}^{x+\delta} f(t)\varphi(t) \, dt \geq \frac{\varepsilon}{2} \underbrace{\int_{x-\delta}^{x+\delta} \varphi(t) \, dt}_{>0} > 0,$$

und wir erhalten einen Widerspruch. □

3.3 Beispiel. Wie oben sei $V = \{v \in C^2[a,b] : v(a) = \alpha \text{ und } v(b) = \beta\}$. Für die Länge der Kurve $\gamma : [a,b] \to \mathbb{R}^2$, $\gamma(t) = (t, u(t))$ für $u \in V$ gilt nach Satz 1.6

$$J(u) := \int_a^b \sqrt{1 + u'(t)^2}\, dt.$$

Wir suchen nun speziell die kürzeste Verbindungslinie zwischen den Punkten (a, α) und (b, β). Die obige Funktion L ist dann also von der Form $L(t, y, p) = \sqrt{1 + p^2}$, und es gilt

$$\frac{\partial L}{\partial y}(t, y, p) = 0 \quad \text{sowie} \quad \frac{\partial L}{\partial p}(t, y, p) = \frac{p}{\sqrt{1 + p^2}}.$$

Die Eulersche Differentialgleichung lautet in diesem Fall also

$$\frac{d}{dt}\frac{\partial L}{\partial p}(t, u, u') = \frac{\partial L}{\partial y}(t, u, u') = 0.$$

Deshalb gilt

$$\frac{u''}{\sqrt{1 + u'^2}} - u'\frac{u'u''}{(1 + u'^2)^{\frac{3}{2}}} = 0$$

und somit $u''(t) = 0$ für alle $t \in [a,b]$. Damit ergibt sich

$$u(t) = \alpha - \frac{\alpha - \beta}{a - b}a + \frac{\alpha - \beta}{a - b}t,$$

und wir haben gezeigt, dass notwendigerweise die Gerade die kürzeste Verbindung zwischen zwei Punkten darstellt.

3.4 Bemerkung. Ist L unabhängig von t, so gilt für jede Lösung u der Eulerschen Differentialgleichung

$$E_u := L_p(u, u')u' - L(u, u') = \text{const},$$

wobei wir hier die Schreibweise $L_p = \frac{\partial L}{\partial p}$ (analog auch für L_y) verwenden. Dies folgt wegen

$$\frac{d}{dt}E_u = \left(L_{py}u'^2 + L_{pp}u'u'' + L_p u''\right) - L_y u' - L_p u'' = u'\left(L_{py}u' + L_{pp}u'' - L_y\right) = 0,$$

da u die Eulersche Differentialgleichung $L_{pp}u'' + L_{py}u' - L_y = 0$ erfüllt.

3.5 Beispiel. (Rotationsminimalflächen). Zu zwei gegebenen Punkten (a, α) und (b, β) mit $a < b$ suchen wir eine Funktion $f \in C([a,b]; \mathbb{R}_+)$ mit $f(a) = \alpha > 0$ und $f(b) = \beta > 0$ so, dass die durch Rotation ihres Graphen um die x-Achse entstehende Fläche einen möglichst kleinen Flächeninhalt hat. Den Flächeninhalt einer solchen Fläche werden wir später als

$$F(f) = 2\pi \int_a^b f(x) \sqrt{1 + f'(x)^2} \, dx$$

bestimmen. Ist $V = \{v \in C^2[a, b] : v(a) = \alpha \text{ und } v(b) = \beta\}$, so definieren wir J mittels

$$J(u) := \int_a^b u(t) \sqrt{1 + u'(t)^2} \, dt.$$

Es ist dann $L(t, y, p) = y\sqrt{1 + p^2}$, und eine Minimallösung u erfüllt

$$\frac{d}{dt}\left(u \frac{u'}{\sqrt{1 + u'^2}} \right) = \sqrt{1 + u'^2}. \tag{3.1}$$

Da L unabhängig von t ist, gilt nach obiger Bemerkung $L_p(\varphi, \varphi')\varphi' - L(\varphi, \varphi') = c$ für ein $c > 0$. Damit folgt

$$\frac{u}{\sqrt{1 + u'^2}} = \text{const.}$$

Damit vereinfacht sich die Eulersche Gleichung zu $u'' - \frac{1}{c^2}u = 0$, und wir erhalten als Lösung von (3.1)

$$u(t) = c \cosh\left(\frac{1}{c}(t - t_0) \right).$$

Diese Funktionen stellen sogenannte *Kettenlinien* dar. Schließlich bestimmen wir noch die Konstanten c und t_0 für den Fall $\alpha = \beta > 0$ und $a = -b$ mit $b > 0$ wie folgt: Setzen wir aus Symmetriegründen $t_0 = 0$, so haben wir die Gleichung $\frac{\cosh(b/c)}{b/c} = \frac{\alpha}{b}$ zu lösen. Es existiert dann ein $\mu \in \mathbb{R}$, so dass für $\alpha/b = \mu$ genau eine Lösung dieser Gleichung existiert. Zusammengefasst haben wir bewiesen, dass das Problem der Rotationsminimalfläche für dieses μ und $\alpha/b = \mu$ höchstens eine Lösung besitzt.

Anwendungen in der Physik: Lagrangesche Bewegungsgleichungen
Im Folgenden betrachten wir die Verallgemeinerung der obigen Strategie auf die mehrdimensionale Situation. Die Funktion L ist dann von der Form

$$L : [a, b] \times \mathbb{R}^n \times \mathbb{R}^n \to \mathbb{R}, \quad (t, y_1, \ldots, y_n, p_1, \ldots, p_n) \mapsto L(t, y_1, \ldots, y_n, p_1, \ldots, p_n).$$

Für $\alpha, \beta \in \mathbb{R}^n$ setzen wir

$$V := \{f \in C^2([a, b]; \mathbb{R}^n) : f(a) = \alpha, f(y) = \beta\}$$

und definieren $J : V \to \mathbb{R}$ mittels

$$J(v) = \int_a^b L\big(t, v_1(t), \ldots, v_n(t), v_1'(t), \ldots, v_n'(t)\big) \, dt.$$

Ist $u \in V$ eine Funktion mit $J(u) = \min\{J(v) : v \in V\}$, so gelten wiederum die Eulerschen Differentialgleichungen

$$\frac{d}{dt} L_{p_i}(t, u(t), u'(t)) - L_{y_i}(t, u(t), u'(t)) = 0, \quad i = 1, \ldots, n.$$

Betrachten wir ein physikalisches System, beschrieben durch die Zeitkoordinate t und die Ortskoordinaten $q(t) = (q_1(t), \ldots, q_n(t))$, so heißt

a) $L(t, q, q')$ die *Lagrange-Funktion* und

b) es gilt $L = T - U$, wobei $T = T(t, q, q')$ die *kinetische Energie* und $U = U(t, q)$ die *potentielle Energie* des Systems beschreibt.

Ferner wird

$$J(q) = \int_a^b L(t, q(t), q'(t)) \, dt$$

in der Physik als *Wirkungsintegral* bezeichnet. Das *Hamiltonsche Prinzip* der Mechanik besagt, dass zwischen zwei Zeitpunkten t_0, t_1 die Bewegung des Systems so verläuft, dass das Wirkungsintegral $J(q) = \int_{t_0}^{t_1} T(t, q, q') - U(t, q) \, dt$ minimal wird im Vergleich zu allen Bewegungen, bei denen sich das System zu den Zeiten t_0 und t_1 ebenfalls in der Position q_0 bzw. q_1 befindet. Ist L nicht explizit von t abhängig, so implizieren die Eulerschen Differentialgleichungen dann

$$\frac{d}{dt} \frac{\partial T}{\partial q_i'} - \frac{\partial}{\partial q_i}(T - U) = 0, \quad i = 1, \ldots, n.$$

In der Mechanik heißen diese Gleichungen *Lagrangesche Bewegungsgleichungen*.

Betrachten wir speziell die Bewegung eines Massenpunktes in $\mathbb{R}^3$ unter dem Einfluss eines nur vom Ort abhängigen Potentials $U(q)$, so ist für $q = (q_1, q_2, q_3)$ mit der Geschwindigkeit $q' = (q_1', q_2', q_3')$ die kinetische Energie $T(q')$ durch $T(q') = \frac{m}{2}|q'|^2$ gegeben. Für die Langrange-Funktion gilt dann

$$L(q, q') = \frac{m}{2}|q'|^2 - U(q).$$

Es folgt $\frac{\partial L}{\partial q_i} = -\frac{\partial U}{\partial q_i}$ sowie $\frac{\partial L}{\partial q_i'} = mq_i'$, und die Eulerschen Differentialgleichungen lauten daher

$$\frac{d}{dt}(mq_i'(t)) + \frac{\partial U}{\partial q_i}(q(t)) = 0, \quad i = 1, 2, 3.$$

Somit lauten die Bewegungsgleichungen in diesem Fall

$$mq'' = -\nabla U(q).$$

Die Gesamtenergie des Massenpunktes beträgt $E(t) = T(q') + U(q) = \frac{m}{2}|q'(t)|^2 + U(q)$. Differenzieren wir bezüglich t, so erhalten wir

$$\frac{dE}{dt} = m\big(q''(t)|q'(t)\big) + \big(\nabla U(q(t))|q'(t)\big) = 0,$$

was bedeutet, dass die Energie $E(t)$ für alle $t \in [a, b]$ konstant ist.

Aufgaben

1. Es seien $(a, \alpha), (b, \beta) \in \mathbb{R}^2$ und $V := \{\varphi \in C^2[a, b] : \varphi(a) = \alpha, \varphi(b) = \beta\}$. Man betrachte die Funktionen

$$L : [a, b] \times \mathbb{R}^3 \times \mathbb{R}^3, \ (t, y, q) \mapsto L(t, y, q) \text{ sowie } J : V \to \mathbb{R}, \ J(u) := \int_a^b L\big(t, u(t), u'(t)\big) \, dt.$$

   Es existiere ein $u \in V$ mit $\inf_{v \in V} J(v) = J(u)$, und es gelte $\partial_t L = 0$, d. h., L hänge nicht von t ab. Man zeige wie in Bemerkung 3.4, dass dann

$$u'(t) \frac{\partial L}{\partial q}\big(u(t), u'(t)\big) - L\big(u(t), u'(t)\big)$$

   konstant ist, und bestimme diese Erhaltungsgröße für den Fall, dass

$$L(q, q') = \frac{1}{2}m|q'|^2 - U(q)$$

   mit $m > 0$ und einer stetigen differenzierbaren Funktion $U : \mathbb{R}^3 \to \mathbb{R}$.

2. Man betrachte ein Teilchen, das sich an einem Punkt $(a, \alpha) \in \mathbb{R}^2$ befindet. Gesucht ist diejenige Kurve, auf der es am schnellsten zu einem tiefer gelegenen Punkt (b, β) gelangt, wobei $a < b$ und $\alpha > \beta$ gilt. Hierbei soll die einzige wirkende Kraft die Schwerkraft sein. Diese Kurve wird als *Brachistochrone* bezeichnet und soll nun bestimmt werden. Das Ergebnis ist dabei nicht die kürzeste Verbindung zwischen den beiden Punkten, da, physikalisch gesprochen, das Teilchen hier am Anfang zu wenig Energie aufnimmt und dadurch im Vergleich zur Brachistochrone insgesamt langsamer ist.

   Mathematisch formuliert lautet das Problem folgendermaßen: In der Notation von Aufgabe 3.1 seien $a < b$ und $\alpha > \beta$. Die Funktion $L : (-\infty, \alpha) \times \mathbb{R} \to \mathbb{R}$ sei definiert als

$$L(q, q') := \sqrt{\frac{1 + |q'|^2}{g(\alpha - q)}},$$

   wobei $g > 0$ konstant ist, und es existiere ein $u \in V$ mit $\inf_{v \in V} J(v) = J(u)$. Man bestimme dieses u.

   Hinweise:

   a) Man zeige zunächst, dass u in diesem Fall aus der Erhaltungsgleichung

$$u'(t) \frac{\partial L}{\partial p}\big(u(t), u'(t)\big) - L\big(u(t), u'(t)\big) = c$$

   mit $c \in \mathbb{R}$ bestimmt werden kann.

b) Man parametrisiere die Abbildung $\{(t, u(t)) : t \in [a, b]\}$ durch eine neue Variable $r \in [0, \omega]$ mit $\omega > 0$, d. h., φ sowie t sollen als Funktion eines Parameters r aufgefasst werden. Man verwende hierzu den Ansatz $\frac{d\varphi}{dt}(t(r)) = \frac{-1}{\tan(r/2)}$.

c) Man gebe eine Parameterdarstellung für $u(r)$ und $t(r)$ an und stelle außerdem ein Gleichungssystem für c und ω auf.

4   Anmerkungen und Ergänzungen

1 Historisches

Der Kurvenbegriff in der von uns untersuchten Form geht auf Camille Jordan (1838–1922), Professor an der École Polytechnique in Paris und am College de France, zurück. Der unten beschriebene Jordansche Kurvensatz sowie die Jordansche Normalform für Matrizen sind nach ihm benannt.

Die Zykloide wurde bekannt als Lösung des in Aufgabe 3.2 beschriebenen Brachistochronenproblemes. Johann Bernoulli gab den ersten Anstoß zur Entwicklung der Variationsrechnung, und Jakob Bernoulli, Christiaan Huygens und Gottfried Wilhelm Leibniz fanden als Lösung dieses Problems die Zykloide. Das in Beispiel 3.5 behandelte Problem der Rotationsfläche kleinsten Flächeninhalts wurde schon von Leonhard Euler behandelt.

Émile Picard (1846–1951) war Professor an der Sorbonne in Paris. In seinem Buch *Traité d'analyse* ist der heute nach Picard und Lindelöf benannte Existenz- und Eindeutigkeitssatz für Differentialgleichungen enthalten. Ernst Lindelöf (1870–1946) war Professor in Helsinki und beschäftige sich mit vielen Themen der Analysis, insbesondere auch mit Differentialgleichungen.

Henri Poincaré (1854–1912) war Professor an der Sorbonne in Paris und Mitglied der Académie des sciences und der Académie Française. Er nahm im Wissenschaftsbetrieb seiner Zeit eine herausragende Stellung ein. Er verfasste bahnbrechende Arbeiten zur Analysis, Topologie, Geometrie sowie zur Theorie der partiellen Differentialgleichungen. Die qualitative Theorie der gewöhnlichen Differentialgleichungen fußt ebenfalls auf seinen Beiträgen. Zu seinen Studenten gehörten É. Borel und R. Baire.

2 Peano- und Jordankurven

Kurven können sehr überraschende Eigenschaften besitzen. Der folgende auf Peano zurückgehende Satz bestätigt diese These. Nachdem Cantor im Jahre 1878 bewiesen hatte, dass $\mathbb{R}$ bijektiv auf $\mathbb{R}^2$ abgebildet werden kann, zeigte Peano im Jahre 1890, dass es eine stetige surjektive Abbildung von $[0, 1]$ auf $[0, 1]^2$ gibt. Wir weisen darauf hin, dass die Abbildung von Cantor nicht stetig und diejenige von Peano nicht bijektiv ist.

Satz (Peano). *Es existieren Kurven* $\gamma : [0, 1] \to [0, 1]^2$, *die surjektiv sind.*

Im folgende Beispiel konstruieren wir eine solche Kurve. Hierzu sei $u : \mathbb{R} \to \mathbb{R}$ eine gerade und periodische Funktion der Periode 2, die auf $[0, 1]$ durch

$$u(t) := \begin{cases} 0, & 0 \le t \le 1/3, \\ 3t - 1, & 1/3 \le t \le 2/3, \\ 1, & 2/3 \le t \le 1 \end{cases}$$

gegeben ist. Definieren wir $\gamma : [0, 1] \to \mathbb{R}^2$ durch

$$\gamma(t) := \Big(\sum_{j=0}^{\infty} \frac{u(4^{2j} t)}{2^{j+1}}, \sum_{j=0}^{\infty} \frac{u(4^{2j+1} t)}{2^{j+1}} \Big),$$

so ist γ stetig und bildet das Intervall $[0, 1]$ surjektiv auf $[0, 1]^2$ ab. Andere Peano-Kurven wurden von Hilbert mittels eines geometrischen Algorithmus konstruiert.

Stellen wir an die Kurve γ die Forderung, dass γ injektiv sein soll, so ergibt sich folgendes Bild: Wir nennen eine Kurve $\gamma : [a, b] \to \mathbb{R}^n$ *doppelpunktfrei*, wenn sie auf $[a, b)$ und $(a, b]$ injektiv ist. Wir bemerken, dass man der Spur einer Kurve nicht ansehen kann, ob sie doppelpunktfrei ist.

Satz. (Jordanscher Kurvensatz). *Das Komplement der Spur* spur (γ) *einer geschlossenen, doppelpunktfreien Kurve γ in $\mathbb{R}^2$ besteht aus genau zwei disjunkten und zusammenhängenden Komponenten, dem* Inneren *und dem* Äußeren *von γ. Weiter ist das Innere beschränkt, das Äußere unbeschränkt, und der Rand beider Komponenten stimmt mit* spur (γ) *überein.*

Geschlossene und doppelpunktfreie Kurven werden auch *Jordan-Kurven* genannt.

3 Homotopieinvarianz des Kurvenintegrals

Gehen wir der Frage nach, inwiefern sich das Kurvenintegral längs einer Schar von Kurven verändert, so kommen wir in natürlicher Weise zum Begriff der Homotopie.

Definition. Es sei $\Omega \subset \mathbb{R}^n$ eine nichtleere, wegzusammenhängende Menge. Eine *Homotopie in* Ω zwischen Kurven $\gamma_0, \gamma_1 \in C([a, b]; \Omega)$ ist eine Abbildung $\gamma \in C([a, b] \times [0, 1]); \Omega)$ derart, dass die Bedingung

$$\gamma(\cdot, 0) = \gamma_0 \quad \text{und} \quad \gamma(\cdot, 1) = \gamma_1$$

erfüllt ist. Gilt $\gamma_0(a) = \gamma_1(a) = p$ und $\gamma_0(b) = \gamma_1(b) = q$ und existiert eine Homotopie γ mit $\gamma(a, t) = p$ und $\gamma(b, t) = q$ für alle $t \in [0, 1]$, so heißen γ_0 und γ_1 *homotop in Ω mit festen Endpunkten*. Gilt $\gamma_0(a) = \gamma_0(b)$ und $\gamma_1(a) = \gamma_1(b)$ und gibt es eine Homotopie mit $\gamma(a, t) = \gamma(b, t)$ für alle $t \in [0, 1]$, so heißen γ_0 und γ_1 *geschlossen homotop*.

Es gilt dann die folgende Homotopieinvarianz des Kurvenintegrals.

Satz. *Es seien $\Omega \subset \mathbb{R}^n$ offen, $F \in C^1(\Omega; \mathbb{R}^n)$ mit $\partial_i F_j = \partial_j F_i$ auf Ω für $1 \leq i, j \leq n$. Sind $\gamma_0, \gamma_1 \in PC^1([a, b]; \Omega)$ homotop in Ω mit festen Endpunkten (oder geschlossen homotop), so gilt*

$$\int_{\gamma_0} F \, dx = \int_{\gamma_1} F \, dx.$$

Eine wegzusammenhängende Menge $\Omega \subset \mathbb{R}^n$ heißt *einfach zusammenhängend*, wenn jede geschlossene Kurve $\gamma \in C([a, b]; \Omega)$ in Ω geschlossen homotop zu einer konstanten Kurve ist.

Insbesondere ist jede sternförmige Menge einfach zusammenhängend. Ferner ist der punktierte Raum $\mathbb{R}^3 \setminus \{0\}$ einfach zusammenhängend, die punktierte Ebene $\mathbb{R}^2 \setminus \{0\}$ jedoch nicht.

Der folgende Satz ist eine Verallgemeinerung des in Satz 2.12 formulierten Lemmas von Poincaré.

Satz. *Ist $\Omega \subset \mathbb{R}^n$ offen und einfach zusammenhängend, so sind für Vektorfelder $F \in C^1(\Omega; \mathbb{R}^n)$ die folgenden Aussagen äquivalent:*

a) $\partial_i F_j = \partial_j F_i$ *für* $1 \leq i, j \leq n$.

b) *F ist ein Gradientenfeld.*

4 Isoperimetrische Ungleichung

Die klassische isoperimetrische Ungleichung behandelt das Problem, unter allen geschlossenen Kurven in $\mathbb{R}^2$ der Länge L diejenige zu finden, welche den größten Flächeninhalt umschließt.

Das mit der isoperimetrischen Ungleichung zusammenhängende *Problem der Dido* hat seinen Ursprung in der Legende von der Gründung Karthagos. Dido war Prinzessin von Tyra und flüchtete im Jahre 814 v. Chr. an die Küste Libyens. Dort angekommen, bat sie den numidischen König um ein Stück Land, „soviel sie mit der Haut eines Stieres zu begrenzen vermochte". Ihrem Wunsch wurde stattgegeben; die Haut schnitt sie jedoch in so dünne Riemen, dass dieselbe den Raum einschloss, den heute Byrsa, die Burg Karthagos, einnimmt. Die mathematische Frage lautet nun, in welcher Form die Riemen ausgelegt werden sollen, um eine möglichst große Fläche zu umspannen.

Wir beweisen in Abschnitt X.4, dass für geschlossene C^1-Kurven γ in $\mathbb{R}^2$ der Länge 2π der umschlossene Flächeninhalt durch π begrenzt ist und dass der Maximalwert π nur von Kreisen mit Radius 1 erreicht wird. Mittels der Theorie der Fourier-Reihen gelingt ein sehr eleganter Beweis dieser Aussage, und Fourier-Reihen erscheinen somit in natürlicher Form in der Theorie der Kurven.

Wir formulieren an dieser Stelle noch eine allgemeinere (jedoch deutlich schwieriger zu beweisende) Version der obigen Aussage für rektifizierbare Kurven. Diese lautet wie folgt.

Satz. *Es sei $\Omega \subset \mathbb{R}^2$ offen und beschränkt. Ist der Rand $\partial\Omega$ von Ω eine rektifizierbare Kurve der Länge $L(\gamma)$, so gilt*

$$4\pi\mu(\Omega) \leq L(\gamma)^2.$$

Hierbei bezeichnet $\mu(\Omega)$ das Lebesguesche Maß von Ω, welches bereits in Abschnitt V.6 eingeführt wurde.

5 Ein Satz von Whitney

Hassler Whitney konstruierte im Jahre 1935 eine Funktion $f \in C^1(\mathbb{R}^2)$, welche auf einer zusammenhängenden Menge von kritischen Punkten nicht konstant ist. Genauer gesagt konstruierte er eine Kurve $\gamma : [0,1] \to \mathbb{R}^2$ und eine Funktion $f \in C^1(\mathbb{R}^2)$ derart, dass $\nabla f\big(\gamma(t)\big) = 0$ für alle $t \in [0,1]$, aber $f\big(\gamma\big)$ auf $[0,1]$ nicht konstant ist.

Approximation und Fourier-Reihen

Trigonometrische Reihen haben eine lange Tradition in der Mathematik. Der zentrale Anstoß zur Theorie dieser Reihen geht auf Joseph Fourier (1768–1830) zurück, der in seinem
Buch *Théorie analytique de la chaleur* das Problem der Wärmeleitung analytisch mittels Reihenentwicklungen untersuchte. Hierbei spielte die Entwicklung einer gegebenen
Funktion in eine trigonometrische Reihe der Form

$$\sum_{k=1}^{\infty} \big(a_k \cos(kx) + b_k \sin(kx) \big)$$

eine entscheidende Rolle. Das Problem, eine Funktion in eine Reihe nach einem gegebenen Funktionensystem $(\varphi_k)_{k \in \mathbb{N}}$ zu entwickeln, haben wir schon am Beispiel der
Taylor-Entwicklung kennengelernt. Dabei gingen wir von dem System $1, x, x^2, x^3, \ldots$
der Potenzen aus und fragten, unter welchen Bedingungen eine gegebene Funktion sich in
eine Potenzreihe entwickeln lässt, d. h., wann $f(x) = \sum_{k=0}^{\infty} a_k x^k$ gilt.

Gehen wir nun von dem trigonometrischen System $1, \cos x, \cos 2x, \ldots, \sin x, \sin 2x, \ldots$
aus, so stellt sich die Frage, unter welchen Bedingungen eine gegebene 2π-periodische
Funktion f sich als

$$f(x) = \sum_{k=-\infty}^{\infty} \widehat{f}(k) e^{ikx}$$

darstellen lässt. Hierbei sind die Fourier-Koeffizienten $\widehat{f}(k)$ von f durch

$$\widehat{f}(k) = \frac{1}{2\pi} \int_{-\pi}^{\pi} f(t) e^{-ikt} \, dt, \quad k \in \mathbb{Z}$$

gegeben. Die trigonometrischen Reihen bilden mit den Potenzreihen die wichtigsten Reihen der Analysis. Im Gegensatz zur Taylor-Reihe treten in der obigen Reihenentwicklung
der Funktion f keinerlei Ableitungen von f auf.

© Springer-Verlag GmbH Deutschland, ein Teil von Springer Nature 2019
M. Hieber, *Analysis II*, https://doi.org/10.1007/978-3-662-57542-0_5

Ziel dieses Kapitels ist es, erste Bedingungen anzugeben, wann und in welchem Sinne die *Fourier-Reihe* eine gegebene Funktion f darstellt. Wie bereits erwähnt, hat diese Problematik eine lange Geschichte; wesentliche Beiträge gehen auf Fourier, Dirichlet, Riemann, Cantor, Dubois-Reymond, Lebesgue und Carleson zurück, und viele Fragestellungen in dieser Richtung sind bis heute ungeklärt.

Unser Zugang zu dieser Problemstellung beruht auf der in Abschnitt 1 formulierten Approximation einer Funktion durch die Faltung dieser Funktion mit Dirac-Folgen. Wählen wir speziell die Landau-Kerne als Dirac-Folge, so impliziert der Approximationssatz für Dirac-Folgen einen eleganten Beweis des Weierstraßschen Satzes über die gleichmäßige Approximation einer stetigen Funktion auf einem kompakten Intervall durch Polynome.

Die Folge der Fejér-Polynome bildet, bis auf einen Normierungsfaktor, ein weiteres wichtiges Beispiel einer solchen Dirac-Folge. Als Konsequenz des Approximationssatzes für Dirac-Folgen erhalten wir den Satz von Fejér, unser erstes wichtiges Ergebnis über die Konvergenz von Fourier-Reihen.

Das Riemannsche und das Dirichletsche Lemma implizieren dann eine hinreichende Bedingung für die punktweise Konvergenz der Fourier-Reihe einer gegebenen Funktion. Wir erläutern diese Bedingung anschließend anhand mehrerer Beispiele. Das Riemannsche Lokalisationsprinzip folgt unmittelbar aus diesem Konvergenzkriterium.

Den Schlusspunkt dieses Kapitels bildet die Konvergenz einer Folge $(f_n)_{n \in \mathbb{N}}$ im quadratischen Mittel mit der Besselschen Ungleichung bzw. der Parsevalschen Gleichung als Höhepunkte von Abschnitt 3. Letztere besagt, dass unter gewissen Bedingungen an die Funktion f die Summe der Quadrate der Fourier-Koeffizienten von f mit dem Quadrat der $\| \cdot \|_2$-Norm von f übereinstimmt.

Die Parsevalsche Gleichung erlaubt es uns auch, eine schöne Verbindung der Fourier-Reihen zu geometrischen Fragestellungen aufzuzeigen: Dem Hurwitzschen Weg folgend präsentieren wir einen eleganten Beweis der isoperimetrischen Ungleichung in zwei Dimensionen für eine gewisse Klasse von Kurven.

1   Faltung und Approximation

In diesem Abschnitt führen wir den Begriff einer Dirac-Folge $(\varphi_n)_{n \in \mathbb{N}}$ ein. Dies ist eine Folge $(\varphi_n)_{n \in \mathbb{N}}$ von Funktionen mit gewissen Eigenschaften, die es uns erlaubt, eine beschränkte und sprungstetige Funktion f durch Funktionenfolgen $(f_n)_{n \in \mathbb{N}}$ der Art $f_n = f * \varphi_n$ beliebig genau zu approximieren. Hierbei bezeichnet $f * \varphi_n$ die Faltung von f mit φ_n. Als erste Anwendung dieses Approximationsverfahren präsentieren wir einen kurzen Beweis des Weierstraßschen Approximationssatzes über die gleichmäßige Approximation stetiger Funktionen auf einem kompakten Intervall durch Polynome.

Faltung und Dirac-Folgen

Wir führen zunächst den Begriff der Faltung zweier sprungstetiger Funktionen wie folgt ein: Vorab betrachten wir den *Träger* supp f einer sprungstetigen Funktion $f : \mathbb{R} \to \mathbb{C}$.

Dieser ist definiert durch

$$\operatorname{supp} f := \overline{\{x \in \mathbb{R} : f(x) \neq 0\}}.$$

Ist $\operatorname{supp} f$ eine kompakte Menge in $\mathbb{R}$, so nennen wir f eine Funktion mit *kompaktem Träger*. Sind weiter $f, g : \mathbb{R} \to \mathbb{C}$ sprungstetige Funktionen und eine der beiden hat kompakten Träger, so heißt die Funktion $f * g : \mathbb{R} \to \mathbb{C}$, definiert durch

$$(f * g)(x) := \int_{\mathbb{R}} f(y - x) g(y) \, dy, \quad x \in \mathbb{R},$$

die *Faltung von f und g*. Es ist leicht einzusehen, dass die Faltung kommutativ ist, d. h., dass

$$\int_{\mathbb{R}} f(y - x) g(y) \, dy = \int_{\mathbb{R}} f(y) g(y - x) \, dy$$

gilt. Wir führen an dieser Stelle ebenfalls den Begriff einer approximierenden Einheit bzw. eines Mollifiers ein. Ist $\varphi \in S(\mathbb{R})$ mit $\varphi \geq 0$ und $\int_{\mathbb{R}} \varphi(t) \, dt = 1$, so wird die Folge $(\varphi_n)_{n \in \mathbb{N}}$, definiert durch

$$\varphi_n(t) := n\varphi(nt), \quad t \in \mathbb{R}, n \in \mathbb{N},$$

ein *glättender Kern* oder auch eine *approximierende Einheit* bzw. ein *Mollifier* genannt. Der Begriff des Mollifiers kann weiter auf Familien $\{\varphi_\varepsilon : 0 < \varepsilon \leq 1\}$ ausgedehnt werden, wobei φ_ε durch

$$\varphi_\varepsilon(t) := \frac{1}{\varepsilon} \, \varphi\left(\frac{t}{\varepsilon}\right), \quad \varepsilon > 0$$

definiert ist. Ein Mollifier erfüllt die folgenden Bedingungen:

(D1) $\varphi_n \geq 0$ für alle $n \in \mathbb{N}$.

(D2) $\int_{\mathbb{R}} \varphi_n(t) \, dt = 1$ für alle $n \in \mathbb{N}$.

(D3) Für alle $\varepsilon > 0$ und für alle $r > 0$ existiert ein $N \in \mathbb{N}$, so dass für alle $n \geq N$

$$\int_{\mathbb{R} \setminus [-r, r]} \varphi_n(t) \, dt < \varepsilon$$

gilt. Eine Folge von sprungstetigen Funktionen $(\varphi_n)_{n \in \mathbb{N}}$, welche diesen drei Bedingungen genügt, heißt *Dirac-Folge*.

1.1 Beispiele. a) Betrachten wir für $n \in \mathbb{N}$ die Folge $(\varphi_n)_{n \in \mathbb{N}}$, gegeben durch $\varphi_n := \frac{n}{2} \, 1_{I_n}$ mit $I_n = [-\frac{1}{n}, \frac{1}{n}]$, so ist $(\varphi_n)_{n \in \mathbb{N}}$ eine Dirac-Folge. Hierbei ist 1_J die sogenannte *Indikatorfunktion* eines Intervalls J, gegeben durch $1_J(x) = 1$, falls $x \in J$ und $1_J(x) = 0$ für $x \notin J$.

b) Für $n \in \mathbb{N}$ definieren wir die *Landau-Kerne* $L_n : \mathbb{R} \to \mathbb{R}$ durch

$$L_n(t) := \begin{cases} c_n^{-1}(1-t^2)^n, & t \in [-1, 1], \\ 0, & t \in \mathbb{R} \setminus [-1, 1], \end{cases}$$

wobei die Koeffizienten c_n für $n \in \mathbb{N}$ durch $c_n := \int_{-1}^{1}(1-t^2)^n \, dt$ gegeben sind. Die Funktionen L_n erfüllen offensichtlich die Bedingungen (D1) und (D2). Ferner ist auch die Bedingung (D3) erfüllt, denn zunächst gilt

$$c_n = 2 \int_0^1 (1+t)^n (1-t)^n \, dt \geq \int_0^1 (1-t)^n \, dt = \frac{2}{n+1}, \quad n \in \mathbb{N}.$$

Weiter, da $t \mapsto 1 - t^2$ auf $[r, 1]$ für jedes $r \in (0, 1)$ monoton fallend ist, gilt

$$\int_{\mathbb{R} \setminus [-r,r]} L_n(t) \, dt \leq \frac{2}{c_n} \int_r^1 (1-t^2)^n \, dt \leq (n+1)(1-r^2)^n, \quad r \in (0,1), \, n \in \mathbb{N},$$

und somit bildet die Folge der Landau-Kerne $(L_n)_{n \in \mathbb{N}}$ eine Dirac-Folge.

c) Ist $\varphi : \mathbb{R} \to \mathbb{R}$ gegeben durch $\varphi(x) = \frac{1}{\sqrt{2\pi}} e^{-\frac{x^2}{2}}$, so definiert die Folge $(\varphi_n)_{n \in \mathbb{N}}$ mit

$$\varphi_n(x) = n\varphi(nx), \quad x \in \mathbb{R}, \, n \in \mathbb{N}$$

eine Dirac-Folge. Für den Beweis verweisen wir auf die Übungsaufgaben.

Das folgende Resultat besagt, dass sich beschränkte und sprungstetige Funktionen f mit kompaktem Träger durch Funktionenfolgen $(f_n)_{n \in \mathbb{N}}$ der Form

$$f_n := f * \varphi_n$$

beliebig genau approximieren lassen.

1.2 Theorem. (Approximationssatz). *Es seien* $f : \mathbb{R} \to \mathbb{C}$ *eine beschränkte und sprungstetige Funktion,* $(\varphi_n)_{n \in \mathbb{N}}$ *eine Dirac-Folge, und* f *oder* φ_n *besitzen für jedes* $n \in \mathbb{N}$ *kompakten Träger. Dann gilt:*

a) *Ist* f *stetig in* $x \in \mathbb{R}$, *so konvergiert die Folge* $\big(f_n(x)\big)_{n \in \mathbb{N}}$ *gegen* $f(x)$.

b) *Ist* f *gleichmäßig stetig auf* $\mathbb{R}$, *so konvergiert* $(f_n)_{n \in \mathbb{N}}$ *gleichmäßig auf* $\mathbb{R}$ *gegen* f.

c) *Ist* φ_n *für jedes* $n \in \mathbb{N}$ *gerade, so konvergiert die Folge* $\big(f_n(x)\big)_{n \in \mathbb{N}}$ *für jedes* $x \in \mathbb{R}$ *gegen*

$$\frac{1}{2}\big(f(x-) + f(x+)\big).$$

Beweis. a) Es seien $(\varphi_n)_{n\in\mathbb{N}}$ eine Dirac-Folge und $f : \mathbb{R} \to \mathbb{C}$ eine in $x \in \mathbb{R}$ stetige Funktion. Die Eigenschaft (D2) einer Dirac-Folge impliziert $f(x) = \int_{\mathbb{R}} f(x)\varphi_n(t)\,dt$ für jedes $x \in \mathbb{R}$ und jedes $n \in \mathbb{N}$. Daher gilt

$$|(f * \varphi_n)(x) - f(x)| = \left| \int_{\mathbb{R}} \big(f(x-t) - f(x)\big)\varphi_n(t)\,dt \right|$$

$$\leq \int_{\mathbb{R}} |f(x-t) - f(x)|\,\varphi_n(t)\,dt, \quad x \in \mathbb{R},\ n \in \mathbb{N}.$$

Für $\varepsilon > 0$ wählen wir zunächst $r > 0$ so, dass $|f(x-t) - f(x)| < \varepsilon$ für alle $|t| < r$ gilt. Wählen wir dann zu ε und r ein $N(\varepsilon, r)$ gemäß Eigenschaft (D3), so folgt

$$|(f * \varphi_n)(x) - f(x)| \leq \int_{[-r,r]} |f(x-t) - f(x)|\varphi_n(t)\,dt$$

$$+ \int_{\mathbb{R}\setminus[-r,r]} |f(x-t) - f(x)|\varphi_n(t)\,dt.$$

$$\leq \varepsilon \int_{-r}^{r} \varphi_n(t)\,dt + 2\|f\|_\infty \int_{\mathbb{R}\setminus[-r,r]} \varphi_n(t)\,dt$$

$$\leq C\varepsilon, \quad n \geq N$$

für eine Konstante $C > 0$. Dies beweist Aussage a).

b) Ist f gleichmäßig stetig auf $\mathbb{R}$, so sind r und $N(\varepsilon, r)$ unabhängig von x, und die Abschätzung in a) ist ebenfalls unabhängig von x. Daher gilt Aussage b).

c) Ist φ_n für jedes $n \in \mathbb{N}$ gerade, so gilt $\int_{-\infty}^{0} \varphi_n(t)\,dt = \int_{0}^{\infty} \varphi_n(t)\,dt = \frac{1}{2}$, und es folgt

$$\left| (f * \varphi_n)(x) - \frac{f(x-) + f(x+)}{2} \right|$$

$$= \left| \int_{-\infty}^{0} \big(f(x-t) - f(x+)\big)\varphi_n(t)\,dt + \int_{0}^{\infty} \big(f(x-t) - f(x-)\big)\varphi_n(t)\,dt \right|$$

$$\leq \int_{-\infty}^{0} |f(x-t) - f(x+)|\,\varphi_n(t)\,dt + \int_{0}^{\infty} |f(x-t) - f(x-)|\,\varphi_n(t)\,dt.$$

Damit können wir die Behauptung c) analog zu a) beweisen.   □

Approximationssatz von Weierstraß

Als erste Anwendung des Approximationssatzes (Theorem 1.2) beweisen wir den Weierstraßschen Approximationssatz. Er besagt, dass eine stetige Funktion auf einem kompakten Intervall beliebig genau durch Polynome gleichmäßig approximiert werden kann.

1.3 Theorem. (Approximationssatz von Weierstraß). *Ist* $I \subset \mathbb{R}$ *ein kompaktes Inter-vall und* $f : I \to \mathbb{R}$ *eine stetige Funktion, so existiert eine Folge von Polynomen* $(P_n)_{n \in \mathbb{N}}$, *die auf* I *gleichmäßig gegen* f *konvergiert.*

Beweis. Wir stellen zunächst fest, dass es genügt, den Fall $I = [0, 1]$ und $f(0) = f(1) = 0$ zu betrachten. In der Tat, ist f stetig auf $[a, b]$, so gilt dies auch für $g = f \circ u$, wobei u die auf dem Intervall $[0, 1]$ stetige Funktion $t \mapsto a(1 - t) + bt$ bezeichnet. Weiter ist dann auch $h = g - v$ mit $v : [0, 1] \to \mathbb{R}$, $v(t) = g(0)(1 - t) + g(1)t$ eine stetige Funktion mit $h(0) = h(1) = 0$. Ist $(Q_n)_{n \in \mathbb{N}}$ eine Folge von Polynomen, die auf $[0, 1]$ gleichmä-ßig gegen h konvergiert, so konvergiert die Folge der Polynome $(P_n)_{n \in \mathbb{N}}$, gegeben durch $P_n = (Q_n + v) \circ u^{-1}$, gleichmäßig auf I gegen $(h + v) \circ u^{-1} = f$.

Ist also $f : [0, 1] \to \mathbb{R}$ eine stetige Funktion mit $f(0) = f(1) = 0$, so setzen wir f durch $F : \mathbb{R} \to \mathbb{R}$

$$F(x) := \begin{cases} f(x), & x \in [0, 1], \\ 0, & x \in \mathbb{R} \setminus [0, 1] \end{cases}$$

zu einer auf $\mathbb{R}$ gleichmäßig stetigen Funktion fort. Weiter betrachten wir für $n \in \mathbb{N}$ die Landau-Kerne $L_n : \mathbb{R} \to \mathbb{R}$ und definieren

$$P_n := F * L_n, \quad n \in \mathbb{N}.$$

Nach dem Approximationssatz (Theorem 1.2) und Beispiel 1.1b) konvergiert die Folge $(P_n)_{n \in \mathbb{N}}$ gleichmäßig auf $\mathbb{R}$ gegen F. Also konvergiert sie auch auf $[0, 1]$ gleichmäßig gegen f. Um den Weierstraßschen Satz zu beweisen, genügt es also zu zeigen, dass P_n für jedes $n \in \mathbb{N}$ ein Polynom in x ist. Ist $x \in [0, 1]$, so gilt

$$P_n(x) = \int_{-\infty}^{\infty} F(t) L_n(x - t) \, dt = \int_0^1 f(t) L_n(x - t) \, dt,$$

und für $x, t \in [0, 1]$ besitzt $L_n(x - t)$ die Darstellung $L_n(x - t) = \sum_{j=0}^{2n} g_j(t) x^{2j}$, wobei g_j für $j = 0, \dots, 2n$ Polynome in t sind. Folglich gilt

$$P_n(x) = \sum_{j=0}^{2n} a_j x^{2j} \quad \text{mit} \quad a_j = \int_0^1 g_j(t) f(t) \, dt, \quad n \in \mathbb{N},$$

und daher ist P_n für jedes $n \in \mathbb{N}$ ein Polynom. $\qquad\qquad\qquad\qquad\qquad\qquad\square$

Aufgaben

1.   Es seien $f, g \in S(\mathbb{R})$ und g habe kompakten Träger. Man zeige:
   a) $f * g$ ist stetig.
   b)   Ist $g \in C^k(\mathbb{R})$ für ein $k \in \mathbb{N}$, so auch $f * g$, und es gilt $(f * g)^{(k)} = f * g^{(k)}$.

2. Man zeige:

   a) Ist $\varphi : \mathbb{R} \to \mathbb{R}$, $\varphi(x) = \frac{1}{\sqrt{2\pi}} e^{-\frac{x^2}{2}}$, so ist die durch

   $$\varphi_n : \mathbb{R} \to \mathbb{R}, \quad \varphi_n(x) = n\varphi(nx), \quad n \in \mathbb{N}$$

   definierte Folge $(\varphi_n)_{n\in\mathbb{N}}$ eine Dirac-Folge.

   b) Ist $\varphi : \mathbb{R} \to \mathbb{R}$ definiert durch $\varphi(x) = \frac{1}{\pi}(1 + |x|^2)^{-1}$, so ist die durch

   $$\varphi_n : \mathbb{R} \to \mathbb{R}, \quad \varphi_n(x) = n\varphi(nx), \quad n \in \mathbb{N}$$

   definierte Folge $(\varphi_n)_{n\in\mathbb{N}}$ ebenfalls eine Dirac-Folge.

3. Man konstruiere zu jedem $\varepsilon > 0$ eine Funktion $\varphi_\varepsilon \in C^\infty(\mathbb{R})$ mit $\varphi_\varepsilon(x) \in [0, 1]$ für alle $x \in \mathbb{R}$ derart, dass

   $$\varphi_\varepsilon(x) := \begin{cases} 1, & |x| \leq 1, \\ 0, & |x| \geq 1 + \varepsilon \end{cases}$$

   gilt. Eine solche Funktion heißt *Abschneidefunktion*.

4. Man zeige, dass zu jeder Funktion $f \in C^1[a, b]$ eine Folge von Polynomen $(p_n)_{n\in\mathbb{N}}$ auf $[a, b]$ derart existiert, dass sowohl $(p_n)_{n\in\mathbb{N}}$ auf $[a, b]$ gleichmäßig gegen f als auch $(p_n')_{n\in\mathbb{N}}$ auf $[a, b]$ gleichmäßig gegen f' konvergieren.

2 Konvergenz von Fourier-Reihen

In diesem Abschnitt betrachten wir die Approximation periodischer Funktionen durch trigonometrische Polynome und verwenden hierzu Funktionenfolgen, welche durch die Faltung mit speziellen Dirac-Folgen, den sogenannten Fejér-Kernen, definiert sind.

Fourier- und Fejér-Polynome

Wir beginnen mit der Definition eines trigonometrischen Polynoms.

2.1 Definition. Ein *trigonometrisches Polynom vom Grad n* ist eine Funktion $T : \mathbb{R} \to \mathbb{C}$ der Form

$$T(x) = \sum_{k=-n}^{n} c_k e^{ikx}, \quad x \in \mathbb{R},$$

wobei $n \in \mathbb{N}$ und $c_k \in \mathbb{C}$ für alle $k = -n, \ldots, n$ gilt.

2.2 Bemerkungen. a) Jedes trigonometrische Polynom ist eine periodische Funktion mit der Periode 2π, d. h., es gilt

$$T(x) = T(x + 2\pi), \quad x \in \mathbb{R}.$$

b) Für die Koeffizienten c_k gilt

$$c_k = \frac{1}{2\pi} \int_{-\pi}^{\pi} T(x)e^{-ikx}\,dx, \quad k = -n,\ldots,n.$$

Dies folgt sofort aus der Orthogonalitätsrelation

$$\frac{1}{2\pi} \int_{-\pi}^{\pi} e^{ijx}\,e^{-ikx}\,dx = \begin{cases} 1, & j = k, \\ 0, & \text{sonst.} \end{cases}$$

c) Zur Vereinfachung der Notation verwenden wir oft die abkürzende Schreibweise

$$e_k : \mathbb{R} \to \mathbb{C}, \quad e_k(x) := e^{ikx}, \quad k \in \mathbb{Z}.$$

Im Folgenden spielen die trigonometrischen Polynome

$$D_n := \sum_{k=-n}^{n} e_k, \quad n \in \mathbb{N}_0 \quad \text{und}$$

$$F_n := \frac{1}{n}\Big(D_0 + \ldots + D_{n-1}\Big), \quad n \in \mathbb{N}$$

eine zentrale Rolle. Hierbei heißt D_n der *Dirichlet-Kern n-ten Grades* bzw. F_n der *Fejér-Kern n-ten Grades*. Für $x \in \mathbb{R} \setminus 2\pi\mathbb{Z}$ besitzen diese Funktionen die folgenden expliziten Darstellungen.

2.3 Lemma. *Für $x \in \mathbb{R} \setminus 2\pi\mathbb{Z}$ und $n \in \mathbb{N}$ gilt*

$$D_n(x) = \frac{\sin\big((n+\tfrac{1}{2})x\big)}{\sin(x/2)} \quad \text{sowie} \quad F_n(x) = \frac{1}{n}\left(\frac{\sin(nx/2)}{\sin(x/2)}\right)^2.$$

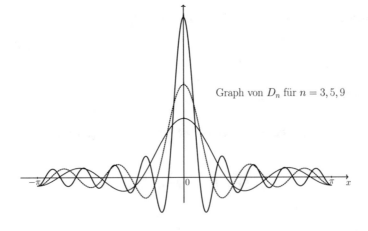

Graph von D_n für $n = 3, 5, 9$

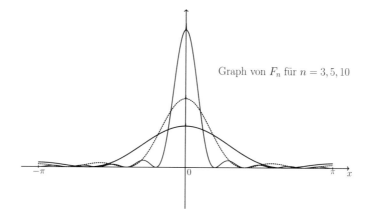

Graph von F_n für $n = 3, 5, 10$

Beweis. Die Darstellung für D_n erhalten wir aus der Darstellung der endlichen geometrischen Reihe wie folgt:

$$\sum_{k=-n}^{n} e^{ikx} = e^{-inx} \frac{1 - e^{i(2n+1)x}}{1 - e^{ix}} = \frac{e^{i(n+1/2)x} - e^{-i(n+1/2)x}}{e^{ix/2} - e^{-ix/2}} = \frac{\sin(n + 1/2)x}{\sin(x/2)}.$$

Für den Beweis der Darstellung für F_n verweisen wir auf die Übungsaufgaben. □

Wir zeigen nun, dass die Folge $(F_n)_{n \in \mathbb{N}}$ der Fejér-Kerne bis auf einen Skalierungsfaktor eine Dirac-Folge ist.

2.4 Lemma. *Für jedes $n \in \mathbb{N}$ ist F_n eine gerade Funktion, und es gilt:*

(F1) $F_n \geq 0$.

(F2) $\frac{1}{2\pi} \int_{-\pi}^{\pi} F_n(t)\, dt = 1$.

(F3) Zu jedem $\varepsilon > 0$ und jedem $r \in (0, \pi)$ existiert ein $N \in \mathbb{N}$ mit

$$\int_{[-\pi,\pi] \setminus [-r,r]} F_n(t)\, dt < \varepsilon, \quad n \geq N.$$

Beweis. Es ist klar, dass F_n eine gerade Funktion ist; die Aussagen (F1) und (F2) sind ebenfalls leicht einzusehen. Weiter ergibt sich (F3) sofort aus der Abschätzung

$$\int_{[-\pi,\pi] \setminus [-r,r]} F_n(t)\, dt \leq \frac{2\pi}{n} \frac{1}{\sin^2(r/2)}. \qquad □$$

Im Folgenden betrachten wir 2π-periodische und sprungstetige Funktionen $f : \mathbb{R} \to \mathbb{C}$ und nennen $S_{2\pi}(\mathbb{R}; \mathbb{C})$ den Vektorraum aller 2π-periodischen Funktionen, deren Einschränkung $f_{|[-\pi,\pi]}$ auf $[-\pi, \pi]$ sprungstetig ist. Hierbei heißt für $T > 0$ eine Funktion

$f : \mathbb{R} \to \mathbb{C}$ T-periodisch, wenn $f(x + T) = f(x)$ für alle $x \in \mathbb{R}$ gilt. Die *Faltung* $f * g$ zweier Funktionen $f, g \in S_{2\pi}(\mathbb{R}; \mathbb{C})$ ist dann definiert durch

$$(f * g)(x) = \frac{1}{2\pi} \int_{-\pi}^{\pi} f(t) g(x - t)\, dt, \quad x \in \mathbb{R}.$$

Es ist leicht einzusehen, dass dann $f * g \in S_{2\pi}(\mathbb{R}; \mathbb{C})$ gilt. Falten wir eine Funktion $f \in S_{2\pi}(\mathbb{R}; \mathbb{C})$ mit einer Basisfunktion e_k, definiert wie in Bemerkung 2.2c), so folgt

$$(f * e_k)(x) = \frac{1}{2\pi} \int_{-\pi}^{\pi} f(t) e^{ik(x-t)}\, dt = \widehat{f}(k)\, e^{ikx}, \quad k \in \mathbb{Z},\ x \in \mathbb{R}$$

mit

$$\widehat{f}(k) := \frac{1}{2\pi} \int_{-\pi}^{\pi} f(t) e^{-ikt}\, dt, \quad k \in \mathbb{Z}.$$

Für $k \in \mathbb{Z}$ heißt die komplexe Zahl $\widehat{f}(k)$ der *k-te Fourier-Koeffizient von f*. Insbesondere gilt

$$f * e_k = \widehat{f}(k)\, e_k, \quad k \in \mathbb{Z}.$$

2.5 Definition. Sind $f \in S_{2\pi}(\mathbb{R}; \mathbb{C})$ und $n \in \mathbb{N}_0$, so heißt das trigonometrische Polynom

$$S_n f := f * D_n = \sum_{k=-n}^{n} \widehat{f}(k) e_k$$

das *n-te Fourier-Polynom von f*. Ferner heißt für $n \in \mathbb{N}$

$$\sigma_n f := f * F_n = \frac{1}{n}\left(S_0 f + \cdots + S_{n-1} f\right)$$

das *n-te Fejér-Polynom von f*.

Der Approximationssatz (Theorem 1.2) impliziert nun die folgenden Konvergenzaussagen für die Fejér-Polynome.

2.6 Satz. (Satz von Fejér). *Sind $f \in S_{2\pi}(\mathbb{R}; \mathbb{C})$ und $\sigma_n f$ das n-te Fejér-Polynom von f für $n \in \mathbb{N}$, so gelten die folgenden Aussagen:*

a) *Die Folge $\left(\sigma_n f(x)\right)_{n \in \mathbb{N}}$ konvergiert für jedes $x \in \mathbb{R}$ gegen*

$$\frac{1}{2}\left(f(x-) + f(x+)\right).$$

Ist insbesondere f stetig in $x \in \mathbb{R}$, so konvergiert $\left((\sigma_n f)(x)\right)_{n \in \mathbb{N}}$ gegen $f(x)$.

b) *Ist f stetig auf $[-\pi, \pi]$, so konvergiert $(\sigma_n f)_{n \in \mathbb{N}}$ gleichmäßig auf $[-\pi, \pi]$ gegen f.*

Nach den obigen Vorbereitungen ist der Beweis des Satzes von Fejér nicht mehr schwierig. Nach Lemma 2.4 ist der Fejér-Kern F_n für jedes $n \in \mathbb{N}$ eine gerade Funktion, und somit folgt Aussage a) direkt aus den Aussagen a) und c) des Approximationssatzes (Theorem 1.2). Aussage b) folgt aus Aussage b) des Approximationssatzes (Theorem 1.2).

Punktweise Konvergenz von Fourier-Reihen

Wir definieren nun die *Fourier-Reihe* $S_\infty f$ einer 2π-periodischen und sprungstetigen Funktion $f : \mathbb{R} \to \mathbb{C}$ als

$$S_\infty f(x) := \sum_{k=-\infty}^{\infty} \widehat{f}(k)\, e^{ikx} := \lim_{n \to \infty} (S_n f)(x),$$

sofern diese Reihe konvergiert. Konvergiert diese Reihe, so ist die Frage nach dem Grenzwert einfach zu beantworten. Hierzu erinnern wir uns an die bereits in Satz II.1.17 diskutierte Aussage: Ist $(a_j)_{j \in \mathbb{N}_0} \subset \mathbb{C}$ eine konvergente Folge, so gilt

$$\lim_{j \to \infty} a_j = \lim_{n \to \infty} \sigma_n,$$

wobei σ_n für $n \in \mathbb{N}$ durch $\sigma_n = \frac{1}{n}(a_0 + a_1 + \ldots + a_{n-1})$ definiert ist. Daher impliziert der Satz von Fejér das in Korollar 2.7 formulierte Resultat für die Fejér-Polynome $\sigma_n f = \frac{1}{n}(S_0 f + \ldots + S_{n-1} f)$.

2.7 Korollar. *Konvergiert die Fourier-Reihe $S_\infty f$ einer Funktion $f \in S_{2\pi}(\mathbb{R}; \mathbb{C})$ für ein $x \in \mathbb{R}$, so gilt*

$$S_\infty f(x) = \frac{f(x-) + f(x+)}{2}.$$

Ist insbesondere f stetig in $x \in \mathbb{R}$, so gilt $S_\infty f(x) = f(x)$.

Die Frage nach hinreichenden Bedingungen für die Konvergenz einer Fourier-Reihe besitzt eine lange Tradition innerhalb der Mathematik. Fourier war davon überzeugt, dass jede periodische Funktion sich durch ihre Fourier-Reihe darstellen lässt. Dirichlet und Riemann vermuteten, dass dies insbesondere für stetige Funktion gelte, bis Emil Dubois-Reymond im Jahre 1876 ein Gegenbeispiel hierfür konstruierte. Sehr viel später bewies Lennart Carleson im Jahre 1966, dass die Fourier-Reihe $S_\infty f$ einer sprungstetigen und periodischen Funktion f „fast überall" gegen f konvergiert, wobei „fast überall" im Sinne einer Lebesgueschen Nullmenge zu verstehen ist. Mengen dieser Art werden in der Integrationstheorie im Detail untersucht.

Wir kommen nun zu einem wichtigen *hinreichenden* Kriterium für die Konvergenz einer Fourier-Reihe und erinnern zunächst an die Begriffe der links- und rechtsseitigen Ableitung einer sprungstetigen Funktion $f : \mathbb{R} \to \mathbb{C}$, welche bereits in Kapitel IV eingeführt wurde. Bezeichnet $f(x-)$ und $f(x+)$ den links- bzw. rechtsseitigen Grenzwert von

f und der Stelle x, so ist die links- und rechtsseitige Ableitung von f im Punkt x als

$$\lim_{t \to x-0} \frac{f(t) - f(x-)}{t - x} \quad \text{bzw.} \quad \lim_{t \to x+0} \frac{f(t) - f(x+)}{t - x}$$

definiert, sofern diese Grenzwerte existieren. Das folgende Resultat besagt, dass die Fourier-Reihe einer 2π-periodischen, sprungstetigen Funktion, welche links- und rechtsseitige Ableitungen in einem Punkt $x \in \mathbb{R}$ besitzt, gegen $\frac{f(x-)+f(x+)}{2}$ konvergiert.

2.8 Theorem. *Es sei $f \in S_{2\pi}(\mathbb{R}; \mathbb{C})$ und f besitze in einem $x \in \mathbb{R}$ links- und rechtsseitige Ableitungen. Dann konvergiert $\left(S_n f(x)\right)_{n \in \mathbb{N}}$ gegen $S_\infty f(x)$, und es gilt*

$$S_\infty f(x) = \frac{f(x-) + f(x+)}{2}.$$

Ist f zusätzlich stetig in x, so gilt $S_\infty f(x) = f(x)$.

Für den Beweis von Theorem 2.8 ist das folgende Lemma von zentraler Bedeutung.

2.9 Lemma.
a) *(Riemannsches Lemma). Für eine sprungstetige Funktion $f : [a, b] \to \mathbb{C}$ gilt*

$$\lim_{k \to \infty} \int_a^b f(x) \sin(kx)\, dx = 0.$$

b) *(Dirichletsches Lemma). Ist $f : [-\pi, \pi] \to \mathbb{C}$ eine sprungstetige Funktion, welche in 0 links- und rechtsseitig differenzierbar ist, so gilt*

$$\lim_{n \to \infty} \frac{1}{2\pi} \int_{-\pi}^{\pi} f(x) D_n(x)\, dx = \frac{1}{2} \big(f(0-) + f(0+) \big).$$

Ausgehend von Lemma 2.9 ist der Beweis von Theorem 2.8 nicht mehr schwierig. Zunächst gilt nach Definition

$$S_n f(x) = (f * D_n)(x) = \frac{1}{2\pi} \int_{-\pi}^{\pi} f(x - t) D_n(t)\, dt.$$

Weiter ist die Funktion $F : [-\pi, \pi] \to \mathbb{C}$, definiert durch $F(t) := f(x - t)$, sprungstetig und besitzt in 0 links- und rechtsseitige Ableitungen. Das Dirichletsche Lemma impliziert dann die Behauptung. $\qquad\square$

Beweis von Lemma 2.9. a) Es sei zunächst $f = \varphi$ eine Treppenfunktion. Wir betrachten eine Zerlegung des Intervalls $[a, b]$ in $a = x_0 < x_1 < \ldots < x_N = b$ derart, dass f auf (x_{i-1}, x_i) für jedes $i = 1, \ldots, N$ einen konstanten Wert c_i annimmt. Dann gilt nach dem Hauptsatz der Differential- und Integralrechnung

$$\left| \int_a^b \varphi(x) \sin(kx)\, dx \right| = \frac{1}{k} \left| \sum_{j=1}^n c_j \big(\cos(kx_{j-1}) - \cos(kx_j) \big) \right| \leq \frac{2}{k} \sum_{j=1}^n |c_j|,$$

und die Behauptung folgt für den Fall von Treppenfunktionen. Ist $f : [a, b] \to \mathbb{C}$ sprungstetig, so existiert nach dem Approximationssatz (Theorem V.1.6) für jedes $\varepsilon > 0$ eine Treppenfunktion φ mit $|f(x) - \varphi(x)| \leq \varepsilon$ für alle $x \in [a, b]$. Daher gilt

$$\left| \int_a^b f(x) \sin(kx)\, dx - \int_a^b \varphi(x) \sin(kx)\, dx \right| \leq \varepsilon |b - a|,$$

und die Behauptung folgt aus der obigen Aussage für Treppenfunktionen.

b) Wegen $\frac{1}{2\pi} \int_0^\pi D_n(t)\, dt = 1/2$ für jedes $n \in \mathbb{N}$ gilt

$$\frac{1}{2} f(0+) = \frac{1}{2\pi} \int_0^\pi f(0+)\, D_n(t)\, dt, \quad n \in \mathbb{N},$$

und somit folgt aufgrund von Lemma 2.3

$$\frac{1}{2\pi} \int_0^\pi f(t) D_n(t)\, dt - \frac{f(0+)}{2} = \frac{1}{2\pi} \int_0^\pi \underbrace{\frac{f(t) - f(0+)}{t} \frac{t}{\sin(t/2)}}_{=:F(t)} \sin\big((n + 1/2)t\big)\, dt.$$

Setzen wir $F(0) := \lim_{t \to 0} F(t)$, so ist F sprungstetig auf $[0, \pi]$, und da

$$\sin((n + 1/2)t) = \sin(nt)\cos(t/2) + \sin(t/2)\cos(nt)$$

gilt, impliziert das Riemannsche Lemma

$$\frac{1}{2\pi} \lim_{n \to \infty} \int_0^\pi f(t) D_n(t)\, dt = \frac{f(0+)}{2}.$$

Der Beweis für $f(0-)$ verläuft analog. $\square$

2.10 Bemerkung. Fejér konstruierte eine stetige 2π-periodische Funktion, deren Fourier-Reihe im Punkt 0 divergiert. Dies bedeutet, dass Theorem 2.8 seine Gültigkeit für Funktionen verliert, welche nur stetig sind.

Das Dirichletsche Lemma erlaubt es uns weiter, auf elegante Art und Weise zu zeigen, dass

$$\int_{-\infty}^{\infty} \frac{\sin t}{t}\, dt = \pi$$

gilt. Für $n \in \mathbb{N}$ gilt nämlich

$$I_n := \int_{-(n+1/2)\pi}^{(n+1/2)\pi} \frac{\sin t}{t}\, dt = \int_{-\pi}^{\pi} \frac{\sin\big((n+1/2)t\big)}{t}\, dt = \frac{1}{2} \int_{-\pi}^{\pi} \frac{\sin(t/2)}{t/2} D_n(t)\, dt,$$

und setzen wir $f : (0, \infty) \to \mathbb{R}$, $f(t) := \frac{\sin(t/2)}{t/2}$ durch $f(0) := 1$ auf $[0, \infty)$ fort, so ist f in 0 differenzierbar, und es folgt $\lim_{n\to\infty} I_n = f(0)\pi = \pi$.

Das Riemannsche Lokalisationsprinzip ist eine wichtige Folgerung aus Theorem 2.8. Es besagt, dass die Konvergenz der Fourier-Reihe $S_\infty f(x_0)$ nur vom Verhalten der Funktion $f \in S_{2\pi}$ in der Nähe von $x_0 \in (-\pi, \pi)$ abhängt. Dies ist a priori nicht klar, da die Fourier-Reihe die Integration von f über ganz das gesamte Intervall $[-\pi, \pi]$ erfordert.

2.11 Satz. (Riemannsches Lokalisationsprinzip). *Sind $f, g \in S_{2\pi}(\mathbb{R}; \mathbb{C})$ und existiert für $x_0 \in [-\pi, \pi]$ ein offenes Intervall $I \subset \mathbb{R}$ mit $x_0 \in I$ derart, dass $f(x) = g(x)$ für alle $x \in I$, so gilt*

$$\lim_{n\to\infty} \big(S_n f(x_0) - S_n g(x_0)\big) = 0.$$

Insbesondere konvergiert bzw. divergiert die Fourier-Reihe von f in x_0 genau dann, wenn dies für g zutrifft.

Ausgehend von Theorem 2.8 ist der Beweis nicht schwierig: Da $f - g \equiv 0$ auf I, ist $f - g$ in x_0 differenzierbar, und die Behauptung folgt aus Theorem 2.8.

2.12 Bemerkungen. a) Betrachten wir für $f \in S_{2\pi}(\mathbb{R}; \mathbb{C})$ das n-te Fourier-Polynom $S_n f$, gegeben durch

$$S_n f(x) = \sum_{k=-n}^{n} \widehat{f}(k)\, e^{ikx} = \sum_{k=-n}^{n} \widehat{f}(k)(\cos kx + i\sin kx)$$

mit $\widehat{f}(k) = \frac{1}{2\pi} \int_{-\pi}^{\pi} f(x) e^{-ikx}\, dx$, so gilt insbesondere

$$S_n f(x) = \frac{a_0}{2} + \sum_{k=1}^{n} (a_k \cos kx + b_k \sin kx) \quad \text{mit}$$

$$a_k = \frac{1}{\pi} \int_{-\pi}^{\pi} f(x)\cos(kx)\, dx, \quad k \in \mathbb{N}_0,$$

$$b_k = \frac{1}{\pi} \int_{-\pi}^{\pi} f(x)\sin(kx)\, dx, \quad k \in \mathbb{N}.$$

b) Ist speziell f eine ungerade Funktion, so gilt

$$a_k = 0 \quad \text{für alle } k \in \mathbb{N}_0.$$

Ist f gerade, so gilt

$$b_k = 0 \quad \text{für alle } k \in \mathbb{N}.$$

2.13 Beispiele. a) Wir betrachten die 2π-periodische Funktion $f : \mathbb{R} \to \mathbb{R}$, gegeben durch $f(k\pi) := 0$ für $k \in \mathbb{Z}$ und $f(x) := \text{sign } x$ für $x \in (-\pi, \pi)$.

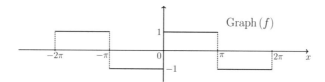

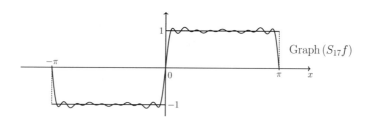

Da f eine ungerade Funktion ist, folgt zunächst $a_k = 0$ für $k \in \mathbb{N}_0$. Weiter gilt

$$b_k = \frac{2}{\pi} \int_0^{\pi} \sin(kx)\, dx = \begin{cases} \frac{4}{k\pi}, & k = (2n+1),\ n \in \mathbb{N}_0, \\ 0, & k = 2n,\ n \in \mathbb{N}, \end{cases}$$

und Theorem 2.8 impliziert zum einen die Konvergenz von

$$S_\infty f(x) = \frac{4}{\pi} \left(\sin x + \frac{\sin 3x}{3} + \frac{\sin 5x}{5} + \dots \right)$$

und zum anderen, dass

$$S_\infty f(x) = f(x), \quad x \in (-\pi, \pi)$$

gilt, zunächst jedoch nur für $x \neq 0$. Wegen $f(0) = 0 = S_\infty f(0)$ gilt obige Gleichheit jedoch für alle $x \in (-\pi, \pi)$. Insbesondere gilt daher für $x = \pi/2$

$$1 - \frac{1}{3} + \frac{1}{5} - \frac{1}{7} + \dots = \frac{\pi}{4}.$$

b) Wir betrachten die 2π-periodische *Sägezahnfunktion* $f \in S_{2\pi}(\mathbb{R})$, definiert für $x \in [-\pi, \pi]$ durch $f(x) := |x|$.

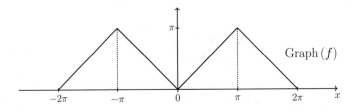

Graph (f)

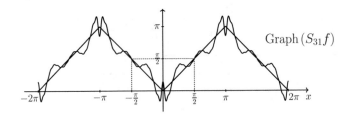

Graph $(S_{31}f)$

Wir sehen sofort, dass f eine gerade Funktion ist, und dass daher $b_k = 0$ für alle $k \in \mathbb{N}$ gilt. Weiter gilt $a_0 = \pi$, und durch partielle Integration erhalten wir für $k \in \mathbb{N}$ die Darstellung

$$a_k = \frac{2}{\pi} \int_0^\pi x \cos(kx)\, dx = \begin{cases} \frac{-4}{k^2\pi}, & k \quad \text{ungerade}, \\ 0, & k \quad \text{gerade}. \end{cases}$$

Nach Theorem 2.8 konvergiert die Fourier-Reihe von f für alle $x \in \mathbb{R}$. Sie besitzt die Form

$$S_\infty f(x) = \frac{\pi}{2} - \frac{4}{\pi}\left(\cos x + \frac{\cos 3x}{3^2} + \frac{\cos 5x}{5^2} + \dots\right), \quad x \in \mathbb{R},$$

und es gilt $S_\infty f(x) = f(x)$ für alle $x \in \mathbb{R}$. Wählen wir speziell $x = 0$, so folgt

$$1 + \frac{1}{3^2} + \frac{1}{5^2} + \frac{1}{7^2} + \dots = \frac{\pi^2}{8}.$$

Dieses Ergebnis impliziert unmittelbar das berühmte Ergebnis

$$\sum_{n=1}^\infty \frac{1}{n^2} = \frac{\pi^2}{6}.$$

Setzen wir nämlich $s := \sum_{n=1}^\infty \frac{1}{n^2}$, so folgt wegen der absoluten Konvergenz der Reihe $\sum_{n=1}^\infty \frac{1}{n^2}$ die Identität $s = \left(1 + \frac{1}{3^2} + \frac{1}{5^2} + \dots\right) + \frac{1}{4}\left(1 + \frac{1}{2^2} + \frac{1}{3^2} + \dots\right)$ und somit $\frac{3}{4}s = \frac{\pi^2}{8}$, also $s = \frac{\pi^2}{6}$.

Aufgaben

1. Für $k \in \mathbb{N}_0$ sei $D_k : \mathbb{R} \to \mathbb{C}$, $D_k(x) := \sum_{j=-k}^{k} e^{ijx}$ der Dirichlet-Kern, und für $n \in \mathbb{N}$ sei der Fejér-Kern F_n gegeben durch

$$F_n : \mathbb{R} \to \mathbb{C}, \ F_n(x) = \frac{1}{n} \sum_{k=0}^{n-1} D_k(x).$$

Man zeige, dass für $x \in \mathbb{R} \setminus \{2m\pi : m \in \mathbb{Z}\}$ und $n \in \mathbb{N}$ die Fejér-Kerne F_n dargestellt werden können als

$$F_n(x) = \frac{1}{n} \Big(\frac{\sin(nx/2)}{\sin(x/2)} \Big)^2.$$

2. Es sei $f \in S_{2\pi}(\mathbb{R}; \mathbb{C})$, und für $k \in \mathbb{Z}$ bezeichne $\hat{f}(k) := \frac{1}{2\pi} \int_{-\pi}^{\pi} f(x)e^{-ikx}\,dx$ den k-ten Fourier-Koeffizienten von f. Man zeige:

a) Für h, definiert durch $h(x) := f(x-a)$ mit $a \in \mathbb{R}$, gilt $\hat{h}(k) = e^{-ika}\hat{f}(k)$.

b) Für g, definiert durch $g(x) := f(x)e^{-inx}$ mit $n \in \mathbb{N}$, gilt $\hat{g}(k) = \hat{f}(k+n)$.

3. Die 2π-periodische Funktion $f : \mathbb{R} \to \mathbb{R}$ sei gegeben durch $f(x) = x^2$ für $x \in [-\pi, \pi]$. Man zeige:

a) Es gilt $a_0 = \frac{2\pi^2}{3}$, $b_n = 0$ sowie $a_n = (-1)^n \frac{4}{n^2}$ für alle $n \in \mathbb{N}$.

b) Die Fourier-Reihe von f ist gegeben durch $f(x) = \frac{\pi^2}{3} + 4 \sum_{n=1}^{\infty} \frac{(-1)^n}{n^2} \cos(nx)$ für $x \in \mathbb{R}$, und wählt man speziell $x = 0$ bzw. $x = \pi$, so folgt

$$\sum_{n=1}^{\infty} \frac{(-1)^{n+1}}{n^2} = \frac{\pi^2}{12} \quad \text{sowie} \quad \sum_{n=1}^{\infty} \frac{1}{n^2} = \frac{\pi^2}{6}.$$

4. Man zeige mittels des Satzes von Fejér, dass $\int_{-\infty}^{\infty} \left(\frac{\sin t}{t}\right)^2 dt = \pi$ gilt.

5. Für $z \in \mathbb{C} \setminus \mathbb{Z}$ sei die 2π-periodische Funktion $f : \mathbb{R} \to \mathbb{R}$ definiert durch $f(x) := \cos(zx)$ für $x \in [-\pi, \pi]$. Man bestimme die Fourier-Reihe von f für $x \in [-\pi, \pi]$ und zeige, dass

$$\pi \cot(\pi z) = \frac{1}{z} + \sum_{n=1}^{\infty} \Big(\frac{1}{z+n} + \frac{1}{z-n} \Big)$$

gilt. Man folgere aus dieser Darstellung ferner die Gültigkeit des *Eulerschen Sinusprodukts*

$$\sin(\pi x) = \pi x \prod_{n=1}^{\infty} \Big(1 - \frac{x^2}{n^2} \Big), \quad x \in [-1, 1].$$

3   Konvergenz im quadratischen Mittel

Wir beginnen diesen Abschnitt mit der Frage nach der „besten" Approximation einer periodischen Funktion f durch trigonometrische Polynome T. Als Maß der Güte der Approximation wollen wir, in Anlehnung an die Gaußsche Methode der kleinsten Quadrate, das Integral

$$\int_{-\pi}^{\pi} |f(x) - T(x)|^2 \, dx$$

betrachten.

L^2-Norm und Besselsche Ungleichung

Wir zeigen nun, dass unter allen trigonometrischen Polynomen T vom Grad höchstens n genau das Fourier-Polynom $S_n f$ das obige Integral minimiert. Zur Herleitung dieses Sachverhalts versehen wir den Vektorraum $S_{2\pi}(\mathbb{R}; \mathbb{C})$ aller 2π-periodischen, sprungstetigen und komplexwertigen Funktionen mit dem Skalarprodukt

$$(f \,|\, g) := \frac{1}{2\pi} \int_{-\pi}^{\pi} f(t) \overline{g(t)} \, dt.$$

Wir haben bereits in Abschnitt VI.1 gesehen, dass dieses Skalarprodukt mittels

$$\|f\|_2 := \sqrt{(f \,|\, f)} = \left(\frac{1}{2\pi} \int_{-\pi}^{\pi} |f(t)|^2 \, dt \right)^{1/2}, \quad f \in S_{2\pi}(\mathbb{R}; \mathbb{C})$$

eine Norm auf $S_{2\pi}(\mathbb{R}; \mathbb{C})$ induziert. Betrachten wir für $k \in \mathbb{Z}$ die Funktionen $e_k : \mathbb{R} \to \mathbb{C}$, $e_k(x) := e^{ikx}$, so gilt wegen der Orthonormalitätsrelation in Bemerkung 2.2

$$(e_j \,|\, e_k) = \delta_{jk}, \quad j, k \in \mathbb{Z}.$$

Dies bedeutet, dass die Folge $(e_k)_{k \in \mathbb{Z}}$ ein *Orthonormalsystem* in $S_{2\pi}(\mathbb{R}; \mathbb{C})$ bildet und dass die Fourier-Koeffizienten einer Funktion $f \in S_{2\pi}(\mathbb{R}; \mathbb{C})$ durch

$$\widehat{f}(k) = (f \,|\, e_k), \quad k \in \mathbb{Z}$$

gegeben sind.

Zurückkehrend zum obigen Minimierungsproblem ist nun der folgende Satz von großem Interesse.

3.1 Satz. *Sind* $f \in S_{2\pi}(\mathbb{R};\mathbb{C})$, $n \in \mathbb{N}$ *und* $S_n f$ *das n-te Fourier-Polynom von* f, *so gilt für jedes trigonometrische Polynom* $T \neq S_n f$ *vom Grad* $\leq n$

$$\|f - S_n f\|_2 < \|f - T\|_2 \quad und$$

$$\|f - S_n f\|_2^2 = \|f\|_2^2 - \sum_{k=-n}^{n} |\widehat{f}(k)|^2.$$

Beweis. Ist $S_n f = \sum_{k=-n}^{n} c_k e_k$ das n-te Fourier-Polynom von f und $T = \sum_{k=-n}^{n} t_k e_k$ ein beliebiges trigonometrisches Polynom vom Grad $\leq n$, so gilt wegen $c_k = (f|e_k)$

$$\|f - T\|_2^2 = (f - T|f - T) = \|f\|_2^2 - \sum_{k=-n}^{n} t_k(e_k|f) - \sum_{k=-n}^{n} \overline{t_k}(f|e_k) + \sum_{k=-n}^{n} t_k \overline{t_k}$$

$$= \|f\|_2^2 - \sum_{k=-n}^{n} c_k \overline{c_k} + \sum_{k=-n}^{n} |c_k - t_k|^2.$$

Daher ist $\|f - T\|_2$ genau dann minimal, wenn $\sum_{k=-n}^{n} |c_k - t_k|^2 = 0$ gilt, und somit genau dann, wenn $c_k = t_k$ für alle $k = -n, \ldots, n$ gilt. Dies impliziert die beiden obigen Aussagen. □

Die obige Minimaleigenschaft der Fourier-Polynome impliziert unmittelbar die folgende wichtige und nach Friedrich W. Bessel benannte Ungleichung.

3.2 Korollar. (Besselsche Ungleichung). *Für jede Funktion* $f \in S_{2\pi}(\mathbb{R};\mathbb{C})$ *gilt*

$$\sum_{k=-\infty}^{\infty} \left|\widehat{f}(k)\right|^2 \leq \|f\|_2^2.$$

Die Besselsche Ungleichung besagt insbesondere, dass beide der Folgen $\left(\widehat{f}(k)\right)_{k \in \mathbb{N}}$ und $\left(\widehat{f}(-k)\right)_{k \in \mathbb{N}}$ Elemente des Hilbertschen Folgenraumes $l^2(\mathbb{N})$ sind. Da die Glieder einer konvergenten Reihe eine Nullfolge bilden, erhalten wir unmittelbar das folgende Resultat.

3.3 Korollar. (Lemma von Riemann-Lebesgue). *Ist* $f \in S_{2\pi}(\mathbb{R};\mathbb{C})$, *so gilt* $\widehat{f}(k) \to 0$ *für* $|k| \to \infty$.

Wir beweisen nun, dass für stetig differenzierbare, periodische Funktionen die Fourier-Koeffizienten $\widehat{f'}(k)$ von f' für alle $k \in \mathbb{Z}$ durch $ik\widehat{f}(k)$ gegeben sind.

3.4 Satz. *Für* $f \in S_{2\pi}(\mathbb{R};\mathbb{C}) \cap C^1(\mathbb{R})$ *gilt*

$$\widehat{f'}(k) = ik\,\widehat{f}(k), \quad k \in \mathbb{Z}.$$

Der Beweis ist einfach: Partielle Integration ergibt

$$\widehat{f'}(k) = \frac{1}{2\pi} \int_{-\pi}^{\pi} f'(x)e^{-ikx}\,dx = \frac{ik}{2\pi} \int_{-\pi}^{\pi} f(x)e^{-ikx}\,dx = ik\,\widehat{f}(k), \quad k \in \mathbb{Z}.$$

Konvergenz im quadratischen Mittel und Parsevalsche Gleichung
Ausgehend von Satz 3.1 ist es jetzt natürlich, den folgenden Konvergenzbegriff für eine Folge sprungstetiger Funktionen einzuführen.

3.5 Definition. Ist $f_n \in S([a,b]; \mathbb{C})$ für jedes $n \in \mathbb{N}$ eine sprungstetige Funktion, so heißt die Folge $(f_n)_{n \in \mathbb{N}}$ *konvergent im quadratischen Mittel gegen* $f \in S[a,b]$, wenn $\lim_{n \to \infty} \|f - f_n\|_2 = 0$ gilt, d. h., wenn

$$\int_a^b |f(x) - f_n(x)|^2\,dx \to 0 \quad \text{für } n \to \infty$$

gilt.

3.6 Bemerkungen. a) Wegen

$$\int_a^b |f(x) - f_n(x)|^2\,dx \le (b-a)\,\|f - f_n\|_\infty^2, \quad n \in \mathbb{N}$$

gilt: Konvergiert die Folge $(f_n)_{n \in \mathbb{N}}$ gleichmäßig auf $[a,b]$ gegen f, so konvergiert $(f_n)_{n \in \mathbb{N}}$ auch im quadratischen Mittel gegen f.

b) Konvergiert die Folge $(f_n)_{n \in \mathbb{N}}$ im quadratischen Mittel gegen f, so folgt im Allgemeinen *nicht* die punktweise Konvergenz $f_n(x) \to f(x)$ für ein $x \in [a,b]$. Als Gegenbeispiel betrachten wir die Funktionen $f_n : [0,1] \to \mathbb{R}$ mit $n = 2^j + k$ für eindeutig bestimmte Koeffizienten $j, k \in \mathbb{Z}$ und $k < 2^j$, gegeben durch

$$f_n(x) := \begin{cases} 1, & x \in [k\,2^{-j}, (k+1)2^{-j}], \\ 0, & \text{sonst.} \end{cases} \tag{3.1}$$

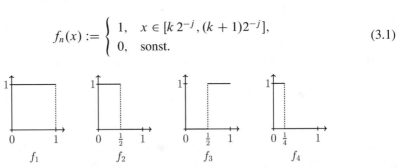

$$f_1 \qquad\qquad f_2 \qquad\qquad f_3 \qquad\qquad f_4$$

Wir verifizieren in den Übungsaufgaben, dass $(f_n)_{n \in \mathbb{N}}$ im quadratischen Mittel gegen die Nullfunktion konvergiert, aber $\big(f_n(x)\big)_{n \in \mathbb{N}}$ für *kein* $x \in [0,1]$ konvergiert.

3.7 Lemma. *Sind $f \in S_{2\pi}(\mathbb{R}; \mathbb{C})$ und $\varepsilon > 0$, so existiert eine 2π-periodische, stetige Funktion $F : \mathbb{R} \to \mathbb{C}$ derart, dass*

$$\int_{-\pi}^{\pi} |f(t) - F(t)|^2 \, dt < \varepsilon.$$

Beweis. Schritt 1: Wir nehmen zunächst an, dass die Einschränkung von $f \in S_{2\pi}(\mathbb{R}; \mathbb{C})$ auf $[-\pi, \pi]$ eine Treppenfunktion ist, und wählen eine Partition $-\pi = t_0 < t_1 < \ldots < t_N = \pi$ von $[-\pi, \pi]$ so, dass f auf jedem Intervall (t_{j-1}, t_j) für $j = 1, \ldots, N$ den Wert c_j besitzt. Für $\delta := \frac{1}{2} \min\{|t_j - t_{j-1}| : j = 1, \ldots, N\}$ wählen wir affine Funktionen $g_0, \ldots, g_N$ mit $g_j(t_j - \delta) = c_j$ und $g_j(t_j + \delta) = c_{j+1}$ für $j = 0, \ldots, N$, wobei $c_0 = c_N$ und $c_{N+1} = c_1$, und setzen

$$\tilde{f}(x) := \begin{cases} g_j(x), & x \in [t_j - \delta, t_j + \delta], \\ f(x), & x \in [t_{j-1} + \delta, t_j - \delta]. \end{cases}$$

Es folgt $\|f - \tilde{f}\|_2^2 \leq 2\delta \sum_{j=0}^{N} |c_{j+1} - c_j|^2 < \varepsilon/2$, falls δ genügend klein gewählt wird.

Schritt 2: Ist $f \in S_{2\pi}(\mathbb{R}; \mathbb{C})$ beliebig, so existiert nach dem Approximationssatz (Theorem V.1.6) für jedes $\varepsilon > 0$ eine Treppenfunktion $\varphi : [-\pi, \pi] \to \mathbb{C}$ mit $\|f - \varphi\|_\infty < \varepsilon/2$. Sei F eine wie in Schritt 1 konstruierte stetige und 2π-periodische Funktion $F : \mathbb{R} \to \mathbb{C}$ mit $\|F - \varphi\|_2 < \varepsilon/2$. Aufgrund von Bemerkung 3.6a) gilt $\|f - \varphi\|_2 \leq \|f - \varphi\|_\infty < \varepsilon/2$ und somit

$$\|f - F\|_2 \leq \|f - \varphi\|_2 + \|\varphi - F\|_2 < \varepsilon. \qquad \square$$

3.8 Theorem. (Parsevalsche Gleichung). *Ist $f \in S_{2\pi}(\mathbb{R}; \mathbb{C})$, so konvergiert die Folge $(S_n f)_{n \in \mathbb{N}}$ auf $[-\pi, \pi]$ im quadratischen Mittel gegen f, d. h.,*

$$\|f - S_n f\|_2 \to 0 \quad \text{für } n \to \infty,$$

und es gilt die Parsevalsche Gleichung

$$\|f\|_2^2 = \sum_{k=-\infty}^{\infty} |\widehat{f}(k)|^2.$$

Beweis. Wir unterteilen den Beweis von Theorem 3.8 in zwei Schritte:

Schritt 1: Wir zeigen die Behauptung zunächst für stetiges f. Nach dem Satz von Fejér existiert zu jedem $\varepsilon > 0$ ein trigonometrisches Polynom T mit $|f(x) - T(x)| \leq \sqrt{\varepsilon}$ für alle $x \in [-\pi, \pi]$. Wegen der Minimaleigenschaft der Fourier-Polynome gilt nach Satz 3.1 für jedes Fourier-Polynom $S_n f$, dessen Grad n größer ist als $\operatorname{grad} T$:

$$\|f - S_n f\|_2^2 < \|f - T\|_2^2 < \varepsilon.$$

Schritt 2: Ist $f \in S_{2\pi}(\mathbb{R}; \mathbb{C})$, so führen wir diesen Fall wie folgt auf Schritt 1 zurück. Nach Lemma 3.7 existiert zu $\varepsilon > 0$ eine stetige und 2π-periodische Funktion $F : \mathbb{R} \to \mathbb{C}$ mit $\| f - F \|_2 \le \varepsilon$. Aufgrund von Satz 3.1 gilt weiter

$$\| S_n(F - f) \|_2 \le \| S_n(F - f) - (F - f) \|_2 + \| F - f \|_2 \le 2 \| F - f \|_2, \quad n \in \mathbb{N},$$

und zusammen mit Schritt 1 folgt

$$\| f - S_n f \|_2 \le \| f - F \|_2 + \| F - S_n F \|_2 + \| S_n F - S_n f \|_2 \le 4\varepsilon,$$

wenn nur n hinreichend groß gewählt ist. $\square$

Mittels der sogenannten Polarisationsformel

$$(f \,|\, g) = \frac{1}{4} \left[\| f + g \|_2^2 - \| f - g \|_2^2 + i \left(\| f + ig \|_2^2 - \| f - ig \|_2^2 \right) \right]$$

für $f, g \in S_{2\pi}(\mathbb{R}; \mathbb{C})$ verifizieren wir in den Übungsaufgaben, dass die Aussage des folgenden Korollars auf Theorem 3.8 zurückgeführt werden kann.

3.9 Korollar. *Für $f, g \in S_{2\pi}(\mathbb{R}; \mathbb{C})$ gilt*

$$(f \,|\, g) = \sum_{k=-\infty}^{\infty} \widehat{f}(k)\, \overline{\widehat{g}(k)}.$$

3.10 Bemerkung. Schreiben wir die Fourierreihe einer Funktion $f \in S_{2\pi}(\mathbb{R}; \mathbb{C})$ als Cosinus-Sinus-Reihe in der Form

$$S f(x) = \frac{a_0}{2} + \sum_{k=1}^{\infty} (a_k \cos kx + b_k \sin kx),$$

so lautet die Parsevalsche Gleichung

$$\frac{1}{\pi} \int_{-\pi}^{\pi} |f(x)|^2 \, dx = \frac{1}{2} |a_0|^2 + \sum_{k=1}^{\infty} \left(|a_k|^2 + |b_k|^2 \right).$$

3.11 Beispiel. Wir betrachten die 2π-periodische Funktion $f : \mathbb{R} \to \mathbb{R}$, definiert durch

$$f(x) = \frac{\pi - x}{2}, \quad x \in (0, 2\pi) \quad \text{und} \quad f(2\pi k) = 0, \quad k \in \mathbb{Z}.$$

Da f ungerade ist, verschwinden die Fourier-Koeffizienten a_k für alle $k \in \mathbb{Z}$. Wegen $b_k = \frac{1}{\pi} \int_{-\pi}^{\pi} f(x) \sin(kx)\, dx = \frac{2}{\pi} \int_0^{\pi} f(x) \sin(kx)\, dx$ für $k \in \mathbb{N}$ gilt mittels partieller Integration

$$b_k = \frac{2}{\pi} \int_0^{\pi} \frac{\pi - x}{2} \sin(kx)\, dx = \left. \frac{-(\pi - x)\cos(kx)}{k\pi} \right|_0^{\pi} - \frac{1}{k\pi} \int_0^{\pi} \cos(kx)\, dx$$

$$= \frac{1}{k}, \quad k \in \mathbb{N}.$$

Die Fourier-Reihe von f besitzt nach Theorem 2.8 die Form

$$S_\infty f(x) = \sum_{k=1}^{\infty} \frac{\sin(kx)}{k}, \quad x \in (0, 2\pi).$$

Die Parsevalsche Gleichung impliziert daher einen weiteren, sehr eleganten Beweis für die Gültigkeit der Tatsache, dass $\sum_{k=1}^{\infty} \frac{1}{k^2} = \frac{\pi^2}{6}$ gilt, nämlich

$$\sum_{k=1}^{\infty} \frac{1}{k^2} = \frac{1}{\pi} \int_0^{2\pi} \left(\frac{\pi - x}{2} \right)^2 dx = \frac{\pi^2}{6}.$$

Isoperimetrische Ungleichung

Wir beschließen diesen Abschnitt mit einer Anwendung der Theorie der Fourier-Reihen auf das Problem der isoperimetrischen Ungleichung. Die klassische isoperimetrische Ungleichung behandelt das Problem, unter allen geschlossenen Kurven in $\mathbb{R}^2$ der Länge L diejenige zu finden, welche den größten Flächeninhalt umschließt.

Der folgende Satz besagt, dass für geschlossene C^1-Kurven γ in $\mathbb{R}^2$ der Länge 2π der umschlossene Flächeninhalt durch π begrenzt ist und dass der Maximalwert π nur von Kreisen mit Radius 1 erreicht wird. Genauer gesagt nehmen wir an, dass $\gamma : [0, 2\pi] \to \mathbb{R}^2$ nach der Bogenlänge parametrisiert ist. Wegen $\gamma(0) = \gamma(2\pi)$ kann γ zu einer 2π-periodischen Funktion auf $\mathbb{R}$ fortgesetzt werden.

3.12 Satz. *Ist $\gamma \in C^1(\mathbb{R}; \mathbb{R}^2)$ eine 2π-periodische Funktion mit $|\gamma'(t)| = 1$ für alle $t \in \mathbb{R}$, so gilt:*

a) *Die Kurve $\gamma : [0, 2\pi] \to \mathbb{R}^2$ umschließt einen orientierten Flächeninhalt A mit $|A| \leq \pi$.*

b) *Der maximale Wert π wird nur von Kreisen mit Radius 1 angenommen.*

Beweis. Es sei $\gamma : [0, 2\pi] \to \mathbb{R}^2$ mit $\gamma(t) = (x(t), y(t))$ eine nach der Bogenlänge parametrisierte Kurve, d.h., es gilt $x'(t)^2 + y'(t)^2 = 1$ für alle $t \in [0, 2\pi]$. Zunächst implizieren die Parsevalsche Gleichung und Satz 3.4

$$1 = \frac{1}{2\pi} \int_0^{2\pi} |\gamma'(t)|^2\, dt = \sum_{k=-\infty}^{\infty} |\widehat{\gamma'}(k)|^2 = \sum_{k=-\infty}^{\infty} k^2 |\widehat{\gamma}(k)|^2.$$

Setzen wir $\gamma(t) = x(t) + iy(t)$, so gilt nach der Leibnizschen Sektorformel (Satz IX.1.17) für die eingeschlossene Fläche

$$A = \frac{1}{2} \int_0^{2\pi} [x(t)y'(t) - y(t)x'(t)]\,dt = \frac{1}{2}\,\mathrm{Im}\,\int_0^{2\pi} \overline{\gamma(t)}\,\gamma'(t)\,dt,$$

und Korollar 3.9 sowie Satz 3.4 implizieren

$$A = \pi\,\mathrm{Im}\,\sum_{k=-\infty}^{\infty} \overline{\hat{\gamma}(k)}\,\hat{\gamma}'(k) = \pi \sum_{k=-\infty}^{\infty} k\,|\hat{\gamma}(k)|^2. \tag{3.2}$$

Wegen der oben schon bewiesenen Gleichheit $\sum_{k=-\infty}^{\infty} k^2\,|\hat{\gamma}(k)|^2 = 1$ folgt

$$\pi - |A| \geq \pi\,\left(\sum_{k=-\infty}^{\infty} \left(k^2 - |k|\right) |\hat{\gamma}(k)|^2 \right) \geq 0$$

und somit Aussage a). Der Fall $|A| = \pi$ kann nur eintreten, wenn $\hat{\gamma}(k) = 0$ für alle $k \in \mathbb{Z} \setminus \{0, -1, 1\}$ gilt. In diesem Fall erhalten wir

$$\gamma(t) = \hat{\gamma}(0) + \hat{\gamma}(1)e^{it} + \hat{\gamma}(-1)e^{-it}, \quad t \in [0, 2\pi],$$

und wegen (3.2) gilt $\big||\hat{\gamma}(1)|^2 - |\hat{\gamma}(-1)|^2\big| = 1$. Wegen $|\hat{\gamma}(1)|^2 + |\hat{\gamma}(-1)|^2 = 1$ können nur die Fälle $\hat{\gamma}(-1) = 0$ und $|\hat{\gamma}(1)| = 1$ oder $\hat{\gamma}(1) = 0$ und $|\hat{\gamma}(-1)| = 1$ eintreten. In jedem diese Fälle ist γ jedoch die Parametrisierung eines Kreises mit Radius 1. $\qquad\square$

Aufgaben

1. Man verifiziere, dass die in (3.1) definierte Funktionenfolge $(f_n)_{n\in\mathbb{N}}$ im quadratischen Mittel gegen die Nullfunktion konvergiert, aber $(f_n(x))_{n\in\mathbb{N}}$ für kein $x \in [0,1]$ konvergiert.

2. Man beweise Korollar 3.9.

3. Man verifiziere die Gültigkeit von Bemerkung 3.10.

4. Man bestimme das n-te Fourier-Polynom $S_n f$ der Funktion

    $$f : [-\pi, \pi] \longrightarrow \mathbb{R}, \quad x \mapsto |\sin(x)|,$$

    untersuche die Folge der Fourier-Polynome auf punktweise Konvergenz bzw. Konvergenz im quadratischen Mittel und bestimme gegebenenfalls die Fourier-Reihe von f.

5. Es sei $f \in S_{2\pi}(\mathbb{R}; \mathbb{C})$ stetig und stückweise stetig differenzierbar, d. h., es gebe eine Partition $-\pi = t_0, t_1 < \ldots < t_N = \pi$ von $[-\pi, \pi]$ derart, dass $f|_{[t_{j-1}, t_j]}$ für $j = 1, \ldots, N$ stetig differenzierbar ist. Man zeige, dass die Fourier-Reihe von f dann gleichmäßig auf $[-\pi, \pi]$ gegen f konvergiert.

6. Es seien $f, g \in S_{2\pi}(\mathbb{R}; \mathbb{C})$ stetige Funktionen derart, dass $\widehat{f}(k) = \widehat{g}(k)$ für alle $k \in \mathbb{Z}$ gilt. Man zeige, dass f und g übereinstimmen.

7. Man zeige, dass die Fourier-Reihe $\sum_{k=-\infty}^{\infty} c_k e^{ikx}$ einer Funktion $f \in S_{2\pi}(\mathbb{R}; \mathbb{C})$ über jedem Intervall $[a, b]$ gliedweise integriert werden kann, d. h., dass gilt:

$$\int_a^b f(x)\,dx = \sum_{k=-\infty}^{\infty} c_k \int_a^b e^{ikx}\,dx = \lim_{n \to \infty} \sum_{k=-n}^{n} c_k \int_a^b e^{ikx}\,dx.$$

8. Man beweise die *Wirtingersche Ungleichung*: Es seien $a, b \in \mathbb{R}$ mit $a < b$. Dann gilt für $f \in C^1[a, b]$ mit $f(a) = f(b) = 0$

$$\int_a^b |f|^2\,dx \le \frac{(b-a)^2}{\pi^2} \int_a^b |f'|^2\,dx.$$

Hinweis: Mittels der Substitution $x \mapsto \pi(x - a)/(b - a)$ zeige man zunächst, dass es genügt, den Fall $a = 0$ und $b = \pi$ zu betrachten. Man betrachte dann $g \in C^1[-\pi, \pi]$, definiert durch $g(x) = f(x)$ für $x \in [0, \pi]$ und $g(x) = -f(-x)$ für $x \in [-\pi, 0]$, und verifiziere, dass g ungerade ist und somit $\widehat{g}(0) = 0$ gilt. Für den Beweis der obigen Ungleichung wende man die Parsevalsche Gleichung und Satz 3.4 auf g an und verifiziere, dass gilt:

$$\frac{1}{2\pi} \int_{-\pi}^{\pi} |g|^2 = \sum_{k \ne 0} |\widehat{g}(k)|^2 \le \sum_{k \ne 0} |ik\widehat{g}(k)|^2 = \sum_{k \ne 0} |\widehat{g'}(k)|^2 \le \sum_{k \in \mathbb{Z}} |\widehat{g'}(k)|^2 = \frac{1}{2\pi} \int_{-\pi}^{\pi} |g'|^2.$$

9. Man zeige mittels des Lemma von Riemann-Lebesgue: Ist $f \in S_{2\pi}(\mathbb{R}; \mathbb{C}) \cap C^m(\mathbb{R})$ für ein $m \in \mathbb{N}$, so gilt

$$\lim_{k \to \infty} |k|^m \widehat{f}(k) = 0.$$

4 Anmerkungen und Ergänzungen

1 Historisches

Die Geschichte der Fourier-Reihen ist eng verbunden mit dem Verständnis des Begriffs einer Funktion und deren Integrierbarkeit. Das Buch von Joseph Fourier (1768–1830) mit dem Titel *Théorie analytique de la chaleur* gab den eigentlichen Anstoß zur Theorie dieser Reihen. Es wurde 1807 bei der französischen Akademie eingereicht. Verbunden mit dem Ziel, die Wärmeleitungsgleichung zu lösen, führte er eine neue Strategie ein, welche wir heute Fourier-Reihen nennen.

Fourier wurde im Jahre 1801 von Napoleon zum Präfekten einer Provinz in Frankreich ernannt, die auch die Stadt Grenoble umfasste. Zuvor arbeitete er als wissenschaftlicher Berater für Napoleon in Ägypten und war dort auch Präfekt eines Landteiles. Neben seinen administrativen Pflichten beteiligte er sich auch an der Einleitung der *Description de l'Égypte*, einer im Jahr 1809 erschienenen Text- und Bildersammlung, die als Ergebnis der ägyptischen Expedition Napoleons entstanden ist. T.W. Körner erzählt hierzu in seinem Buch [Kör89] die folgende Anekdote: „An Egyptologist with whom I discussed this described the introduction as a masterpiece and a turning point in the subject. He was surprised to hear that Fourier also had a reputation as a mathematician."

Lipót Fejér (1880–1959) bewies Satz 1.2, den heutigen Satz von Fejér, im Alter von 19 Jahren. Sein Geburtsname war Lipót Weiss; er wechselte seinen Namen um 1900 zu Fejér (archaisch ungarisch für „weiß") um. Zu seinen Schülern zählen so beeindruckende Persönlichkeiten wie Paul Erdős, Marcel Riesz und John von Neumann.

Lemma 2.9b) geht auf Peter Gustav Lejeune Dirichlet (1805–1859) zurück. Er trat im Jahre 1855 in Göttingen die Nachfolge von Carl Friedrich Gauß an und war Mitglied der Göttinger Akademie der Wissenschaften. Neben seinen Arbeiten in der Analysis verknüpfte er die bis dahin getrennten Gebiete der Zahlentheorie und der Analysis. Insbesondere sind die Dirichlet-Reihen nach ihm benannt. In der Theorie der partiellen Differentialgleichungen ist die Dirichletsche Randbedingung eine klassische Bedingung.

Auf die immensen Auswirkungen der Arbeiten von Bernhard Riemann (1826–1866) in der Analysis, Geometrie und Zahlentheorie wurde schon in Abschnitt V.6 hingewiesen.

Friedrich W. Bessel (1784–1846) war Astronom, Mathematiker und Physiker. Im Jahre 1810 wurde er zum Professor für Astronomie an der Königsberger Universität sowie zum Direktor der dortigen Sternwarte ernannt. Die Besselsche Ungleichung und die in Beispiel IV.4.16 eingeführte Bessel-Funktion ist nach ihm benannt.

Die nach Marc-Antoine Parseval (1755–1836) benannte Gleichung geht auf einen von ihm veröffentlichten Satz über Reihen zurück, welchen er jedoch ohne Beweis formulierte. Dieser Satz wurde später auf Fourier-Reihen verallgemeinert.

Die elegante Lösung des Problems der isoperimetrischen Ungleichung wurde im Jahre 1902 von Adolf Hurwitz (1859–1919) gefunden.

2 Bernstein-Polynome

Es seien $a, b \in \mathbb{R}$ mit $a < b$ und $f \in C([a, b]; \mathbb{R}^m)$ eine Funktion. Für $n \in \mathbb{N}$ heißt

$$P_n : [a, b] \to X, \quad P_n(t) = (b - a)^{-n} \sum_{j=0}^{n} \binom{n}{j} (t - a)^j (b - t)^{n-j} f\left(a + \frac{j}{n}(b - a)\right)$$

das n-te *Bernstein-Polynom* von f. Es gilt dann der folgende Satz.

Satz.   *Sind $f \in C([a, b]; \mathbb{R}^m)$ und P_n die Bernstein Polynome von f für $n \in \mathbb{N}$, so gilt*

$$\lim_{n \to \infty} \|P_n - f\|_\infty = 0.$$

Der obige Satz impliziert insbesondere, dass $C^\infty([a, b]; \mathbb{R}^m)$ dicht liegt in $C([a, b]; \mathbb{R}^m)$. Er gilt ferner auch für Banach-Raum-wertige Funktionen f.

3 Satz von Stone-Weierstraß

Eine bedeutsame Verallgemeinerung des Weierstraßschen Approximationssatzes (Theorem 1.3) ist der *Satz von Stone-Weierstraß*. Um diesen zu formulieren, sei X ein kompakter metrischer Raum und $C(X; \mathbb{R})$ bezeichne den Raum aller stetigen Funktionen von X nach $\mathbb{R}$. Für eine Menge $S \subset C(X; \mathbb{R})$ sagen wir, dass S *die Punkte in X trennt*, wenn für alle $x, y \in X$ mit $x \neq y$ eine Funktion $f \in S$ existiert mit $f(x) \neq f(y)$. Weiter sagen wir, dass S *die Punkte in X und $\mathbb{R}$ trennt*, wenn für alle $x, y \in X$ mit $x \neq y$ und alle $a, b \in \mathbb{R}$ eine Funktion $f \in S$ existiert mit $f(x) = a$ und $f(y) = b$. Es gilt dann der folgende Satz.

Satz.   *Es sei X ein kompakter metrischer Raum und $S \subset C(X; \mathbb{R})$ derart, dass*

a) S die Punkte in X und $\mathbb{R}$ trennt und

b)   mit $f, g \in S$ auch $\max\{f, g\} \in S$ und $\min\{f, g\} \in S$ gilt.

Dann kann jedes $F \in C(X; \mathbb{R})$ gleichmäßig auf X durch Funktionen $f \in S$ beliebig genau approximiert werden.

Weiter heißt $A \subset C(X;\mathbb{R})$ eine *Unteralgebra* von $C(X;\mathbb{R})$, wenn mit $f, g \in A$ und $\lambda \in \mathbb{R}$ auch $f + g, f \cdot g \in A$ und $\lambda f \in A$ gilt. Nach diesen Vorbereitungen können wir nun den Satz von Stone-Weierstraß formulieren.

Theorem. (Stone-Weierstraß). *Ist X ein kompakter metrischer Raum und erfüllt $A \subset C(X;\mathbb{R})$ die Bedingungen*

a) *A ist eine Unteralgebra von $C(X;\mathbb{R})$,*

b) *A trennt die Punkte von X,*

c) *$1 \in A$,*

so kann jedes $f \in C(X;\mathbb{R})$ gleichmäßig auf X durch Funktionen aus A approximiert werden.

Unser Beweis des Satzes von Stone-Weierstraß stützt sich auf gleichmäßige Approximationseigenschaften der Funktionen $x \mapsto |x|$ und $x \mapsto \sqrt{1 + x}$ durch Polynome.

Lemma.

a) *Es sei $I = [-1, 1]$ und $f : I \to \mathbb{R}$ gegeben durch $f(x) = \sqrt{1 + x}$. Dann konvergiert die Reihe*

$$1 + \frac{1}{2} \sum_{n=0}^{\infty} \frac{(-1)^n (n + 1)(2n)!}{2^{2n}[(n + 1)!]^2} \, x^{n+1}$$

gleichmäßig auf I gegen f. Insbesondere kann f gleichmäßig auf I durch Polynome approximiert werden.

b) *Sind $a > 0$, $J = [-a, a]$ und $\varphi : J \to \mathbb{R}$ gegeben durch $\varphi(x) := |x|$, so kann φ gleichmäßig auf J durch Polynome in x approximiert werden.*

Beweis. a) Das Quotientenkriterium liefert sofort die Konvergenz der obigen Reihe für $x \in (-1, 1)$. Um die gleichmäßige Konvergenz der Reihe auf I zu zeigen, machen wir Gebrauch von der Stirlingschen Formel (Theorem V.5.5), also von

$$n! \sim \sqrt{2\pi n} \left(\frac{n}{e}\right)^n,$$

und verifizieren, dass eine Konstante $C > 0$ derart existiert, dass die obige Reihe durch $C \sum_{n=1}^{\infty} \frac{1}{(n+1)^{3/2}}$ für alle $x \in I$ dominiert wird und somit die Konvergenz gleichmäßig ist.

b) Ist $a = 1$, so definieren wir ψ durch $\psi(x) = (1 + y)^{1/2}$ mit $y = x^2 - 1$. Nach Aussage a) kann die Funktion $y \mapsto (1 + y)^{1/2}$ gleichmäßig auf I durch Polynome approximiert werden. Da mit $x \in I$ auch $y \in I$ gilt, kann auch ψ durch Polynome in x approximiert werden. Für den allgemeinen Fall betrachte $\varphi(x) = a\psi(x/a)$.

Beweis des Satzes von Stone-Weierstraß. Es sei $S \subset C(X;\mathbb{R})$ diejenige Teilmenge von $C(X;\mathbb{R})$, welche auf X gleichmäßig durch Funktionen aus A approximiert werden kann. Die Strategie unseres Beweises besteht darin zu zeigen, dass S die Bedingungen des obigen Satzes erfüllt und somit $S = C(X;\mathbb{R})$ gilt.

Es ist leicht zu zeigen, dass A die Punkte in X und $\mathbb{R}$ trennt. Im nächsten Schritt zeigen wir, dass für $f, g \in A$ die Funktionen $\max\{f, g\}$ und $\min\{f, g\}$ Elemente von S sind. Nach dem obigen

Lemma kann $|f|$ gleichmäßig durch Polynome in f approximiert werden. Da A eine Algebra ist, kann also $|f|$ gleichmäßig durch Polynome aus A approximiert werden. Wegen

$$\max\{f,g\} = \frac{1}{2}\left(f+g+|f-g|\right) \quad \text{und} \quad \min\{f,g\} = \frac{1}{2}\left(f+g-|f-g|\right)$$

folgt $\max\{f,g\} \in S$ sowie $\min\{f,g\} \in S$, falls $f,g \in A$. Wählen wir Folgen $(f_n),(g_n) \subset A$, welche gleichmäßig auf X gegen f bzw. g konvergieren, so folgt, dass für $f,g \in S$ die Funktionen $\max\{f,g\}$ und $\min\{f,g\}$ ebenfalls Elemente von S sind.

Ist schließlich $f \in C(X;\mathbb{R})$ und $\varepsilon > 0$, so existiert nach dem obigen Satz eine Funktion $f_1 \in S$ mit $\|f - f_1\| < \varepsilon/2$. Weiter existiert eine Funktion $f_2 \in A$ mit $\|f_1 - f_2\|_\infty < \varepsilon/2$. Daher gilt $\|f - f_2\|_\infty < \varepsilon$ und daher $S = C(X;\mathbb{R})$. $\qquad\square$

4 Gibbsches Phänomen

Die in Beispiel 3.11 betrachtete Sägezahnfunktion f besitzt nach unseren dortigen Überlegungen für $x \in (0,2\pi)$ die Fourier-Reihe

$$S_\infty f(x) = \sum_{k=1}^{\infty} \frac{\sin(kx)}{k},$$

und f besitzt im Ursprung eine Sprungstelle der Sprunghöhe $f(0+) - f(0-) = \pi$. Man kann zeigen, dass für jedes $N \in \mathbb{N}$ die Relation

$$\max_{0<x\leq\pi/N} S_N f(x) - \frac{\pi}{2} = \int_0^\pi \frac{\sin t}{t}\,dt - \frac{\pi}{2}$$

gilt. Bemerkenswert an dieser Identität ist, dass die rechte Seite unabhängig von N ist. Man kann weiter zeigen, dass $\int_0^\pi \frac{\sin t}{t}\,dt > 1{,}178\,\pi/2$ gilt und dass daher die Werte von $S_N f(x)$ in der Nähe des Ursprungs um ca. 9% der Sprunghöhe π über $f(x)$ „hinausschießen".

Dieses Resultat ist an jeder Sprungstelle einer beliebigen, stückweise stetig differenzierbaren Funktion $f \in S_{2\pi}(\mathbb{R};\mathbb{C})$ gültig und wird als *Gibbsches Phänomen* bezeichnet.

5 Abklingverhalten der Fourier-Koeffizienten

Das Abklingverhalten der Fourier-Koeffizienten einer Funktion $f \in S_{2\pi}(\mathbb{R};\mathbb{C})$ kann unter gewissen Zusatzbedingungen wie folgt beschrieben werden:

a) Ist $f \in C^m(\mathbb{R})$ für ein $m \in \mathbb{N}$, so konvergiert $|k|^m \widehat{f}(k)$ für $|k| \to \infty$ gegen 0.

b) Ist f Lipschitz-stetig, so existiert $C > 0$ mit $|\widehat{f}(k)| \leq \frac{C}{|k|}$ für $k \in \mathbb{Z} \setminus \{0\}$.

c) Ist f Hölder-stetig vom Grad $\alpha \in (0,1)$, so existiert $C > 0$ mit $|\widehat{f}(k)| \leq \frac{C}{|k|^\alpha}$ für $k \in \mathbb{Z} \setminus \{0\}$.

d) Ist f monoton auf $(-\pi,\pi)$, so existiert $C > 0$ mit $|\widehat{f}(k)| \leq \frac{C}{|k|}$ für $k \in \mathbb{Z} \setminus \{0\}$.

e) Gilt nur $f \in S_{2\pi}(\mathbb{R};\mathbb{C})$, so konvergiert $\widehat{f}(k)$ gegen 0 für $|k| \to \infty$.

Literatur

Im Text genannte Bücher

[Kör89] Körner, T.W.: Fourier Analysis, 2. Aufl. Cambridge University Press, Cambridge (1989)
[KP03] Krantz, S., Parks, H.: The Implicit Function Theorem: History, Theory and Applications. Modern Birkhäuser Classics, Birkhäuser (2003)

Einführende Lehrbücher

[AE06] Amann, H., Escher, J.: Analysis I+II, 3. Aufl. Birkhäuser (2006)
[Beh11] Behrends, E.: Analysis 2, 5. Aufl. Vieweg+Teubner (2011)
[Con18] Conway, J.B.: A First Course in Analysis. Cambridge Mathematical Textbooks (2018)
[DR11] Denk, R., Racke, R.: Kompendium der ANALYSIS. Vieweg+Teubner (2011)
[For13] Forster, O.: Analysis 1+2, 10. Aufl. Springer-Spektrum (2013)
[Hil06] Hildebrandt, S.: Analysis 2, 2. Aufl. Springer (2006)
[Kön04] Königsberger, K.: Analysis 1+2, 6. Aufl. Springer (2004)
[MK14] Modler, F., Kreh, M.: Tutorium Analysis 2 und Lineare Algebra 2, 3. Aufl. Springer-Spektrum (2015)
[Pös14] Pöschel, J.: Etwas mehr Analysis. Springer-Spektrum (2014)
[Tre13] Tretter, C.: Analysis I+II. Birkhäuser (2013)
[Wal04] Walter, W.: Analysis 1+2, 7. Aufl. Springer (2004)

Grundlegendes

[Beu09] Beutelspacher, A.: Das ist o.B.d.A. trivial. Vieweg+Teubner (2009)
[Gri13] Grieser, D.: Mathematisches Problemlösen und Beweisen. Springer-Spektrum (2013)
[Küm16] Kümmerer, B.: Wie man mathematisch schreibt. Springer-Spektrum (2016)

© Springer-Verlag GmbH Deutschland, ein Teil von Springer Nature 2019
M. Hieber, *Analysis II*, https://doi.org/10.1007/978-3-662-57542-0

Sachverzeichnis

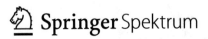

Printed in the United States
By Bookmasters